新农村农家书系

U0804624

# 高效优质养牛新技术

云南省农家书屋建设工程领导小组 编

云南出版集团

云南科技出版社

·昆 明·

**图书在版编目（CIP）数据**

高效优质养牛新技术/李大林，欧茶海，创向辉编著．
—昆明：云南科技出版社，2009.7（2022.8 重印）
（新农村农家书系）
ISBN 978-7-5416-3353-9

Ⅰ．高… Ⅱ．①李…②欧…③创… Ⅲ．养牛学
Ⅳ．S823

中国版本图书馆 CIP 数据核字（2009）第 126835 号

**本册主编：** 李大林　欧茶海　创向辉

云南出版集团
云南科技出版社出版发行
（昆明市环城西路 609 号云南新闻出版大楼　邮政编码：650034）
昆明理煋印务有限公司印刷　全国新华书店经销
开本：850mm×1168mm　1/32　印张：8.75　字数：230 千字
2010 年 6 月第 1 版　2022 年 8 月第 6 次印刷
印数：15000～16000 册　定价：21.00 元

# 前　言

养牛业是云南省发展草食型和节粮型畜牧业的优势产业，依靠科技进步，对推进云南传统养牛业向高产、优质、高效的现代化产业转变，发展集约化商品生产，增加农民收入，缓解人畜争粮矛盾，保障市场有效供应，扩大畜产品对外贸易具有重要的战略意义。

近年来，肉牛、奶牛产业已作为实现云南省畜牧业可持续发展的重要内容。云南省委、省政府十分重视养牛产业发展，制定了一系列扶持政策，增加投入，加强基础设施建设，从加拿大、美国和澳大利亚引进西门塔尔、短角、婆罗门、安格斯、荷斯坦等种牛，建成了种牛纯繁场。从法国引进了世界先进的牛冷冻精液细管分装及喷墨打印一体机，已生产细管冻精推向全省。同时，在全省投资建成了数十个牛、羊基地县及数个牛冻精改良站点。云南养牛业迅速发展，但是，与世界发达国家相比差距很远。因此，还存在着许多亟待解决的问题，主要是增加养牛业科技含量的问题。为适应云南省养牛产业发展需要，推广普及科学养牛技术，帮助解决养牛生产中存在的技术难题，促进商品生产的发展，我们结合云南省实情，特编写了本书。

本书是技术普及读物，重点介绍了养牛的方法及实用的操作技术。适用于养牛场和养牛户，也可供县、乡（镇）畜牧兽医科技人员参考，还可供高等农业院校、农村致富技术函授大学、中等专业学校、农业广播电视学校、农业职业技术学校作为教材或参考书使用。

此外，为了兼顾部分奶牛饲养者的需要，我们在第一章相应介绍了国外及云南省内的乳用牛品种。由于编著者水平有限，书中如有不妥之处，恳请广大读者批评指正。

本书在编写过程，承蒙原云南省畜牧兽医学会理事长、原云南省畜牧局局长杨志民高级畜牧师的支持，原云南省肉牛和牧草研究中心主任、推广研究员文际坤和原云南省畜牧兽医学会秘书长、云南省畜牧兽医科学研究所陈德端编审的审阅，在此一并致谢。

# 目　录

## 上篇　肉牛养殖技术

## 下篇　奶牛和奶水牛养殖技术

# 上篇　肉牛养殖技术

## 第一章　云南省黄牛品种及杂交改良

牛从生物学上分黄牛、水牛、牦牛和瘤牛，按用途分为乳用、肉用、役用及兼用品种。

优良品种是发展奶牛及肉牛生产的重要基础资源。奶用品种在全世界分布最广的为黑白花奶牛。我国培育的黑白花奶牛由于引牛地点不同，类型不同，加上各地饲养管理及育种条件不同，大致可分为大、中、小 3 个类型。

肉牛根据品种来源、体型大小和产肉性能，大致可以分为以下 3 类。

（1）中小型早熟品种。其特点：生长快，肉中脂肪高，皮下脂肪厚；体型较小，一般成年公牛体重 550 ~ 700 千克，母牛 400 ~ 500 千克。如英国的海福特、短角、安格斯、无角红、德温等品种。

（2）大型欧洲品种。产于欧洲大陆，原为役用牛，后转为肉用，其特点：体型大，肌肉发达，脂肪少，生长快，但较晚熟。成年公牛体重可超过 1000 千克，母牛可超过 700 千克。如法国的夏洛来、利木赞，意大利的契安尼娜、罗曼诺拉，瑞士的西门塔尔、褐牛，加拿大的康凡特等品种。

（3）瘤牛及含有瘤牛血液的品种。如澳大利亚的婆罗门、抗旱王，美国的圣·格鲁迪斯等品种。

云南省有丰富的黄牛品种资源，列入《云南省家畜家禽品种志》的地方良种黄牛和其他牛8种、水牛3种，但是都不属于专门奶用和肉用品种。为了加快云南省奶牛及优质高产肉牛业的发展，必须进一步加强云南省黑白花奶牛的选育提高工作和引入国外优良肉牛品种对云南省本地牛进行杂交改良。

## 第一节　云南省的主要黄牛品种

### 一、文山黄牛

文山黄牛产于云南省文山壮族苗族自治州的砚山、丘北、广南、富宁、西畴、马关、麻栗坡、文山等县，中心产区为广南县的八宝、马街、黑支果和富宁县的里达、城关等乡（镇）。文山黄牛是云南亚热带山地黄牛，具有耐热、耐湿及适应性强等特点。

文山黄牛体躯稍短，四肢粗壮，蹄质结实，性情温顺，行动敏捷，具有役肉兼用牛的体型。头大较长，额平。角型以短角型居多，嘴筒短，鼻镜为黑色、粉红色或粉红色中有黑色斑点。颈短粗而厚，垂皮长宽，自下颌延自前四肢之间，宽达15~20厘米。公牛肩峰明显突出，肩胛骨较长，肋骨开张良好，背长腰短平直，尻略短斜。母牛乳房不发达，乳头短细。毛色以黄色、黑色、棕色为主。成年牛体尺和活重见表1-1。

据文山壮族苗族自治州畜禽品种资料调查队对10头未经肥育的成年公牛屠宰测定结果，平均活重223.15千克（170~336千克），屠宰率为47.01%±3.95%（最高54.52%），净肉率37.95%±4.79%（最高44.7%），牛肉纹理较细，肉质较好。

文山黄牛的初配年龄，公牛1~1.5岁，母牛1.5岁，母牛发情周期 17～24 天，多为 21～22 天，发情持续期 2～3 天，妊娠期 275～284 天，产犊间隔 12～18 个月。母牛繁殖年限可达 20 年，终生产犊达 12～15 头。文山黄牛初生至 5 岁活重见表 1－2。

**表 1－1　文山黄牛成年体尺和活重**　单位：厘米、千克

| 性别 | 头数 | 体高 | 体斜长 | 胸围 | 管围 | 体重 |
|---|---|---|---|---|---|---|
| 公牛 | 138 | 116.4±76.94 | 125.07±19.11 | 161.08±8.34 | 17.08±1.09 | 288.09±5.64 |
| 母牛 | 123 | 107.90+5.47 | 113.28±5.47 | 143.02±9.19 | 15.26±0.6 | 220.83±0.92 |
| 阉牛 | 92 | 120.00±5.58 | 127.15±7.59 | 126.76±9.97 | 17.80±1.09 | 311.53±51.17 |

**表 1－2　文山黄牛初生至 5 岁体重**　单位：千克

| 性别 | 月龄 | | | | | |
|---|---|---|---|---|---|---|
| | 初生 | 6 | 12 | 24 | 36 | 60 |
| 公牛 | 17.90 | 111.10 | 170.14 | 259.59 | 279.07 | 314.20 |
| 母牛 | 17.98 | 132.02 | 157.81 | 195.43 | 226.30 | 236.00 |

文山黄牛体躯发育匀称，体质结实，力大耐劳，耐粗饲，对湿热及寒冷条件有较强的适应性。

## 二、昭通黄牛

昭通黄牛的主产区为镇雄、巧家、彝良、威信、永善、昭通、鲁甸、大关、盐津等 9 个市、县，以镇雄、巧家、彝良 3 个县分布数量较多。昭通黄牛的特点是体躯结实，结构匀称，体小力强，蹄质坚实，耐粗抗病，役用性好。

昭通黄牛体格偏小，结构匀称，毛色以黄色、淡黄色、草白色、黑色、红色较多。头大小适中，公牛头粗短，母牛清秀。眼圆有神，额宽面平，耳小灵活，角短。公牛角粗，向外侧微向上

伸展；母牛角稍细，向前上方尖向内弯曲，呈弧形。公牛颈短，厚实；母牛颈稍单薄。公牛有明显肩峰。背腰结合良好，短宽平直，肋骨开张。公牛腹紧凑，母牛腹圆。后躯发育不如前躯，尻部倾斜。四肢粗细中等，结实有力，筋腱明显，飞结稍内靠。蹄呈黑色，圆形。昭通黄牛成年牛体尺和活重见表1－3。

**表1－3　　昭通黄牛成年体尺和活重**　　单位：厘米、千克

| 性别 | 体高 | 体斜长 | 胸围 | 管围 | 体重 |
|---|---|---|---|---|---|
| 公牛 | 111.57±6.40 | 125.51±7.72 | 152.36±9.01 | 15.81±1.17 | 295.17±43.37 |
| 母牛 | 104.18±4.69 | 114.43+5.76 | 141.46±8.11 | 13.98±2.62 | 211.0±45.16 |
| 阉牛 | 115.05±6.09 | 125.84±10.98 | 162.53±10.02 | 16.64±1.16 | 309.95+52.83 |

据对5头昭通成年阉牛屠宰测定结果，平均活重为296.49千克，屠宰率平均为54.27%，净肉率平均为39.92%，骨肉比为1∶3.45，眼肌面积为51.26平方厘米。

母牛终年发情，但多集中在每年的7～9月，利用年限一般为12～16年，终生产犊7～10头，多为3年产2胎或2年产1胎。

## 三、迪庆黄牛

迪庆黄牛主产于云南西北部迪庆藏族自治州的香格里拉、德钦和维西等县，主要分布在迪庆海拔2800～3300米以上的高寒山区，具有耐粗、耐寒等特性，对高海拔地区生态环境有较好的适应能力。

迪庆黄牛体型偏小，体躯略短，公、母牛均无肩峰，毛色以黑色或黄褐色居多。头窄长，眼小有神，耳中等大，颈薄细长，鬐甲较平，肋骨开张，尻部窄而倾斜，四肢短细。迪庆黄牛成年体尺和活重见表1－4。

表 1－4　迪庆黄牛成年体尺和活重　单位：厘米、千克

| 性别 | 体高 | 体斜长 | 胸围 | 管围 | 体重 |
|---|---|---|---|---|---|
| 公牛 | 102.08 ±8.68 | 113.25 ±12.7 | 140.96 ±14.35 | 14.15 ±1.48 | 212.93 ±61.92 |
| 母牛 | 97.58 ±5.31 | 108.38 ±7.99 | 135.30 ±9.06 | 12.73 ±0.92 | 185.47 ±34.25 |
| 阉牛 | 108.92 ±5.93 | 120.52 ±8.92 | 151.39 ±10.78 | 15.02 ±1.35 | 258.37 ±52.44 |

经成年公、母、阉牛屠宰测定，平均活重为 188.36 千克，屠宰率平均为 52.55%，净肉率平均为 36.76%，骨肉比为 1∶2.79。迪庆黄牛的利用年限为 12～15 年，终生产犊 10 头左右，母牛多为 1 年 1 胎。

## 四、云南瘤牛

云南瘤牛原产于云南南部、西南部和中部热带及亚热带地区，主产区为瑞丽、潞西、沧源、耿马、镇康。勐腊、景洪、澜沧、西盟和孟连等县、市，主要为傣、景颇、佤、瑶等少数民族所饲养。

云南瘤牛公牛鬐甲前上方有一大的瘤状突起，状如驼峰，是由结缔组织、肌肉和皮下脂肪增殖而成。一般瘤高为 12～15 厘米，高的可达 18～20 厘米。体躯圆长，前躯发达，后躯呈圆筒形。头短，额部宽平，眼大有神，颈短粗，背腰平直，尻部较平。垂皮发达，从下颌一直延伸至胸部，也有的一直延伸到胸部。耳大下垂，四肢较细，结实有力，蹄小而坚实。公牛均有角，且短粗。毛色有黑、褐、红、黄、青、灰白等 6 种。云南瘤牛性情温顺，具有耐热、抗蜱能力。据染色体分析研究，云南瘤牛与普通黄牛的区别在 Y 染色体上，普通黄牛的 Y 染色体为一小的近中着丝粒染色体，云南瘤牛的 Y 染色体为一更小的近端着丝粒染色体。成年体尺和活重见表 1－5。

表 1－5　　云南瘤牛成年体尺和活重　　单位：厘米、千克

| 性别 | 头数 | 体高 | 体长 | 胸围 | 体重 |
|---|---|---|---|---|---|
| 公牛 | 70 | 115. 60 ±5. 00 | 129. 60 ±8. 20 | 158. 50 +8. 71 | 301. 60 |
| 母牛 | 33 | 107. 00 ±4. 80 | 115. 00 ±5. 50 | 141. 50 ±6. 00 | 213. 70 |

据德宏州畜禽品种资源调查队进行的屠宰测定，成年阉牛平均活重为 357. 99 千克，屠宰率为 52. 3%，净肉率 39. 6%。

性成熟较早，公牛 18 月龄有性行为，24 月龄配种，母牛 24 月龄性成熟即可配种受胎。发情周期 18～25 天，发情持续期 24～36 小时，妊娠期 270 天。1 年 1 胎。母牛终生产犊 8～9 头。云南瘤牛初生至 2 岁活重见表 1－6。

表 1－6　　云南瘤牛初生至 2 岁活重　　单位：千克

| 性别 | 初生 | 6 月龄 | 12 月龄 | 24 月龄 |
|---|---|---|---|---|
| 公牛 | 13. 29 ±2. 27 | 34. 25 | 104. 7 ±10. 09 | 154. 70 ±3. 96 |
| 母牛 | 13. 00 ±2. 16 | 50. 00 | 115. 09 ±19. 1 | 178. 53 ±25. 58 |

## 五、邓川牛

邓川牛是我国南方唯一的乳用黄牛本地品种。主产于云南省大理白族自治州的大理、洱源等市、县。洱源县邓川地区为中心产区，故称邓川牛。

邓川牛体格偏小，成年母牛平均体高 103. 5 厘米，平均体重 227. 5 千克；成年公牛体高 107. 8 厘米，体重 239. 0 千克。毛色不一，以黄色、紫红色、黑色居多。头轻、角细短、舌黑色是邓川牛的主要特征之一。垂皮薄长，皮薄毛细，腹大，乳房较肉用品种小，乳头短，乳静脉明显。305 天产奶量 838 千克，乳脂率高达 6. 86%。

自20世纪50年代起引入黑白花牛与之杂交改良，成效显著，邓川牛现已基本黑白花化。

## 六、大额牛

大额牛产于云南贡山独龙族、怒族自治县独龙江一带，为一种半野生、半家养的珍贵牛种，其分类学地位属于牛亚科黄牛属中独立的一个种（*Bos frontalis*）。大额牛的染色体数目 $2n=58$，具有1对近中着丝粒染色体和27对端部着丝粒染色体；普通黄牛染色体数目 $2n=60$，全部29对常染色体为端部着丝粒染色体。大额牛由于为独龙族饲养，又称“独龙牛”。

大额牛面部短粗而窄，额部宽阔而微凸，两耳直立，中等大小。颈短粗，公、母牛均有角，两角向头部两侧平平伸出，微向上弯。体躯高大，短圆匀称，鬐甲较低平，四肢短粗，蹄小结实。全身被毛黑色和深褐色，四肢下部全为白色。

繁殖能力极强。能泅渡湍急的河水，性喜群栖，常年野牧饲养。公牛性猛，一般野兽不易袭击伤害牛群。食物以茅属鲜嫩野草、芦苇、竹叶、树叶为主。大额牛12月龄至成年体尺、体重见表1-7。

**表1-7　大额牛12月龄至成年体尺、体重**　单位：厘米、千克

| 月龄 | 体高 | 体长 | 胸围 | 体重 |
|---|---|---|---|---|
| 12月龄 | 107 | 109 | 148 | 208 |
| 24月龄 | 117 | 124 | 160 | 302 |
| 成年公牛 | 134 | 151 | 184 | 461 |
| 成年母牛 | 128 | 133 | 181 | 433 |

大额牛性成熟较晚，一般4岁达到性成熟，生育年限比普通黄牛长。1年1胎，在野外放牧，自然交配的情况下，很少出现

空怀，终生产犊约15头。

## 第二节　云南省从国外引入的主要肉牛品种

### 一、短角牛（Shorthorn）

短角牛原产于英格兰东北部的诺森伯兰郡、约克郡和林肯郡。因从梯斯河流域的长角牛改良而来，故称改良后的牛为短角牛，是英国历史悠久的牛品种之一，同时也是世界上第一个建立品种协会的牛品种。

短角牛体躯呈矩形，宽深度发育良好，全身肌肉丰满。颈短而多肉，颈和胸部结合良好，垂皮较发达，鬐甲和胸部宽，胸骨部位低，公牛胸部显著突出。肋开张，背线直，背腰宽阔，荐部长而宽，四肢短。全身被毛为棕红色，少数为沙毛。成年公牛活重为1000千克，母牛为700千克，肉质好，产肉性能高，肌肉纤维细，肥育后的去势公牛屠宰率在65%以上。犊牛的初生重为30~40千克。据英国肉品和家畜委员会（Meat and livestock Commisson）测定，肉用短角公牛200日龄、300日龄、400日龄和500日龄的活重分别为209千克、314千克、412千克和500千克。成年母牛产乳量为1800~3500千克。成年短角牛的体尺见表1-8。

**表1-8　成年短角牛的体尺**　单位：厘米

| 性别 | 体高 | 体长 | 胸围 | 管围 |
|---|---|---|---|---|
| 公牛 | 130.20 | 166.00 | 210.00 | 20.00 |
| 母牛 | 128.00 | 155.40 | 200.00 | 19.10 |

1974年云南省首次从加拿大引入短角牛，生产冷冻精液改良云南黄牛，杂交效果显著。

## 二、海福特牛（Hereford）

海福特牛原产于英格兰西部的海福特郡，是由当地牛长期向肉用方向选育而成。1790年形成品种，1845年设纯种牛登记簿，1876年成立海福特牛品种协会，1883年建立“封闭”登记簿，是英国最古老的早熟中型肉牛品种。

海福特头短额宽，角呈蜡黄色或白色，向两侧伸平，稍向下方弯曲，颈短粗多肉，垂皮发达。体躯呈矩形，具有典型的肉用牛体型。胸深，肋开张，躯干呈圆筒状，背腰宽而平直，臀部肌肉发达。全身骨骼细，肌肉丰满，四肢短而粗。全身被毛柔软，皮肤为橙黄色，毛色为红色（个体间有深浅之别），头、颈下、四肢下部（腕关节和飞节以下）、鬐甲和尾帚为白色。海福特牛的体尺及活重见表1－9。

**表1－9　成年海福特牛体尺及活重**　单位：厘米

| 性别 | 体高 | 体长 | 胸围 | 管围 | 体重 |
|---|---|---|---|---|---|
| 公牛 | 134.47 | 169.37 | 211.6 | 24.1 | 850～1100 |
| 母牛 | 126.00 | 152.00 | 192.20 | 20.0 | 600～700 |

海福特牛增重较快，产肉性能高，肉质细嫩多汁，风味好。屠宰率为60%～65%。据英国资料，海福特牛12月龄日增重为1.4千克，18月龄时活重达725千克，英国在华伦农场对16头海福特公牛后裔测定肥育结果，饲喂谷物的日增重为1.13千克，饲喂牧草的日增重为0.72千克（见表1－10）。

表 1－10　　海福特牛后裔测定肥育结果　　单位：天、千克/天

| 饲养方式 | 屠宰日龄 | 活　重 | 日增重 | 按胴体计日增重 |
|---|---|---|---|---|
| 谷物育肥 | 330 | 381 | 1.13 | 0.46 |
| 牧草育肥 | 609 | 491 | 0.72 | 0.44 |

海福特牛 6 月龄时可出现性行为，15～18 月龄（活重达 400 千克）可初次配种，妊娠期为 260～290 天。

海福特牛耐粗饲，适宜放牧饲养，对环境条件适应性强。在加拿大 －48℃ 及 38℃ 的寒冷或酷热下，以及在海拔 1800 米的高原上，均能正常生长。性情温顺，容易管理。缺点是易发生跛行、单睾和夜盲症。1975 年，云南省引入该品种牛改良本地黄牛，杂交优势显著，杂交牛外貌酷似海福特牛。

## 三、西门塔尔牛（Simmental）

西门塔尔牛原产于阿尔卑斯山区，即瑞士西部及德国、法国、奥地利等国家，为世界著名的兼用品种。依繁育的国家和选育目的不同，分为肉乳兼用和乳肉兼用型，现有的国家已向专门肉用方向发展，培育出西门塔尔牛肉用纯种牛。西门塔尔牛是全世界分布最广、数量最多的牛品种之一。在美国、加拿大、新西兰、阿根廷及欧洲等国家主要作肉乳兼用或肉用。

西门塔尔牛头较长，侧面直，颜面部宽，眼大有神。颈中等长，与鬐甲结合良好。体躯长，肋骨开张，有弹性，胸部发育好，尻部长而平，四肢端正结实，大腿肌肉发达。乳房发育良好，向后伸展，毛色为黄白花或红白花。头、胸部、腹下和尾帚多为白色，肩部和腰部有条状白纹片。皮厚中等，被毛柔软而有光泽。

西门塔尔牛成年公牛体重为 1100 千克，母牛为 700 千克。

犊牛初生重，公犊为45千克，母犊为44千克。肌肉发达，产肉性能高，胴体瘦肉多，脂肪少而分布均匀，故肉质较好。在舍饲和放牧条件下，日增重为800～1000克。18月龄时，活重达440～480千克，公牛肥育后屠宰率为65%左右，一般母牛在半肥育状态下，屠宰率为53%～55%。

西门塔尔牛虽不像大型肉牛那样，因初生犊牛体大而容易造成难产，但初产母牛的难产率仍很高。

西门塔尔牛产乳量比肉用牛高，产肉性能不比肉用牛低，体质结实，性情温顺，适应性好，耐粗饲，适宜放牧饲养。因此，其乳、肉生产性能受到不少国家的重视和欢迎。美国引入后用其与有关品种杂交，并认为在肉牛杂交体系中，西门塔尔牛适合做“外祖父”的角色。

云南省于1977年首次从奥地利引入西门塔尔牛生产冻精改良云南黄牛，由于杂交优势显著，受到群众欢迎。

## 四、安格斯牛（Angus）

安格斯牛原产于苏格兰的阿白丁·安格斯和金卡丁等郡，是英国古老的小型肉用品种。因无角，毛色纯黑，故也称为无角黑牛。安格斯牛有组织的育种工作开始于18世纪末，主要对早熟性、肉的质量、屠宰率、饲料报酬和犊牛的成活率进行选育。1860年开始进行良种登记，1892年出版良种簿。当时该牛广泛分布于英国，并输入德国、法国、丹麦、美国、加拿大及拉丁美洲和大洋洲的一些国家，目前，安格斯牛分布于世界的大多数国家。

无角、黑毛是安格斯牛的重要外貌特征。体质结实，较矮。头小而方，额宽。颈中等长，背线平直，腰和荐部丰满。体躯宽而深，呈圆筒状。四肢短，较直，全身肌肉丰满，具有典型的肉用牛特征外貌。皮肤松软，富弹性，被毛光泽而整齐。

成年公牛体重为800～900千克，母牛为600千克。犊牛初生重为25～32千克。7～8月龄断奶活重达200千克。

安格斯牛早熟，胴体品质和出肉率高。屠宰率一般为60%～65%。12月龄达性成熟，18～20月龄可初次配种。发情周期为20±2天，发情持续期6～30小时，平均为21小时。妊娠期279±4天，连产性好，难产少。体尺和活重见表1－11。

**表1－11　安格斯牛各月龄的体尺和活重**　单位：厘米，千克

| 性别 | 月龄 | 体高 | 体斜长 | 胸围 | 管围 | 体重 |
|---|---|---|---|---|---|---|
| 公牛 | 初生 | 61.8 | 57.8 | 67.6 | 10.0 | 26.9 |
| | 6 | 93.0 | 104.7 | 130.0 | 14.9 | 177.2 |
| | 12 | 104.6 | 124.3 | 155.4 | 17.2 | 304.5 |
| | 24 | 119.3 | 152.0 | 187.8 | 19.6 | 505.7 |
| | 36 | 123.4 | 160.4 | 211.3 | 20.5 | 665.0 |
| | 48 | 125.8 | 158.3 | 224.8 | 21.0 | 842.0 |
| 母牛 | 初生 | 60.0 | 55.9 | 67.2 | 9.8 | 26.0 |
| | 6 | 89.6 | 103.0 | 126.5 | 14.1 | 166.3 |
| | 12 | 98.5 | 114.8 | 145.5 | 15.2 | 233.3 |
| | 24 | 109.7 | 134.1 | 169.2 | 16.8 | 365.1 |
| | 36 | 115.0 | 144.3 | 178.4 | 17.5 | 433.4 |
| | 48 | 117.1 | 150.0 | 188.1 | 17.9 | 487.8 |
| | 60 | 118.9 | 155.8 | 194.2 | 18.3 | 541.4 |

安格斯牛耐粗饲，对环境条件适应性强，比较耐寒。公牛性情温顺，母牛稍有神经质。适于集约饲养，抗病力强，犊牛生长快，但易感染外寄生虫，应在每年的秋季药浴驱虫。

1974 年，云南省首次从加拿大引入安格斯种牛，生产冷冻精液改良云南省黄牛。

## 五、墨累灰牛（Murray Grey）

墨累灰牛原产于澳大利亚墨累河上游地区。1905 年，凯·萨瑟兰（K. Sutheclend）在其牧场内，用安格斯公牛与头浅灰色的短角母牛连续杂交，所生的 12 头犊牛均为深灰色毛。以后的 40 年中，该牧场继续用安格斯公牛，同所获得的灰牛配种。从后代中选留了两头灰色种公牛，准备用以培育新品种，因故未能实现其计划。后来加德（Gadd）兄弟在安格斯牛群中发现了生产性能高的灰色母牛，便从凯·萨瑟兰的牧场中购入一些灰色种公牛进行杂交，结果逐渐选育成了墨累灰牛。1962 年成立品种协会。现已分布于英国、美国、加拿大和新西兰等国家。

墨累灰牛体型近似于安格斯牛。无角，四肢不高，体躯圆筒状。全身肌肉丰满，毛色为灰色、银灰色及深灰色。

墨累灰牛成年公牛体重为 700～800 千克，母牛为 450～600 千克，6 月龄断奶体重可达 150 千克。墨累灰牛耐粗放饲养管理。胴体品质好，出肉率高。

1984 年 6 月，澳大利亚政府援助，云南省首次引入 87 头墨累灰种牛开展纯繁和改良云南黄牛。

## 六、婆罗门牛（Brahman）

婆罗门牛原产于美国西部海湾地区，是美国育成的肉用瘤牛品种。育种过程主要使用的基础瘤牛为印度瘤牛和欧洲瘤牛。1835 年美国首次引入瘤牛，但大量的瘤牛是 20 世纪初引进的，1924 年成立品种协会，1946 年又从巴西和墨西哥引入瘤牛，故婆罗门牛育成过程的基础瘤牛比较复杂。婆罗门牛是在美国南部亚利桑拿州、新墨西哥州和得克萨斯州炎热的沙漠和半沙漠地区育成的。近年来已分布于美国的46个州及拉丁美洲、澳大利亚等，并广泛地应用于杂交繁育。

婆罗门牛体躯长，深度适中。头和颜面部较长，耳下垂。有角，两角间距离宽，角粗，中等长。垂皮长而发达，瘤峰大，母牛的瘤峰较小。包皮和脐部不太下垂。背直，四肢长，母牛的乳房及乳头中等大小。皮肤松软，中等厚，一般都有色素，毛色多为银灰色，但也有深浅不同的红色、白色、褐色、灰色带白斑的个体。

婆罗门牛成年公牛活重为700~900千克，成年母牛活重为450~630千克。出肉率高，胴体品质好，肉质超过印度瘤牛。耐苦，对饲料条件要求不严，能很好地利用低劣、干旱牧场上其他牛不能利用的粗糙植物，也能适应围栏肥育管理，并具有很快上膘的性能。不受蜱、蚊和刺蝇的过分干扰，对焦虫病、传染性角膜炎和眼癌有抵抗力。犊牛初生体重轻，一般为27~29千克。母牛产乳多，因此犊牛生长发育快。婆罗门牛利用年限长，合群性好，好奇胆小，容易调教。美国用婆罗门牛同其他品种杂交而育成肉牛王、圣格鲁迪斯、婆罗格斯、婆罗福特和夏婆罗等品种。

1993年初，云南省首次从澳大利亚引入婆罗门种牛，用于纯繁和杂交组合试验。

## 七、荷斯坦牛（Holstein）

荷斯坦牛原产于荷兰北部地区，也称荷兰牛，因其毛为黑白花片，故通称黑白花牛。该品种牛早在15世纪就以产奶量高而闻名于世界，各国都引进饲养，经风土驯化和系统的选育或同当地牛进行杂交，育成了较适应当地环境条件且各具特点的黑白花奶牛。美国引进后坚持近百年的系统选育工作，培育出体格较高，胸围较大，乳房特别发达，且结构良好，产奶量高，适于机器挤奶，饲料报酬高的美国黑白花奶牛，称为荷斯坦牛。荷斯坦牛具有以下优点：

（1）成熟早。5～6月龄性成熟，生长发育快，14～15月龄即可配种，24月龄即可产犊投产。

（2）产奶量高。为泌乳期产奶量和终生产奶量世界纪录的创造者。平均年产奶8096千克，乳脂率3.64%，创纪录者365天产奶25247千克，乳脂率2.8%。

（3）乳房呈盆状，形状优良。乳头大小适中，垂直，呈柱状，间距匀称。

（4）性情温顺，适应性强，易于风土驯化。

（5）遗传性能稳定。

（6）产肉性能好，但存在抗热性能差，抗病力较弱的不足。1988年，云南省初次引进母牛10头，1996年再次引进公牛15头。

## 第三节　牛的杂交改良

### 一、肉牛的生产杂交

不同品种、类群间的交配称为杂交，杂交可使基因、性状重新组合，其后代在生活力、抗病力、适应性等方面较强，生长快，产奶、产肉等生产性能、饲料转化率等方面优于纯种双亲。人们把这种优于纯种双亲的现象称为杂种优势。不同的杂交双亲即杂交组合，可生产不同的杂种优势。在生产中以杂种优势率表示数量性状的杂种优势程度。可以按下列简便公式进行计算。

$$杂种优势=\frac{杂种一代平均性能-双亲平均性能}{双亲平均性能}\times100\%$$

例如：短角牛的初生重36千克，本地黄牛12千克，短角牛与本地黄牛杂种一代为29千克，按上列公式可求得改良牛的初生重的杂交优势为：

$$杂种优势（\%）=\frac{29-（36+12）/2}{（36+12）/2}\times 100=20.8\%$$

这就是说，在当时具体条件下，短角牛与本地黄牛杂交一代的杂种优势率为20.8%。

不同品种间杂交，其杂种优势程度不同，这与用于杂交亲本双方的相互配合情况、亲本间的遗传差距、亲本群的纯度、亲本个体优良等有关，所以要获得高的杂种优势，应进行杂交配合力的测定。杂交双亲配合力的测定，选同一品种内优秀个体进行交配，同时要提供充分发挥杂种优势的饲养管理条件。

## 二、养牛生产中常用的杂交方法

### （一）经济杂交

利用杂种优势达到提高牛的产奶、产肉性能，即达到某种经济目的而进行的杂交，其后代直接用于生产产品可以是两个品种或类群间杂交，如用西门塔尔与本地黄牛杂交，婆罗门牛与本地黄牛杂交等，这种经济杂交称二元杂交或简单经济杂交，其杂交后代全部用于育肥产肉。有3个以上的品种或类群参与的叫复杂经济杂交或多元经济杂交。如西门塔尔牛与本地牛杂交，其优良的杂种母牛再与短角牛交配，其他杂种牛全部用以育肥（如图1－1）。

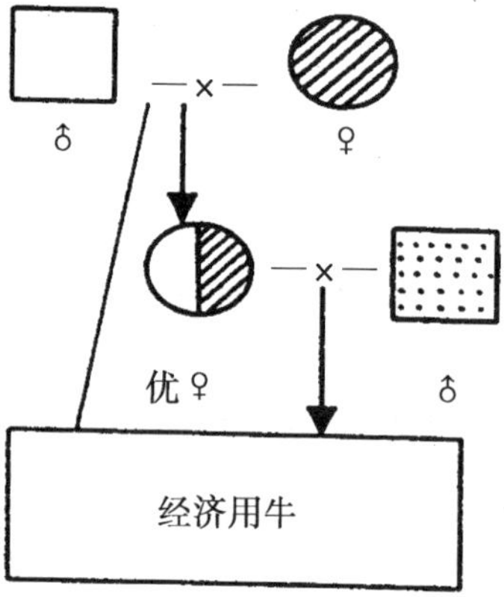


图1－1　三元杂交示意图

这种三品种参与的三元杂交的杂种优势超过二元杂交，因母本也具有杂种优势。但需不断用纯种交配，以产生一代杂种母畜。

## （二）轮回杂交

用两个或两个以上品种进行杂交，其各代牛大部分作生产牛，各代优良的母牛依序轮流再与亲本品种公牛交配，以便在每代杂种后代中继续保持和充分利用杂种优势。采用这种杂交方式除第一次杂交母本是纯种，以后均是杂种，可利用母本的杂种优势，但同一种公畜，即使是很优秀的种畜也不能连用。

**1. 两品种轮回杂交**

父母本品质都比较好可采用此法。如西门塔尔公牛与安格斯母牛交配，其后代公牛及部分母牛全部用以育肥产肉，较优的杂种母牛与安格斯公牛交配，其后代中优良的母牛再与西门塔尔公牛交配，其他杂种牛全部用于生产肉（如图1－2）。这样反复轮回杂交，其杂种优势有所降低，应引起注意。

**2. 三品种轮回杂交**（三品种交叉杂交）

即把两品种杂交得到的杂种母牛，再与第三个品种公牛配种，所生后代继续轮回与这三个品种的公牛杂交。例如，西门塔尔公牛与墨累灰母牛杂交所产的后代母牛再与短角公牛配种，母牛与墨累灰公牛配种，依序再轮回配种（如图1－3）。这种杂交方式在第一轮可产生较大的杂种优势，但若再轮回交配下去，杂种优势会减弱，且在生产中操作较复杂。

## （三）级进杂交

级进杂交也称改造杂交，是利用同一优良品种的公牛与生产性能低的母牛一代一代地交配，以达到改造生产性能低的品种的目的。一般级进到3～4代。若改进饲养管理，畜群生产性能即可大幅度提高。如云南省邓川牛奶质好，但产奶量低，引入黑白花奶牛与其进行级进杂交，到第三代，其产奶量提高了1.5倍。

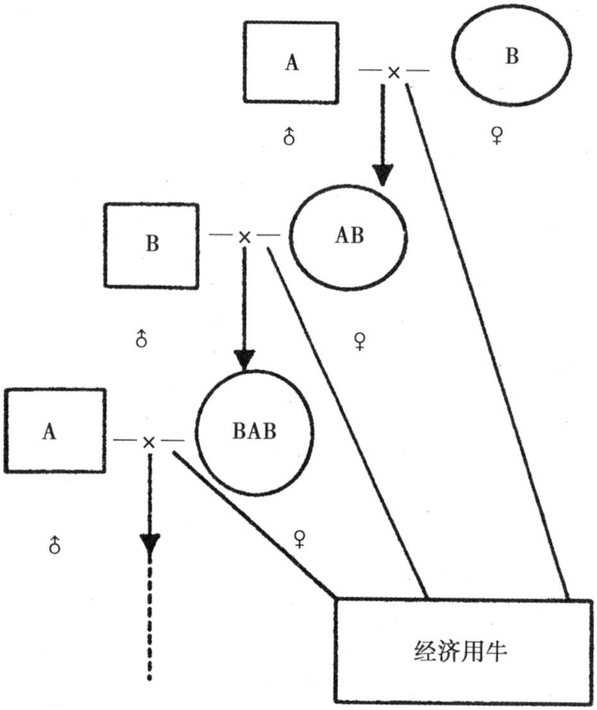


图1－2　二元轮回杂交示意图

## （四）育成杂交

其目的是育成新品种，采用两个或两个以上品种牛采取各种方法进行杂交，使这些品种的优良特性结合。通过杂交群内理想型个体的自群繁育，使其具有稳定的遗传性，即自繁定型，创造出新的品种。

## （五）导入杂交

这是当一个品种的性能基本满足要求，而在某一方面还存在个别缺点，这种缺点用本品种选育又不易得到纠正时，就可选择

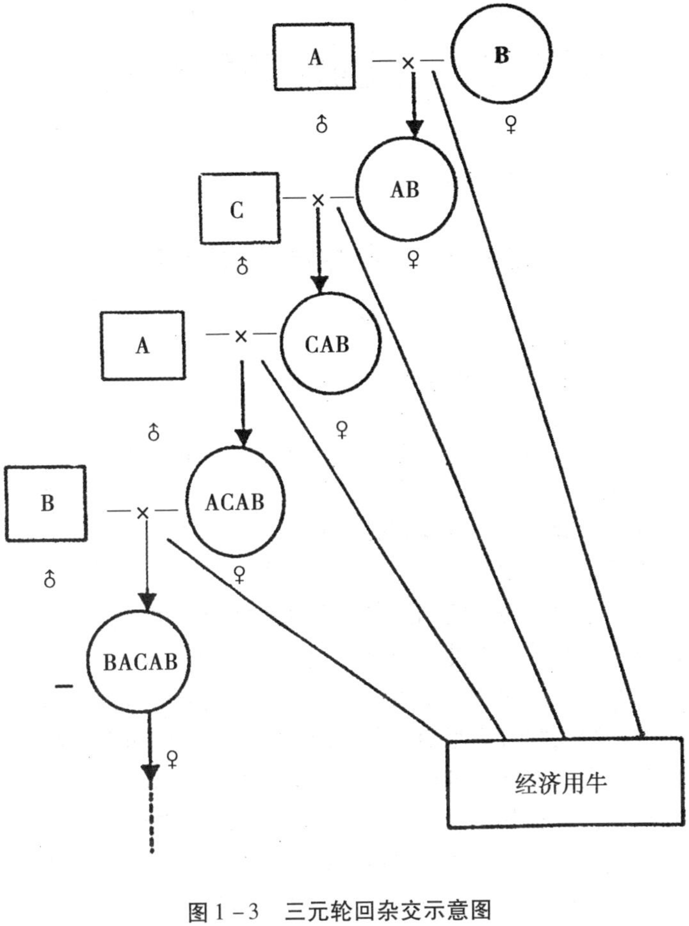


图 1-3　三元轮回杂交示意图

一个具有这方面优点的品种公牛与之杂交，以纠正其缺点，使品种特性更加完善的杂交方法。为了不改良原品种的主要特点，一般只杂交一次，以后挑选比较优秀的杂种和原品种牛回交，以产生较理想的后代。

# 第二章　牛的繁殖配种技术

## 第一节　母牛的发情鉴定

### 一、母牛的发情

母牛生长发育到一定时期，卵巢上有卵泡发育成熟并排卵，在这一性成熟所出现的生理现象称为发情。云南黄牛一般在 6 ~ 12 月龄时，即有发情表现或排卵，但此时发情周期不正常，其生殖器官仍在继续生长发育之中。如配种受孕，会影响母牛今后的配种、繁殖，缩短使用年限，后代生活力和生产性能降低，所以此时不宜配种。因此，应注意公、母牛分群饲养，防止交配。首次产生并排出成熟的生殖细胞，出现规则的性行为，母牛出现完整的发情，此时称为初情期，即有繁殖可能的时期。此时母牛的生殖器官仍在继续生长发育，骨盆发育也不全，需再经一段时期的生长，才具备正常生育能力，此时称性成熟。

性成熟后，母牛整个身体还在生长，全身发育还未结束，母牛生长还需营养，不能保证供给胎儿足够的营养物质，也有损母牛的健康。应在牛达到生长完成的阶段，即体成熟才开始配种。云南黄牛母牛的初配适龄为 18 ~ 24 月龄，此时其骨骼、肌肉和各内脏器官已基本发育完成，具有成年时所固有的体态结构，即达体成熟时才可配种。由性成熟到体成熟难有截然的界线。不同品种，饲养管理条件都有差异，具体还要看个体发育状况，一般体重达成年时的70%左右即可。

发情周期：达到性成熟而没有怀孕的母牛，在正常情况下，每隔一定时间就会出现一次发情，直到衰老停止性活动为止，这种有一定时间规律的表现发情征状称发情周期。在发情周期中，卵巢和生殖道都发生着有规律的生理学和形态学变化。相邻两次发情的间隔时间称为一个发情周期。母牛的发情周期为18～25天，平均21天。

云南黄牛全年均可发情，但在农村饲养条件下，受牧草生产季节性影响，多集中在5～9月份，此期配种，受胎率最高。母牛的发情周期一般分为以下4个阶段。

（1）发情前期。母牛开始兴奋不安，常做排尿状，尾随其他牛，外部表现为阴门肿胀，阴道颜色变红，略有充血，但不接受爬跨。

（2）发情期。接受其他牛的爬跨。阴门肿胀，阴道充血，阴道黏膜湿润，子宫颈口松弛开张，常有大量透明黏液流出。食欲减退，排尿频繁。直肠检查时，可在一侧卵巢上触摸到较大的卵泡突出于卵巢表层，富有弹性。

（3）发情后期。子宫颈口开始收缩，阴唇消肿起皱，阴道黏膜充血开始消退，颜色变浅，黏液少而黏稠。母牛常在此期排卵，卵泡破裂。

（4）休情期。也称间情期。母牛性欲完全停止，阴门肿胀消失，阴道肿胀消退，颜色苍白，并出现较多的皱褶，食欲恢复，黄体已发育完全。

（5）发情持续期。指母牛从发情开始到发情结束的时期，称发情持续期。常以一个发情期内首次接受爬跨到开始拒绝接受爬跨的时间作为持续期长短的判定标准。牛的发情持续期是家畜中最短的，发情持续期的长短变异范围大，一般肉牛为15～20小时；奶牛一般为22.9（7.5～29）小时；荷杂牛平均为22.7

小时；云南黄牛，青年牛为44～48小时，经产牛为36～41小时。牛发情持续期长短存在明显的季节、气候、品种及个体差异。

## 二、发情鉴定方法

根据母牛发情期的生殖器官变化和行为来鉴定，方法主要有3种。

**1. 外部观察法**

母牛发情时，表现为精神兴奋，不安，来回走动，时常哞叫，食欲减退。阴户潮红肿胀，有黏液从阴道中流出，一般初期量少、稀薄、透明，呈水样；中期量多、半透明，牵缕性强，往往粘于尾根、臀端或飞节处的被毛上，群众称“吊线”；末期阴户肿胀消退，黏液量少、浓稠、混浊，牵缕性差，一般宜此时输精配种。发情晚期，黏液少，色渐变为浅黄红色，有些牛会排出血液，表明已排卵，此时配种已晚。发情母牛接受爬跨，出现静立反射，并爬跨别的母牛，舔嗅后躯和外阴部，发情母牛爬跨其他母牛时，阴户常会流出一些黏液，作公牛交配状并摆动自己的尾巴。由于其他牛多次爬跨，发情母牛背腰和臀部留有泥垢，被毛蓬乱，可据此判断发情。

**2. 阴道检查法**

用开膣器打开母牛阴道，检查阴道的黏膜颜色、润滑度、子宫颈口等变化来判断母牛是否发情。

将母牛保定好，用1%～2%来苏尔溶液消毒外阴部，再用温开水冲洗并用灭菌布巾擦干。检查人员右手持开膣器侧着插入阴道至适当深度后，旋转横压柄扩打开阴道，借亮光观察阴道变化。

母牛发情时，阴道黏膜充血，有光泽，黏液在阴道下积存较多，子宫颈红润肿胀，颈口开放，子宫颈外口有多量黏液附着。

发情终止时，黏膜充血消失，呈浅红色，黏液量少。发情初期黏液透明，呈水样，有流动性，以后量逐渐增多，变为半透明，有黏性。发情末期黏液减少而浓稠。观察完后应将开膣器开着轻轻退出，切不可在阴道内关闭，以免夹伤阴道壁。

3. **直肠检查法**

将手伸进母牛的直肠内，隔着肠壁触摸卵巢和卵泡，根据其发育情况来判断母牛的发情程度。它是判断母牛发情最准确可靠的方法，在生产实践中被广泛采用。

直肠检查前，检查者首先应将指甲剪短磨平，手臂涂以润滑剂。然后将右手手指拼成锥形，缓慢轻转伸入肛门，若肠壁收缩，即努责，阻止手臂伸入时应停止伸入，待努责停止后继续向内伸，先掏出宿粪，手掌伸平，掌心向下，下按并左右抚摸。当触到骨盆底部时可以发现较硬的子宫颈，子宫颈如软骨样，易与其他部位区别开来。当找到子宫颈后手指不要放开，顺子宫颈向前移动，便可触摸到子宫体、角间沟。当将手指伸到子宫角交叉处，便将手移到右侧子宫角，向前向下在子宫弯曲处，即可碰到卵巢。用中指、食指夹住卵巢，用大拇指轻轻仔细触摸卵巢大小、质地、形状和卵泡发育情况。摸完右侧卵巢后，将手向相反方向移至子宫角交叉处，并以同样顺序触摸左子宫角和左卵巢。如在转移过程中，子宫角由手中滑脱，最好重新从子宫颈和角间开始检查。

母牛发情时，在卵巢表面产生一个小泡，称卵泡，内含卵子并充满卵泡液。随母牛发情的进展，卵泡逐渐增大突出于卵巢的表面，其发育可分为4期。

（1）卵泡出现期。一侧卵巢稍增大，卵泡埋于卵巢中，部分突出于卵巢表面，约0.5～0.75厘米。触诊时为一软化点，波动不明显，这时牛已开始出现发情征状，约在发情开始后10～15小时。此期约持续6～10小时。

（2）卵泡发育期。卵泡增大到1.0～1.5厘米，突出于卵巢表面呈小球形，触之有弹性，波动明显。前半期母牛发情表现明显，接受爬跨，后半期发情表现不太明显。此期约持续10～12小时。

（3）卵泡成熟期。卵泡不再增大，但泡壁变薄，紧张性和波动性增强，有一触即破之感。这时母牛发情表现减弱，拒绝爬跨。此期约维持6～8小时。

（4）排卵期。卵泡破裂排卵，泡液流出，泡壁变为软皮样，触之有小凹陷感觉。排卵后6～8小时，黄体开始生成，摸不到凹陷。一般右侧卵巢排卵多于左侧，夜间排卵多于白天。

## 第二节　冷冻精液输精技术

### 一、冷冻精液的保存

**1. 分装方法**

冷冻精液有3种分装方法：①颗粒法，将处理好的精液直接滴冻成0.1毫升的颗粒；②安瓿法，将稀释好的0.8毫升稀释精液，装入1毫升安瓿进行冷冻；③细管法，用口径2.0毫米、2.8毫米或4.2毫米口径的塑料细管分装0.25毫升、0.3毫升或0.5毫升经处理过的精液，进行冷冻，装0.2毫升和0.25毫升的称微型细管。目前云南省主要推广使用的是细管冷冻精液，颗粒精液在少数地方仍在使用，但使用数量逐年减少。这3种精液都贮存于液氮罐中，保存温度为－196℃。

**2. 注意事项**

为了保证冷冻精液品质，不使精子活力下降，在贮存及取用过程中必须注意以下事项：

（1）保存过程中要定期称重，及时补充液氮，一般液氮量不足容量的1/3时就应添加，罐内盛装精瓶的提漏不得暴露在液氮外面。

（2）从液氮罐内取出精液颗粒时，提漏不得提出液氮罐口外，可将提漏置于罐颈下部，用长柄镊夹取精液颗粒。

（3）一年清洗罐子1～2次，清洗液氮罐时，或将贮精瓶向另一超低温容器转移时，动作越快越好，贮精瓶在空气中暴露的时间不得超过3～5秒。

（4）保存过程中要尽量减少开盖时间，以减少液氮的消耗。

（5）放置装有冻精液氮罐的地方应通风良好，阴凉、干燥、清洁，运输时严禁碰撞。

## 二、冷冻精液的解冻和运输

冷冻精液使用前需要解冻，颗粒冻精的解冻多采用2.9%柠檬酸钠溶液。将配制好的2.9%的柠檬酸钠溶液1毫升注入灭菌的试管中，再将试管放于38～40℃的温水中。取1粒冷冻精液迅速投入装有已升温解冻液的试管中，轻轻晃动即可解冻，不可用手搓试管助溶，以免精子相互碰撞，影响活力。然后镜检精子活力，合格时及时输精（不超过1小时）。细管冻精的解冻，可将其直接投入40℃温水中轻轻晃动5～10秒钟，见管内精液颜色改变，立即取出，剪去封口的一端，然后直接装在专用的细管金属输精器（卡苏枪）上，镜检活力合格即可进行输精。

如果解冻后需送异地输精，可用试管分装，用灭菌的玻璃纸棉塞接近液面塞紧，不留空隙，以减少运输时震荡，试管外包上脱脂棉或纱布，再以玻璃纸、无菌塑料袋严密包扎，并做好公牛号的标记。然后再将包装好的试管放入盛有凉水（要求8℃以下）的保温瓶中，盖好瓶塞，在尽可能短的时间内送到输精点，并立即输精。最好是用时现解冻，解冻后及时输精，否则影响受胎率。

## 三、冷冻精液的质量要求

**1. 精子活力**

指解冻后活力，呈直线前进运动精子在30%以上，精子复苏率不少于50%。检查方法：蘸取解冻后精液1滴，滴于清洁的载玻片上，盖上玻片，在38℃温度下进行镜检，显微镜以放大到200~400倍为宜。每个滴片观察2~3个视野，并注意观察不同层次精子的运动。

为了准确地评定精子活力，可用血球计算器检查，在计算板上数出非直线前进运动精子数，然后再用3%食盐水杀死全部精子，数出精子总数，二者之差就是活精子数。

$$精子活力（\%）=\frac{直线前进运动精子数}{总精子数}\times 100\%$$

**2. 前进运动精子数**

每一颗粒解冻后呈直线前进运动的精子数不少于1200万个0.25细管冻精不少于1000万个。检查方法：取0.1毫升剂量的冻精不加解冻液，在载玻片上于室温条件下自然解冻后，用白血球吸管以3%盐水20倍稀释，按下列公式计算：

$$每粒冻精内含精子数=\frac{所数小方格内精子数}{所数小方格数}\times 400\times 10\times 20\times 100$$

剂量内前进运动精子数，用总精子数乘解冻后精子活力即得。

**3. 畸形率**

解冻后的精子畸形率不得超过20%。

**4. 顶体完整率**

解冻后的精子顶体完整率不得低于40%。

**5. 菌落数**

解冻后的精子无病原性微生物，每毫升中细菌数不得超过1000个。

**6. 存活时间**

解冻后的精子存活时间：在5～8℃贮存时间不少于12小时，有效使用时间限度为8小时；在37℃贮存时间不少于4小时，有效使用时间限度为2小时。

牛的冷冻精液必须符合上述指标，否则不得使用。

## 四、输精技术

**1. 输精时机**

俗话说："若叫母牛配得准，发情火候要拿稳。"母牛发情后，什么时间输精最合适，这是提高受胎率的关键。

一般母牛排卵时间是在发情结束后的5～15小时，青年母牛比老年母牛早些。排出的卵子约需6～12小时到达受精部位，维持受精能力的时间一般不超过20小时。输精后少数精子最快5分钟即可到达受精部位，但此时精子不能使卵子受精，需在子宫和输卵管内逗留一段时间，发生一些变化才能进入卵子，称为精子的获能。在母牛生殖道内获能需5～6小时，保持受精能力的时间约为30小时。因此，精子应先于卵子到达受精部位，才能获得最佳受胎率。一般认为，输精时间安排在排卵前4～6小时，受胎率高。但母牛排卵时间不易掌握，在生产实践中，可进行综合分析判定。

（1）如计划输精两次，可在母牛拒爬后进行第一次，间隔8～12小时进行第二次。也可采用早上接受爬跨或出现发情高潮时，下午输精，第二天上午视情况再复配一次；下午接受爬跨，次日早晨输精，下午视情况再复配一次。若只进行一次输精，应在拒爬后4～8小时进行，即由发情盛期转入到发情后期后不久进行输精。由于母牛排卵多在夜间 22 点到翌日 3 点，一些场、站采用“傍晚一次输精法”，即不管是上午或下午发情的母牛均于傍晚 7 时左右输精，效果与进行两次输精无异。

（2）由阴道流出的黏液黏稠、黄色，子宫颈口色红润，外口稍紧而硬，内口松软，输精器容易插入时开始输精，间隔 8 ~ 12 小时第二次输精。

（3）直肠触摸卵巢时，卵泡壁变薄，卵泡液波动明显，有一触即破之感，卵泡发育到成熟期即可输精，隔 8 ~ 12 小时再次输精。

**2. 输精前的准备**

人工输精用的玻璃或金属输精器、小试管等要用 2% 碱水洗涤，再用清水冲洗干净，但应尽快除去酒精气味，有解冻精液时不能有酒精气味，放入白布袋内经蒸汽消毒 30 分钟，保存待用。也可用 70% 酒精棉球擦拭消毒，用酒精火焰烘干输精器外壁。用消毒过的输精器吸取精液之前，应当用加温的 2. 9% 柠檬酸钠溶液冲洗输精管，然后再吸取精液。将待输精的母牛牵入配种架内进行保定之后，要用清水洗净其外阴部，用 2% 来苏儿或 0. 1% 高锰酸钾溶液消毒，并擦干。

**3. 输精操作**

牛的输精有扩张器输精法和直肠把握输精法。

（1）扩张器输精是借助玻璃阴道扩张筒或开膣器将阴道打开，用一定光源找到子宫颈外口，然后用另一手将输精管插入子宫颈内约 1 ~ 2 厘米，注入精液后取出输精器及扩张筒。此法简便，但精液耗量多，受胎率低。现普遍采用直肠把握输精法。

（2）直肠把握输精。输精员穿上胶皮围裙和胶鞋，戴上长臂乳胶手套（也可用消毒后的徒手）涂上液体石蜡油作润滑。将手插入母牛直肠，隔肠壁把子宫颈轻轻固定在手中，手臂往下按压使阴门开张，另一手把装好精液的输精器，自阴门向斜上方徐徐插入，以避开尿道口，再平插或稍向斜下方插入，两手配合将输精器徐徐越过子宫颈口内的皱壁，缓慢旋转送至子宫颈深部，在子宫颈与子宫体结合处缓慢注入精液。待拉出输精器后，再将直肠内的手退出。

**4. 输精的注意事项**

（1）处理精液的过程中，如吸取精液或注入精液时，动作要慢，以减少对精子的机械性刺激。

（2）输精时，精液的温度应保持在 28～36℃之间，接触精液的输精器应与精液的温度相等或接近。

（3）在输精操作过程中，如母牛弓腰强烈努责时，应暂停操作，绝不能强行输精。可让助手掐捏母牛腰椎，缓和腰部紧张。

（4）输精器插入子宫颈时，动作要小心，慢慢旋转前进，遇到阻力时，不能强行插入。

（5）输精过程中，输精员应随牛的左右摆动而摆动，以免输精器折断。

（6）输精完毕，手不能松开后端活塞或小橡皮球，待输精器撤出后才能松手，防止精液回吸到输精器内。

（7）发现大量精液倒流，应重新输精。

## 第三节　母牛的妊娠诊断

为了及时掌握母牛输精后是否妊娠，定期进行妊娠检查，对提高牛群繁殖率，减少空怀具有极为重要的意义。母牛妊娠后，外表和内部均发生一系列变化，根据这些变化和特征，便可进行妊娠诊断。常用的方法有以下几种。

## 一、外部观察法

**1. 不再发情**

母牛妊娠之后，由于黄体分泌孕酮的作用抑制了卵巢上新卵泡的发育和雌激素的产生，母牛不再发情。在一般情况下，如果掌握每头牛的发情规律，配种之后，下一两个情期不再发情，大体上可断定该牛已妊娠。

**2. 营养变好，举止安静**

母牛妊娠后，食欲增加，营养变好，被毛逐渐变得光亮，举止变得安静，性情变得温顺，行动迟缓，避免角斗或追逐，放牧或驱赶时常落在牛群的后边。

**3. 腹围增大，乳房膨大**

随妊娠天数的增加，体内胎儿逐渐增大，触诊时能摸到胎儿或感到胎动。初孕牛妊娠 3 个月左右，乳房变大；经产牛妊娠中期以后，乳房明显增大。

## 二、阴道检查法

母牛配种后 1 个月，进行阴道检查，已妊娠的，当开膣器插入阴道时，阻力明显，有干涩之感，阴道黏膜苍白，无光泽，子宫颈口偏向一侧，呈闭锁状态，上面为灰暗浓稠的黏液形成的塞（子宫栓）盖住子宫颈的外口。用此法检查时要注意消毒动作要轻，避免导致流产。

## 三、直肠检查法

这是早期妊娠检查最为准确可靠的方法，在生产中被广泛采用。一般在母牛配种后 30 天进行检查。已妊娠者，两侧子宫角不对称，孕角较空角稍大变粗，较空角松软，有液体波动感觉，最膨大处子宫壁变薄。用手轻轻按摩子宫时会感到非孕角收缩力较强，而孕角无收缩力或轻微收缩。触摸孕角一侧卵巢可感到体积增大，表面呈蘑菇样凸起，中央有凹陷的妊娠黄体存在，而未孕角侧巢呈圆锥形，体积要小些。

### 四、看“眼线”法

母牛配种后20天，在眼球瞳孔正上方巩膜表面，有明显纵向血管1~2条，细而清晰，呈直线状态，少数有分枝或弯曲，颜色鲜红，则可判断为妊娠，其准确率在90%以上。

### 五、碘酒（7%）法

收取配种20~30天母牛鲜尿液10毫升，盛入试管中，然后滴入2毫升7%碘酒溶液，充分混合5~6分钟，在亮处观察试管中溶液的颜色，呈暗紫色为妊娠，不变色或稍带碘酒色为未妊娠。

## 第四节　母牛的分娩与接产

### 一、预产期的推算

从配种受胎之日起，一直到胎儿发育成熟产出止，这段时间称为妊娠期。牛妊娠期的长短与品种、年龄、性别、营养状况及季节有关。一般乳用牛比肉牛短，早熟品种比晚熟品种短，公犊比母犊长1天，育成母牛比成年母牛短1天。冬春季节分娩的比夏秋季分娩的略长。一般为275~285天，平均280天。通过妊娠检查，一旦确定妊娠，根据配种日期即可推算出母牛的产犊日期。最简便的方法是将配种月减3，配种日加6，推算出母牛预计分娩的日期。

例如：某牛于1996年1月30日最后一次配种受胎，其预产月份为：1+12-3=10月（不够减借1年）；预产日子：30+6=36日，超过1个月，应减去1个月的日数，为产犊日子。36-31=5（10月份为31天），10+1=11（日数超过1个月应在前面计算出的产犊月份再加1个月），即该牛预计于1996年11月5日分娩。

## 二、母牛分娩预兆

### 1. 乳房膨大

产前半个月左右，母牛乳房开始膨大，乳头皮肤胀紧，接近临产前，从乳房向前到腹胸下可出现妊娠浮肿，这时用手可挤出初乳。

### 2. 外阴部肿胀

产前1周开始，外阴部潮红、肿胀，阴唇皱褶消失，封闭子宫颈口的黏液塞溶化，在分娩前1~2天呈透明的索状物从阴道中流出垂于阴门外。

### 3. 骨盆韧带松弛

临产前几天骨盆韧带松弛，耻骨缝际松开，分娩前1~2天韧带明显松软，尻部臀肌肉层现陷凹呈两个坑，使骨盆腔在分娩时能够增大。经产牛表现得更加明显。

### 4. 体温变化

从母牛分娩前4周开始，就会发现体温逐渐升高，产前1周可比正常母牛高出0.5~1℃左右，但至分娩前1天下降约0.3℃，分娩前10~15小时，体温又下降0.4~1.2℃。

### 5. 行为变化

临产前母牛子宫颈开始扩张，阵痛发生，时起时卧，频频排粪尿，头不时向后回顾，腹部感到不安。

## 三、分娩过程

分娩是指将成熟的胎儿、胎膜及其中胎水自子宫经产道内排出的生理过程。正常分娩过程可分为3个时期。

**1. 开口期**

这时母牛表现不安，子宫颈管逐渐张开，并且与阴道之间的界限消失，表现子宫收缩阵痛。开始阵痛比较微弱，时间短，间歇长，随着分娩过程进展，阵痛逐渐加强，间歇时间也由长变短，此时一部分胎盘与子宫剥离。同时，由于子宫的方向性收缩，使胎儿和胎胞向子宫颈管口移动，在胎胞压迫下把软化的子宫颈管完全撑开，有时部分进入产道。由于子宫收缩继续增强，致使尿膜破裂（第一次破水），尿膜囊液流出，润滑产道。羊膜在子宫颈口出现。开口期约需0.5～24小时，以2～6小时的居多。

**2. 胎儿排出期**

子宫继续收缩，胎儿先露部分进入产道后，腹压显著升高，使胎儿继续向外移动，当羊膜破裂后（第二次破水），羊水流出，胎儿前肢和头开始露出。在经强烈努责后，将胎儿排除体外。此期约0.5～4小时，经产牛比初产牛快。如果是双胎，则在20～120分钟后排出第二个胎儿。

**3. 胎衣排出期**

胎儿排出后，母牛暂时安静下来，间歇片刻子宫再次收缩，这时收缩间歇期长，力量减弱，同时伴有努责，将胎衣排出。由于牛的胎盘属子叶型，胎儿尿膜绒毛聚集成丛浅盘状包着母体子宫上的母体子叶（母体胎盘），并嵌入母体子叶的许多凹下的腺窝中，粘连紧密，在子宫收缩时，胎衣也不易脱离，只有在母体胎盘的肿胀减轻后，胎儿胎盘的绒毛才有可能从母体胎盘上脱离下来，因此，胎衣排出时间长，一般在5～8小时左右。胎衣排出后要注意检查是否完整。如果胎衣在12小时仍未排出或未全部排出，应按胎衣不下处理。

## 四、接　产

**1. 接产准备**

母牛出现分娩征状后，应安排专人值班，备好碘酒、药棉、纱布、刀、产科绳等物。产室应铺以清洁干燥的垫草，并保持安静的环境。如发现母牛即将分娩，要用0.1%～0.2%高锰酸钾温水液或1%～2%煤酚皂液洗涤外阴及臀部周围。一般胎膜小泡露出后约10～20分钟母牛多卧下，要使它向左侧卧，以免胎儿受瘤胃压迫难以产出。

**2. 接产方法**

正常分娩时，两前肢夹着头先出，一般不需助产，可让胎儿自然产出。当胎儿头部露出于阴门外，而胎衣尚未破裂时，应立即撕破使胎儿鼻端暴露于外，防止憋死。若有难产，应先注入润滑剂，在母牛阵缩的间歇期，再将胎儿顺势推回子宫，经矫正胎儿姿势后，再顺母牛努责轻轻拉出，严防粗暴硬拉。遇有倒生胎儿，当两后肢产出时，就迅速拉出胎儿，免得胎儿胸部在骨盆内停留过久，造成窒息死亡。如果母牛体弱，阵缩无力，可用产科绳系住胎儿两前肢系部，由左右两助手拉住绳子，助产者将手润滑后伸入产道，以大拇指插入胎儿口角，用力捏住下腭，趁母牛努责时，顺势向母牛臀部后上方用力拉。当胎儿通过阴门时，一个人用双手按压阴唇及会阴部，以防被撑破。当胎头拉出阴门后，继续拉的动作要缓慢，以免发生子宫外翻或阴道脱出。

## 五、初生犊牛的护理

犊牛出生后应立即用干抹布将口鼻黏液擦干净，用手再把口鼻内的黏液取出，防止被吸入肺中，阻碍呼吸或造成异物性肺炎。若有假死，应迅速提起犊牛两后肢，控出咽喉部羊水，并进行人工呼吸，即用手推拉胸腹部，或用两手抱住犊牛胸腹部一提一放，促其呼吸。接着用干抹布或清洁干草擦干净犊牛全身黏液，以促进呼吸和全身的血液循环，特别是冬季，还可防止犊牛着凉。母牛产犊后往往有舐犊的习性，可以任其舐干，不仅可以加快犊牛干毛，粘在犊牛身上的羊水还有助于母牛排出胎衣。多数犊牛生下来脐带可自然断裂，如没有断裂，可在距犊牛腹部6～8厘米处用手拉断，或用剪刀剪断（剪刀要消毒），断端用5%碘酊充分消毒，一般不需结扎，以利干燥。处理脐带后，称重，编号。生后1周内注意观察脐带是否干萎脱落。应在生后30～60分钟犊牛能站立时即让其吃到初乳。

## 六、产后母牛的护理

产后几天内，母畜整个机体发生较大的生理变化，尤其是生殖器官，机体抵抗能力下降，产道黏膜可能有损伤，造成感染，因此应注意外阴部的清洁消毒和圈舍的卫生。母牛产犊后，应喂给温热麸皮盐水汤（麸皮1.5～2.0千克，盐50～100克），有条件可加些红糖，以补充分娩时体内水分的损耗，冬季尤为重要，可暖腹、充饥、增腹压。然后，清除污草，换上干净垫草，并给母牛优质干草，让母牛休息好。母牛产后排出恶露（包括子宫分泌物、血液和未排尽的胎盘残片）是正常的生理现象，从观察恶露排出的情况可帮助了解子宫恢复的程度。产后第一天排出的恶露呈血样，然后变成褐色胶水样，从7～8天起，排出的恶露为透明样的黏液，无恶腥臭，到15～17天起就停止排出，阴部干净恢复正常。如果恶露呈灰褐色，气味恶臭，排出天数拖延至21天以上而不止，则应进行直肠检查或阴道检查，便于尽早治疗。

另外，大多数母牛产后第一、第二次发情征状不明显。因此，产后20天以后，就要注意母牛的发情情况，经常观察母牛的外阴变化、性兴奋和性欲。如果到产后45～60天还没有出现发情，就要对母牛的健康、营养状况、卵巢和子宫进行必要的检查和诊治，预防不孕。

## 第五节　提高母牛繁殖力的措施

### 一、母牛繁殖力的几个主要指标

繁殖力是表示家畜繁殖性能的常用术语，通常用受胎率、受胎指数、繁殖率、产犊指数等具体指标进行综合评定。

**1. 受胎率**

这是用来评定母畜的受胎率、公畜的授精率及人工授精工作效果的一个指标，根据需要其计算方法有3种。

（1）总受胎率：总受胎率指妊娠母牛头数占配种母牛头数的百分比。

$$\text{总受胎率（\%）}=\frac{\text{妊娠母牛头数}}{\text{配种母牛头数}}\times 100$$

（2）情期受胎率：指配种后妊娠母牛头数占总配种情期数的百分比。反映牛群复配情况。

$$\text{情期受胎率（\%）}=\frac{\text{妊娠母牛数}}{\text{总配种情期数}}\times 100$$

（3）第一情期受胎率：第一情期受胎母畜数与第一情期配种母畜数的百分比。主要反映人工授精成绩。

$$\text{第一情期受胎率（\%）}=\frac{\text{第一情期配种的受胎母牛}}{\text{第一情期配种母畜数}}\times 100$$

**2. 繁殖率**

繁殖率指本年度内出生犊牛头数占上年度终存栏适繁母牛头

数的百分比。主要反映牛群增殖效率。

$$\text{繁殖率（\%）}\ \frac{\text{本年度出生犊牛数}}{\text{上年度终成年母牛数}}\times 100$$

3. **繁殖成活率**

繁殖成活率指本年度内成活犊牛数占上年度终存栏适繁母牛头数的百分比，是评定生产成绩常用的指标。

$$\text{繁殖成活率（\%）}=\frac{\text{本年度内存活犊牛数}}{\text{上年度终适繁母牛头数}}\times 100$$

4. **犊牛成活率**

犊牛成活率指断奶时成活犊牛数占出生时活犊牛数的百分比。它反映犊牛的培育水平，母牛的育犊性能及犊牛的生活力，统计时犊牛一般按6月龄计算。

$$\text{犊牛成活率（\%）}=\frac{\text{断奶时活犊牛数}}{\text{所产活牛犊牛数}}\times 100$$

5. **产犊指数**

指母牛相邻两次产犊间隔的天数，正常产犊指数约为360，它是反映饲养管理水平的指标之一。

6. **受配率**

受配率指当年配种的母牛头数占可繁殖母牛头数的百分比。反映可繁殖母牛的发情配种情况及管理水平。

$$\text{受配率（\%）}=\frac{\text{受配母牛头数}}{\text{可繁殖母牛头数}}\times 100$$

## 二、提高母牛繁殖力的措施

母牛繁殖力的高低，受遗传、营养、管理、繁殖技术和疾病等诸多因素的影响。结合农村养牛实际，提高牛的繁殖力，主要从加强饲养管理，提高繁殖技术和繁殖疾病的治疗等方面入手，采取各种有效的科学措施，使牛的繁殖潜力充分发挥出来。针对云南牛繁殖上存在的问题，除选择养好种公牛，产出优质精液，按国家标准生产出合格冷冻精液外，主要应采取措施提高母牛受配率、繁殖率和犊牛成活率等。

**1. 提高受配率的措施**

（1）鉴定整群，确保冷配效率。牛群质量不高，不少丧失繁殖能力的母牛混在牛群之中，是影响受配率的重要因素。因此，首先要搞好整群工作。淘汰营养差、体质弱、年龄偏大，有繁殖和其他疾病的母牛。选择年龄适中、发情正常、营养状况中等以上的母牛组织配种。每年的受配母牛应经过逐头摸底、了解，纳入计划，以确保冷配的效果。

（2）改善牛群结构。合理的牛群结构是组织生产、加速周转、提高出栏率的基本条件。一是公母牛的比例要合理，在放牧自然交配情况下，20～25 头母牛应配 1 头健壮的公牛，以免漏配；二是繁殖母牛群应有恰当的年龄结构，每年淘汰 10%～15% 的老龄母牛补充相应的青年母牛，使牛群保持稳定的、较高的受配率。

（3）提高饲养管理水平，抓好母牛膘情。营养不足、膘情差，则母牛不能正常发情和排卵。冬春季节草料供应不足和质量差是比较普遍的问题。因此，要重视和加强繁殖母牛的饲养管理，搞好青贮、氨化饲料的推广与应用，使母牛能常年均衡地得到营养丰富的饲料，实行科学养牛，使母牛保持良好的膘情。

（4）提高受配母牛管理者的责任心和业务水平。管理人员或畜主对牛的发情知识缺乏了解或责任心不强，会延误配种。因此，应采用宣讲、短期培训等，提高管理人员的业务水平，把漏情比例降低到最低限度。

（5）及时检查和治疗不发情的母牛。对乏情母牛应逐头找准原因，有针对性地采取相应治疗、催情或其他措施。

**2. 提高繁殖率的措施**

影响母牛受胎率的因素主要有产科疾病、胚胎早期死亡、某些遗传因素、输精员的业务水平和责任心、精液质量等，因此采取的措施有以下几点。

（1）准确淘汰在繁殖方面有遗传缺陷或生殖器官发育不全、不正常的母牛。

（2）高度重视疾病的检查、预防和治疗，按照饲养标准进行饲养，保证胎儿的正常发育和安全分娩，在饲养上应特别注意妊娠后期营养物质的供给，要给以含蛋白质、矿物质和维生素丰富的饲料，防止喂发霉变质、酸度过大、冰冻和有毒饲料。在管理上，孕牛运动要适当，严防惊吓、滑跌、挤撞、鞭打、顶架等，防止流产、早产，注意孕牛保胎。

（3）对屡配不孕母牛在找准原因后，有针对性地选用摘除黄体、按摩子宫、刺激阴蒂、子宫内灌输药液、激素治疗、矿物质微量元素和维生素治疗、中兽医治疗等措施。

（4）采用营养、治疗等综合措施促进子宫复原，正确控制产后配种的时期，产后60天内不予输配。

（5）保证公牛或精液质量，大力提高输精员的业务素质和思想素质，要求做到“四准”，即识别发情准、输精时间准、输精部位准、精液品质判断准。操作中做到“慢插、适深、输精、缓出，防止精液倒流”，提高受胎率。

（6）开展早期妊娠检查，狠抓复配，尽量防止失配或漏配。

**3. 提高犊牛成活率的措施**

加强犊牛培育工作，做到全活。犊牛生后2周，就可训练采食，对其健康和生长有利，哺乳期中，如发现小牛有疾病，要及时治疗，以免延误，造成不必要的损失。

云南山区放牧路窄又陡，放牧赶牛时对带犊母牛要慢赶，不要惊吓，最好在较平坦的坡地上放牧带犊母牛和小牛。

## 三、采用繁殖新技术，提高母牛的繁殖力

### （一）诱导发情技术

诱导发情是指对病理乏情的母牛（乏情指无发情周期，卵巢也无周期活动。病理乏情主要有功能性卵巢静止，卵巢萎缩硬化，持久黄体等），利用激素或其他手段，提高卵巢的活性，促使母牛正常发情排卵，以配种受胎。

**1. 注射孕马血清促性腺激素**

孕马血清促性腺激素具有促黄体素和促卵泡素活性，可促进卵泡生长发育、成熟、排卵和发情。每头乏情母牛一次注射1000～1500国际单位。

**2. 孕马血清与三合激素联用**

三合激素注射剂每支1毫升，内含丙酸睾酮25毫克、孕酮12.5毫克、苯甲酸雌二醇1.5毫克。乏情母牛每100千克体重注射0.6～0.8毫升，注射后2～4天发情率90%，可起到同期发情作用，情期受胎率44%以上。第一情期受胎率偏低，恢复正常发情周期后，自第二发情期受胎率提高。孕马血清和三合激素联用比单用任一制剂效果都好。

**3. 孕马血清与新斯的明联用**

新斯的明使平滑肌兴奋，刺激子宫、输卵管和卵巢活动。发情母牛肌肉内注射新斯的明3次，每次10毫升，每次间隔3天。第三次同时注射孕马血清，母牛受胎率提高40%以上。

**4. 孕马血清与前列腺素合用**

前列腺素能促进黄体消散，降低血液孕酮含量，从而促使卵泡素分泌，促进卵泡发育。孕马血清与前列腺素合用具有明显催情效果，合用方法：在注射孕马血清后，子宫注入0.5～1毫克国产前列腺素。

5. **宫注抗菌素**

除上述诱导发情外，生产中屡配不孕母牛常常是因为子宫内致病微生物引起的。以 7% 葡萄糖溶液及青、链霉素各 50 万国际单位，受胎率能提高 20% 以上。

## （二）同期发情技术

同期发情就是用激素或其他药物处理母牛，人为地控制并调整母牛的自然发情周期进程，使分散发情变为在一定时间内集中发情，并进行配种。在肉牛生产中应用同期发情技术，可使母牛集中发情，集中配种，有利于人工授精的开展。由于配种时间较为一致，产犊时间也趋于一致，这样使母牛的妊娠、分娩和幼牛的培育在时间上相对集中，有利于规模养牛的成批生产，可以合理地组织生产，有效地进行饲养管理，节约劳力和降低费用。具体方法如下所述。

1. **孕激素埋植**

18 甲基炔诺酮粉 20 ~ 25 毫克和等量消炎粉装入有微孔的塑料细管内，用套管针将其埋植入牛耳背皮下，12 天后取出，同时注射孕马血清 10 ~ 15 毫升。

2. **前列腺素子宫注入**

在牛发情周期的第 5 ~ 18 天内，用输精器向有黄体的一侧子宫角注入前列腺素 3 ~ 5 毫克。投药后第三、第四或第四、第五两天各输精 1 次。

3. **三合激素**

每 100 千克体重注射 0.6 ~ 0.8 毫升，与孕马血清联用效果更好。

# 第三章　牛饲料及其加工调制技术

饲料是家畜能采食，并为其生长、发育、生产提供营养的物质，是养畜的物质基础。在养牛中，饲料费用是生产总成本中开支最大的。了解牛常用饲料的营养特点及其饲用价值，掌握各类饲料的加工调制方法，对于科学合理地利用饲料，降低成本，提高饲养效果，增加收益，具有十分重要的意义。云南饲料资源极为丰富，除有大量的草山草坡外，木薯、芭蕉芋、橡胶子饼、糖蜜等都是极丰富的地方特色饲料资源，为云南肉牛业发展提供了可靠的饲料保证。

## 第一节　牛的常用饲料

根据饲料的营养特点和性质，牛常用的饲料可分为粗饲料、青饲料、青贮饲料、能量饲料、蛋白质饲料、矿物质补充饲料和饲料添加剂七大类。

### 一、粗饲料

粗饲料是指粗纤维含量在18%以上的饲料。这类饲料粗纤维含量高、体积大、营养价值低，但它是养牛不可缺少的一类饲料，主要包括干草、秸秆和秕壳。

#### 1. 干　草

干草是青草在未结籽实前，经自然或人工干燥除去大量水分调制而成。由于仍保持一定的青绿颜色，所以又称青干草。它是牧草长期贮藏的最好方式。在各类粗饲料中营养价值最高，可保证饲草的均衡供应。

一般干草含干物质85%～90%，水分仅占10%～15%。在晒制干草时，水分应干燥到20%以下方可打捆或堆垛。干草质量与收割时期和晒制、贮存是否得当有密切关系。同一种牧草的营养价值和单位面积产量随生长时期不同变动很大，因而调制干草，应选择在产量和营养价值都高的最佳时期收割。通常豆科牧草在始花到盛花阶段，禾本科为抽穗到扬花时期收割最好。推迟收割虽能提高产量，但其营养价值将显著降低。如鸡脚草在抽穗时干物质中粗蛋白15.7%，纤维占25.1%，到种子成熟时，分别变成9.1%与30.0%，且各种营养物质消化率都下降。调制方法对干草的营养价值，尤其是粗蛋白和胡萝卜素的含量影响很大。地面晾晒干草营养损失最多，采用草架或棚内干燥，要比地面晾晒的养分损失少些。在干草的晒制过程中，应防止过度曝晒和雨淋，以减少营养损耗和叶片脱落，特别是对豆科干草更应注意。目前，国外利用各种能源进行青绿饲料的人工脱水干燥，保留饲料的营养，但成本较高。

优质的干草收割期适当，呈绿色，叶的比例高，适口性好，具有草香味，无霉变，柔软性好，杂质和脏物较少。优质干草可代替部分精料，可占育肥牛日粮能量的30%，一般牛日粮能量的90%。

干草类粗饲料成分与营养价值见表3－1。

2. 秸　秆

秸秆是指农作物籽实收获后的茎秆及枯黄叶部分，分禾本科和豆科两类。秸秆类饲料的主要特点是干物质中粗纤维含量高，可达35%～45%，而且木质素含量高，牛能真正消化的仅占30%～50%；各种秸秆的蛋白质含量都低，豆科秸秆较高，含量在8.9%～9.6%之间，而禾本科只有4.2%～6.30%；秸秆中矿

表 3－1　干草类粗饲料成分与营养价值

| 饲料名称 | 样品说明 | 干物质（%） | 粗蛋白（%） | 粗脂肪（%） | 粗纤维（%） | 无氮浸出物（%） | 粗灰分（%） | 钙（%） | 磷（%） | 消化能（兆焦/千克） | 综合净能（兆焦/千克） | 肉牛能量单位（肉牛能量单位/千克） |
| --- | --- | --- | --- | --- | --- | --- | --- | --- | --- | --- | --- | --- |
| 羊草 | 黑龙江，4 个样品平均值 | 91.6 | 7.4 | 3.6 | 29.4 | 46.6 | 4.6 | 0.37 | 0.18 | 8.78 | 3.70 | 0.46 |
| | | 100.0 | 8.1 | 3.9 | 32.1 | 50.9 | 5.0 | 0.40 | 0.20 | 9.95 | 4.04 | 0.50 |
| 苜蓿干草 | 北京，苏联苜蓿 2 号 | 92.4 | 16.8 | 1.3 | 29.5 | 34.5 | 10.3 | 1.95 | 0.28 | 9.79 | 4.51 | 0.56 |
| | | 100.0 | 18.2 | 1.4 | 31.9 | 37.3 | 11.1 | 2.11 | 0.30 | 10.59 | 4.89 | 0.60 |
| 苜蓿干草 | 北京，下等 | 88.7 | 11.6 | 1.2 | 43.3 | 25.0 | 7.6 | 1.24 | 0.39 | 7.67 | 3.13 | 0.39 |
| | | 100.0 | 13.1 | 1.4 | 48.8 | 28.2 | 8.6 | 1.40 | 0.44 | 8.64 | 3.53 | 0.44 |
| 野干草 | 北京，秋百草 | 85.2 | 6.8 | 1.1 | 27.5 | 40.1 | 9.6 | 0.41 | 0.31 | 7.86 | 3.43 | 0.42 |
| | | 100.0 | 8.0 | 1.3 | 32.3 | 47.1 | 11.4 | 0.48 | 0.36 | 9.22 | 4.03 | 0.50 |
| 野干草 | 河北，野草 | 87.9 | 9.3 | 3.9 | 25.0 | 44.2 | 5.5 | 0.33 | | 8.42 | 3.54 | 0.44 |
| | | 100.0 | 10.6 | 4.4 | 28.4 | 50.3 | 6.3 | 0.38 | | 9.58 | 4.03 | 0.50 |
| 黑麦草 | 吉林 | 87.8 | 17.0 | 4.9 | 20.4 | 34.3 | 11.2 | 0.39 | 0.24 | 10.42 | 5.00 | 0.62 |
| | | 100.0 | 19.4 | 5.6 | 23.2 | 39.1 | 12.8 | 0.44 | 0.27 | 11.86 | 5.70 | 0.71 |
| 碱草 | 内蒙古，结实期 | 91.7 | 7.4 | 3.1 | 41.3 | 32.5 | 7.4 | | | 6.54 | 2.37 | 0.29 |
| | | 100.0 | 8.1 | 3.4 | 45.0 | 35.4 | 8.1 | | | 7.13 | 2.58 | 0.32 |
| 大米草 | 江苏，整株 | 83.2 | 12.8 | 2.7 | 30.3 | 25.2 | 12.0 | 0.42 | 0.02 | 7.65 | 3.29 | 0.41 |
| | | 100.0 | 15.4 | 3.2 | 36.4 | 30.5 | 14.4 | 0.50 | 0.02 | 9.19 | 3.95 | 0.49 |

表 3－2　秸秆类粗饲料成分与营养价值

| 饲料名称 | 样品说明 | 干物质（%） | 粗蛋白（%） | 粗脂肪（%） | 粗纤维（%） | 无氮浸出物（%） | 粗灰分（%） | 钙（%） | 磷（%） | 消化能（兆焦/千克） | 综合净能（兆焦/千克） | 肉牛能量单位（肉牛能量单位/千克） |
|---|---|---|---|---|---|---|---|---|---|---|---|---|
| 玉米秸 | 辽宁，3 个样品平均值 | 90.0 | 5.6 | 0.9 | 24.9 | 50.2 | 8.1 | | | 8.33 | 3.61 | 0.45 |
| | | 100.0 | 6.6 | 1.0 | 27.7 | 55.8 | 9.0 | | | 9.25 | 4.01 | 0.50 |
| 小麦秸 | 新疆，墨西哥种 | 89.6 | 5.6 | 1.6 | 31.9 | 41.1 | 9.4 | 0.05 | 0.06 | 6.23 | 2.29 | 0.28 |
| | | 100.0 | 6.3 | 1.8 | 35.6 | 45.9 | 10.5 | 0.06 | 0.07 | 6.95 | 2.56 | 0.32 |
| 小麦秸 | 北京，冬小麦 | 43.5 | 4.4 | 0.6 | 15.7 | 18.1 | 4.7 | | | 2.91 | 1.04 | 0.13 |
| | | 100.0 | 10.1 | 1.4 | 36.1 | 41.6 | 10.8 | | | 6.69 | 2.40 | 0.30 |
| 稻草 | 浙江，晚稻 | 89.4 | 2.5 | 1.7 | 24.1 | 48.8 | 12.3 | 0.07 | 0.05 | 6.74 | 2.68 | 0.33 |
| | | 100.0 | 2.8 | 1.9 | 27.0 | 54.6 | 13.8 | 0.08 | 0.06 | 7.54 | 3.00 | 0.37 |
| 稻草 | 河南 | 90.3 | 6.2 | 1.2 | 27.0 | 37.3 | 18.6 | 0.56 | 0.17 | 6.03 | 2.32 | 0.29 |
| | | 100.0 | 6.9 | 1.3 | 29.9 | 41.3 | 20.6 | 0.62 | 0.19 | 6.68 | 2.57 | 0.32 |
| 谷草 | 黑龙江，粟秸秆，2 个样品平均值 | 90.7 | 4.5 | 1.2 | 32.6 | 44.2 | 8.2 | 0.34 | 0.03 | 8.18 | 3.50 | 0.43 |
| | | 100.0 | 5.0 | 1.3 | 35.9 | 48.7 | 9.0 | 0.37 | 0.03 | 9.02 | 3.86 | 0.48 |
| 甘薯蔓 | 7 省市，31 个样品平均值 | 88.0 | 8.1 | 2.7 | 28.5 | 39.0 | 9.7 | 1.55 | 0.11 | 8.35 | 3,64 | 0.45 |
| | | 100.0 | 9.2 | 3.1 | 32.4 | 44.3 | 11.0 | 1.76 | 0.13 | 9.49 | 4.13 | 0.51 |
| 花生蔓 | 山东，伏花生 | 91.3 | 11.0 | 1.5 | 29.6 | 41.3 | 7.9 | 2.46 | 0.04 | 9.48 | 4.31 | 0.53 |
| | | 100.0 | 12.0 | 1.6 | 32.4 | 45.2 | 8.7 | 2.69 | 0.04 | 10.39 | 4.72 | 0.58 |

物质含量很高，一般在6.1%～8.7%之间，但其大量是硅酸盐，而对牛有营养价值的钙、磷却很低。直接用秸秆喂牛只能满足维持需要。秸秆饲料的营养价值虽低，但它数量大。为提高秸秆的利用率，人们采取了许多方法，提高秸秆的营养价值，如氨化或碱化处理。

秸秆类粗饲料成分与营养价值见表3－2。

### 3. 秕　壳

秕壳是籽实脱粒时分离出的颖壳、荚壳、皮等，其营养价值略好于同类作物的秸秆，但稻壳和花生壳质量差。玉米芯、棉子壳等经适当粉碎可喂牛，大麦秕壳夹杂芒刺，易损伤口腔黏膜引起发炎，故不宜用作饲料。秕壳类饲料中以各种豆荚的饲用价值较好，适于喂牛。

## 二、青饲料

青饲料是指新鲜的植物性天然水分含量在60%及以上，可作饲用的植物青绿茎叶，以及非淀粉质的块根茎瓜果类饲料。这类饲料水分含量很高，干物质少，养分浓度低，但粗蛋白含量丰富。一般禾本科牧草和蔬菜类饲料的粗蛋白含量在1.5%～3.0%之间，豆科青饲料在3.2%～4.4%之间。如以干物质计算，禾本科牧草粗蛋白含量达13%～15%，豆科牧草可达18%～24%，且各种氨基酸含量较平衡，并含赖氨酸较多，蛋白质品质优于谷类子实；青绿饲料干物质中粗纤维不超过30%，叶菜类不超过15%，若在开花抽穗时收割，木质素含量较低，易消化，加之青绿饲料含有机酸和酶，有助于动物的消化吸收。维生素含量丰富，特别是胡萝卜素，维生素B族的含量也很丰富，缺点是不含维生素D。青饲料的矿物质含量因植物种类、土壤及施肥情况而异，但一般情况下，矿物质元素含量全面，其钙、磷比例是比较适宜的。

总之，青饲料是一种营养相对平衡的饲料，在牛生长期可用优良的青饲料作唯一的饲料来源，但其干物质少，能量相对较低，在育肥后期加快育肥则需要补充谷物、饼粕等能量和蛋白质饲料。幼嫩的青饲料利用价值较高，随着植物的成熟，则茎叶迅速变粗变硬，利用价值也随之下降。所以，要充分利用生长早期的青饲料，收储时尽量减少叶部损失。

萝卜叶、白菜叶等叶菜类含有硝酸盐，堆放时间过长，腐败菌能把硝酸盐还原为亚硝酸盐引起中毒；玉米苗、高粱苗、亚麻叶含氰甙，牛食后在瘤胃微生物的作用下，可使氰甙和氰化物分解为氢氰酸而发生中毒，这类青绿料应晒干或制成青贮饲料饲喂。

青饲料成分与营养价值见表 3－3。

## 三、青贮饲料

青贮饲料是把新鲜的青饲料铡短装填入密闭的青贮窖或塔中，经过微生物的发酵作用而调制成的青绿柔软，气味酸甜芳香，营养丰富，保存时间长，可供冬春季饲喂肉牛的多汁饲料。采用青贮青饲料的养分损失少，只 10%，而晒制干草在较好的条件下也要损失 20%～40%。这是贮存和调制青饲料的好方法。青贮料的喂量开始时不宜多，要逐渐增加喂量。因具有轻泻作用，故妊娠母牛喂量不宜过多，以防引起流产。犊牛出生后满 1 个月，每头每天喂 0.1～0.2 千克，2 月龄 2～3 千克；3～4 月龄 4～5 千克，5 月龄后可喂 8 千克以上。育肥牛每 100 千克体重可喂 10 千克左右。

青贮饲料成分与营养价值见表 3－4。

## 四、能量饲料

能量饲料是指饲料干物质中粗蛋白质含量低于 20%（不包括

表 3－3　**青饲料成分与营养价值**

| 饲料名称 | 样品说明 | 干物质（%） | 粗蛋白（%） | 粗脂肪（%） | 粗纤维（%） | 无氮浸出物（%） | 粗灰分（%） | 钙（%） | 磷（%） | 消化能（兆焦/千克） | 综合净能（兆焦/千克） | 肉牛能量单位（肉牛能量单位/千克） |
|---|---|---|---|---|---|---|---|---|---|---|---|---|
| 大麦青割 | 北京，5 月上旬 | 15.7 | 2.0 | 0.5 | 4.7 | 6.9 | 1.6 | | | 1.80 | 0.86 | 0.11 |
| | | 100.0 | 12.7 | 3.2 | 29.9 | 43.9 | 10.2 | | | 11.45 | 5.48 | 0.68 |
| 甘薯藤 | 11 省市，15 个样品平均值 | 13.0 | 2.1 | 0.5 | 2.5 | 6.2 | 1.7 | 0.20 | 0.05 | 1.37 | 0.63 | 0.08 |
| | | 100.0 | 16.2 | 3.8 | 19.2 | 47.7 | 13.1 | 1.54 | 0.38 | 10.55 | 4.84 | 0.60 |
| 黑麦草 | 北京，意大利黑麦草 | 18.0 | 3.3 | 0.6 | 4.2 | 7.6 | 2.3 | 0.13 | 0.05 | 2.22 | 1.11 | 0.14 |
| | | 100.0 | 18.3 | 3.3 | 23.3 | 42.2 | 12.8 | 0.72 | 0.28 | 12.33 | 6.17 | 0.76 |
| 苜蓿 | 北京，盛花期 | 26.2 | 3.38 | 0.3 | 9.4 | 10.8 | 1.9 | 0.34 | 0.01 | 2.42 | 1.02 | 0.13 |
| | | 100.0 | 14.5 | 1.1 | 35.9 | 41.2 | 7.3 | 1.30 | 0.04 | 9.22 | 3.87 | 0.48 |
| 沙打旺 | 北京 | 14.9 | 3.5 | 0.5 | 2.3 | 6.6 | 2.0 | 0.20 | 0.05 | 1.75 | 0.85 | 0.10 |
| | | 100.0 | 23.5 | 3.4 | 15.4 | 44.3 | 13.4 | 1.34 | 0.34 | 11.76 | 5.68 | 0.70 |
| 象草 | 广东湛江 | 20.0 | 2.0 | 0.6 | 7.0 | 9.4 | 1.0 | 0.15 | 0.02 | 2.23 | 1.02 | 0.13 |
| | | 100.0 | 10.0 | 3.0 | 35.0 | 47.0 | 5.0 | 0.75 | 0.10 | 11.13 | 5.12 | 0.63 |
| 野青草 | 黑龙江 | 18.9 | 3.2 | 1.0 | 57. | 7.4 | 1.6 | 0.24 | 0.03 | 2.06 | 0.93 | 0.12 |
| | | 100.0 | 16.9 | 5.3 | 30.2 | 39.2 | 8.5 | 1.27 | 0.16 | 10.92 | 4.93 | 0.61 |
| 野青草 | 北京，狗尾草为主 | 25.3 | 1.7 | 0.7 | 7.1 | 13.3 | 25. | | 0.12 | 2.53 | 1.14 | 0.14 |
| | | 100.0 | 6.7 | 2.8 | 28.1 | 52.6 | 9.9 | | 0.47 | 10.01 | 4.50 | 0.56 |

表 3－4　　青贮饲料成分与营养价值

| 饲料名称 | 样品说明 | 干物质（%） | 粗蛋白（%） | 粗脂肪（%） | 粗纤维（%） | 无氮浸出物（%） | 粗灰分（%） | 钙（%） | 磷（%） | 消化能（兆焦/千克） | 综合净能（兆焦/千克） | 肉牛能量单位（肉牛能量单位/千克） |
|---|---|---|---|---|---|---|---|---|---|---|---|---|
| 玉米青贮 | 4 省市，5 个样品平均值 | 22.7 | 1.6 | 0.6 | 6.9 | 11.6 | 2.0 | 0.10 | 0.06 | 2.25 | 1.00 | 0.12 |
| | | 100.0 | 7.0 | 2.6 | 30.4 | 51.1 | 8.8 | 0.44 | 0.26 | 9.90 | 4.40 | 0.54 |
| 玉米青贮 | 吉林双阳，收获后黄干贮 | 25.0 | 1.4 | 0.3 | 8.7 | 12.5 | 1.9 | 0.10 | 0.02 | 1.70 | 0.61 | 0.08 |
| | | 100.0 | 5.6 | 1.2 | 35.6 | 50.0 | 7.6 | 0.40 | 0.08 | 6.78 | 2.44 | 0.30 |
| 玉米、大豆青贮 | 北京 | 21.8 | 2.1 | 0.5 | 6.9 | 8.1 | 4.1 | 0.15 | 0.06 | 2.20 | 1.05 | 0.13 |
| | | 100.0 | 9.6 | 2.3 | 31.7 | 37.6 | 18.8 | 0.69 | 0.28 | 10.09 | 4.82 | 0.60 |
| 冬大麦青贮 | 北京，7 个样品平均值 | 22.2 | 2.6 | 0.7 | 6.6 | 9.5 | 2.8 | 0.05 | 0.03 | 2.47 | 1.18 | 0.15 |
| | | 100.0 | 11.7 | 3.2 | 29.7 | 42.8 | 12.6 | 0.23 | 0.14 | 11.14 | 5.33 | 0.66 |
| 胡萝卜叶青贮 | 青海西宁，起薹 | 19.7 | 3.1 | 1.3 | 5.7 | 4.8 | 4.8 | 0.35 | 0.03 | 2.01 | 0.95 | 0.12 |
| | | 100.0 | 15.7 | 6.6 | 28.9 | 24.4 | 24.4 | 1.78 | 0.15 | 10.18 | 4.81 | 0.60 |
| 苜蓿青贮 | 青海西宁，盛花期 | 33.7 | 5.3 | 1.4 | 12.8 | 10.3 | 3.9 | 0.50 | 0.10 | 3.13 | 1.32 | 0.16 |
| | | 100.0 | 15.7 | 4.2 | 38.0 | 30.6 | 11.6 | 1.48 | 0.30 | 9.29 | 3.93 | 0.49 |
| 甘薯蔓青贮 | 上海 | 18.3 | 1.7 | 1.1 | 4.5 | 7.3 | 3.7 | | | 1.53 | 0.64 | 0.08 |
| | | 100.0 | 9.3 | 6.0 | 24.6 | 39.9 | 20.2， | | | 8.38 | 3.52 | 0.44 |
| 甜菜叶青贮 | 吉林 | 37.5 | 4.6 | 2.4 | 7.4 | 14.6 | 8.5 | 0.39 | 0.10 | 4.26 | 2.14 | 0.26 |
| | | 100.0 | 12.3 | 6.4 | 19.7 | 38.9 | 22.7 | 1.04 | 0.27 | 11.36 | 5.69 | 0.70 |

20%），粗纤维含量低于18%（不包括18%）的饲料，包括禾本科子实类、糠麸类、糟渣类、淀粉质块根块茎类等。

## （一）禾本科子实类

常用作肉牛饲料的主要有玉米、大麦、稻谷、高粱等。这类饲料无氮浸出物含量丰富，一般干物质占60%～80%，且其中主要是淀粉，约占70%～90%，粗纤维含量低（一般占干物质的5%以下），消化率很高。如牛对玉米无氮浸出物的消化率为90%，以干物质汁的消化能可高达16.40兆焦/千克，同时消化能的利用效率也高于青粗饲料，所以本类饲料的突出优点是能量价值高，缺点是蛋白质含量一般不足，只为干物质的10%左右（5.6%～15.1%），并且蛋白质中某些必需氨基酸，特别是赖氨酸的含量较低。此外，含钙量低，一般在0.1%以下。维生素$B_1$和维生素E含量较丰富，除黄玉米外含维生素A、D及核黄素较少。

### 1. 玉　米

这是最主要的能量饲料，粗纤维约为2%，含淀粉多，易消化，所含能量在谷实类中最高。用整粒玉米喂牛，约有18%～33%不消化，从粪中排出，宜稍加粉碎。

### 2. 高　粱

含能量略低于玉米，粗灰分含量略高，饲喂牛的效果相当于玉米的90%左右。

### 3. 大　麦

含粗蛋白质9.5%以上，高于玉米，赖氨酸、蛋氨酸、色氨酸含量比玉米高，钙、磷含量也较高，是牛的好饲料，可压扁或略粉碎后大量用来喂牛。

### 4. 稻　谷

这是云南省总产量最高的粮食作物。因稻谷外壳粗硬，粗纤维含量较高，为8.5%，有效能低于玉米，用于喂牛的有效能值为玉米的85%，粗蛋白质含量稍低于玉米，赖氨酸含量也较少。

子实类饲料成分与营养价值见表3－5。

## （二）糠麸类

糠麸是谷物籽实加工的副产品，其营养价值随加工方法而异，同它们的子实相比营养特点：无氮浸出物含量较少；粗蛋白质的品质介于豆科子实与禾本科子实之间；粗纤维的含量较子实多；矿物质中含磷较多，但均以植酸磷形式存在；维生素中以维生素 $B_1$、尼克酸及泛酸含量较丰富，其他维生素含量甚微。

### 1. 小麦麸

加工面粉的副产物，其营养价值因加工产物级别不同差异较大，一般粗蛋白含量12%～15%，B族维生素含量丰富，适口性好，具有轻泻作用，牛喂量不宜过大。

### 2. 米　糠

稻谷加工成大米分离出来的，由种皮、糊粉层和胚3个部分组成。不包含稻谷的外壳，即砻糠、砻糠与米糠的混合物称统糠。米糠粗蛋白质品质较玉米高，含磷丰富，但以植酸磷形式存在。由于脂肪含量较高，为10%～18%，且多属不饱和脂肪酸，易酸败变质，不宜久存。

### 3. 玉米皮

含粗蛋白质10.1%，粗纤维较高（9.1%～13.8%），可消化性比玉米差。

### 4. 大豆皮

大豆加工过程中分离出的种皮，含粗蛋白质18.8%，粗纤维含量较高，但其中木质素少，所以消化率高，适口性也好。国外试验，粗饲料中加入大豆皮能提高牛的采食量，饲喂效果与玉米相同。

糠麸类饲料成分与营养价值见表3－6。

表3－5 子实类饲料成分与营养价值

| 饲料名称 | 样品说明 | 干物质（%） | 粗蛋白（%） | 粗脂肪（%） | 粗纤维（%） | 无氮浸出物（%） | 粗灰分（%） | 钙（%） | 磷（%） | 消化能（兆焦/千克） | 综合净能（兆焦/千克） | 肉牛能量单位（肉牛能量单位/千克） |
|---|---|---|---|---|---|---|---|---|---|---|---|---|
| 玉米 | 23省市，120个样品 | 88.4 | 8.6 | 3.5 | 2.0 | 72.9 | 1.4 | 0.08 | 0.21 | 14.47 | 8.06 | 1.00 |
| | | 100.0 | 9.7 | 4.4 | 2.3 | 82.5 | 1.6 | 0.09 | 0.24 | 16.36 | 9.12 | 1.13 |
| 玉米 | 北京，黄玉米 | 88.0 | 8.5 | 4.3 | 1.3 | 72.2 | 1.7 | 0.02 | 0.21 | 14.87 | 8.40 | 1.04 |
| | | 100.0 | 9.7 | 4.9 | 1.5 | 82.0 | 1.9 | 0.02 | 0.24 | 16.90 | 9.55 | 1.18 |
| 高粱 | 17省市，38个样品平均值 | 89.3 | 8.7 | 3.3 | 2.2 | 72.9 | 2.2 | 0.09 | 0.28 | 13.31 | 7.08 | 0.88 |
| | | 100.0 | 9.7 | 3.7 | 2.5 | 81.6 | 2.5 | 0.10 | 0.31 | 14.90 | 7.93 | 0.98 |
| 高粱 | 北京，红高粱 | 87.0 | 8.5 | 3.6 | 1.5 | 71.3 | 2.1 | 0.09 | 0.36 | 13.09 | 6.98 | 0.86 |
| | | 100.0 | 9.8 | 4.1 | 1.7 | 82.0 | 2.4 | 0.10 | 0.41 | 15.04 | 8.02 | 0.99 |
| 大麦 | 20省市，49个样品平均值 | 88.8 | 10.8 | 2.0 | 4.7 | 68.1 | 3.2 | 0.12 | 0.29 | 13.31 | 7.19 | 0.89 |
| | | 100.0 | 12.1 | 2.3 | 5.3 | 76.7 | 3.6 | 0.14 | 0.33 | 14.99 | 8.10 | 1.00 |
| 稻谷 | 9省市，34个样品籼稻平均值 | 90.6 | 8.3 | 1.5 | 8.5 | 67.5 | 4.8 | 0.13 | 0.28 | 13.00 | 6.98 | 0.86 |
| | | 100.0 | 9.2 | 1.7 | 9.4 | 74.5 | 5.3 | 0.14 | 0.31 | 14.35 | 7.71 | 0.95 |
| 燕麦 | 11省市，17个样品平均值 | 90.3 | 11.6 | 5.2 | 8.9 | 60.7 | 3.9 | 0.15 | 0.33 | 13.28 | 6.95 | 0.86 |
| | | 100.0 | 12.8 | 5.8 | 9.9 | 67.2 | 4.3 | 0.17 | 0.37 | 14.70 | 7.70 | 0.95 |
| 小麦 | 15省市，28个样品平均值 | 91.8 | 12.1 | 1.8 | 2.4 | 73.2 | 2.3 | 0.11 | 0.36 | 14.82 | 8.29 | 1.03 |
| | | 100.0 | 13.2 | 2.0 | 2.6 | 79.7 | 2.5 | 0.12 | 0.39 | 16.14 | 9.03 | 1.12 |

表 3－6　　糠麸类饲料成分与营养价值

| 饲料名称 | 样品说明 | 干物质（%） | 粗蛋白（%） | 粗脂肪（%） | 粗纤维（%） | 无氮浸出物（%） | 粗灰分（%） | 钙（%） | 磷（%） | 消化能（兆焦/千克） | 综合净能（兆焦/千克） | 肉牛能量单位（肉牛能量单位/千克） |
|---|---|---|---|---|---|---|---|---|---|---|---|---|
| 小麦麸 | 全国 115 个样品平均值 | 88.6 | 14.4 | 3.7 | 9.2 | 56.2 | 5.1 | 0.18 | 0.78 | 11.37 | 5.86 | 0.73 |
| | | 100.0 | 16.3 | 4.2 | 10.4 | 63.4 | 5.8 | 0.20 | 0.88 | 13.24 | 6.61 | 0.82 |
| 小麦麸 | 山东，39 个样品平均值 | 89.3 | 15.0 | 3.2 | 10.3 | 55.4 | 5.4 | 0.14 | 0.54 | 11.47 | 5.66 | 0.70 |
| | | 100.0 | 16.8 | 3.6 | 11.5 | 62.0 | 6.0 | 0.16 | 0.60 | 12.84 | 6.33 | 0.78 |
| 玉米皮 | 6 省市，6 个样品平均值 | 88.2 | 9.7 | 4.0 | 9.1 | 61.9 | 3.5 | 0.28 | 0.35 | 11.68 | 5.83 | 0.72 |
| | | 100.0 | 11.0 | 4.5 | 10.3 | 70.2 | 4.0 | 0.32 | 0.40 | 13.25 | 6.61 | 0.82 |
| 玉米皮 | 北京 | 87.9 | 10.1 | 4.9 | 13.8 | 57.0 | 2.1 | | | 10.12 | 4.59 | 0.57 |
| | | 100.8 | 11.5 | 5.6 | 15.7 | 64.8 | 2.4 | | | 11.51 | 5.22 | 0.65 |
| 米糠 | 4 省市，13 个样品平均值 | 90.2 | 12.1 | 15.5 | 9.2 | 43.3 | 10.1 | 0.14 | 1.04 | 13.93 | 7.22 | 0.89 |
| | | 100.0 | 13.4 | 17.2 | 10.2 | 48.0 | 11.2 | 0.16 | 1.15 | 15.44 | 8.00 | 0.99 |
| 高粱糠 | 2 省，8 个样品平均值 | 91.1 | 9.6 | 9.1 | 4.0 | 63.5 | 4.9 | 0.07 | 0.81 | 14.02 | 7.40 | 0.92 |
| | | 100.0 | 10.5 | 10.0 | 4.4 | 69.7 | 5.4 | 0.08 | 0.89 | 15.39 | 8.13 | 1.01 |
| 黄面粉 | 北京，土面粉 | 87.2 | 9.5 | 0.7 | 1.3 | 74.3 | 1.4 | 0.08 | 0.44 | 14.24 | 8.08 | 1.00 |
| | | 100.0 | 10.9 | 0.8 | 1.5 | 85.2 | 1.6 | 0.09 | 0.50 | 16.33 | 9.26 | 1.15 |
| 大豆皮 | 北京 | 91.0 | 18.8 | 2.6 | 25.1 | 39.4 | 5.1 | | 0.35 | 11.25 | 5.40 | 0.67 |
| | | 100.0 | 20.7 | 2.9 | 27.6 | 43.3 | 5.6 | | 0.38 | 12.36 | 5.94 | 0.74 |

## （三）淀粉质块根块茎类

淀粉质块根块茎类饲料包括甘薯、马铃薯、胡萝卜等。这类饲料种类不同，养分含量差异较大，但均含水量高达70%～95%，无氮浸出物含量高，达67%～88%，而且大多是易消化的淀粉，容易消化，有机物消化率85%～90%。鲜样含能量低，但是干物质中粗纤维少，为1.4%～15.6%，一些块茎类饲料还不含木质素，折合含能量相当于玉米、高粱等。粗蛋白含量低，一般仅含3.9%～12.2%，但生物学价值高，各种矿物质和维生素含量差别很大，一般缺钙、磷，富含钾。胡萝卜含有丰富的胡萝卜素，甘薯和马铃薯却缺乏各种维生素。

这类饲料中甘薯和马铃薯很少用于肉牛生产。胡萝卜一般用于犊牛和妊娠母牛，作为维生素补充饲料，故在此不作详细介绍。

淀粉质块根块茎类饲料成分与营养价值见表3－7。

## （四）糟渣类

糟渣类饲料主要有酒糟、粉渣、豆腐渣、甘蔗渣、甜菜渣等。它们的营养成分含量差异大，有的可属能量饲料，有的可归为蛋白质饲料，这里一起叙述。

### 1. 酒　糟

淀粉质原料通过发酵制造酒精时的副产品。我国制酒所用的原料多为玉米、高粱等，其饲用价值因所用原料而异，以高粱为原料的酒精糟最好，其次是玉米酒糟。一般酒糟的粗蛋白质占干物质的19%～24%，但蛋白质的品质较差，无氮浸出物46%～55%，是育肥牛的好饲料。

### 2. 粉　渣

玉米或马铃薯制取淀粉后的副产品，粗蛋白含量较低，在干物质中仅含6.7%，但无氮浸出物含量高，达78.0%，折成干物质后能量接近玉米。

**3. 豆腐渣**

豆腐渣含有大量的皮、糠层及其他不溶性物质，干物质中含粗蛋白30%，易于消化，适于喂幼牛。

**4. 制糖副产物**

以甘蔗为原料，渣内纤维素比例大，营养价值不高，粗蛋白2%～2.3%。以甜菜为原料，干物质内粗蛋白质8.9%，由于加工中反复浸泡，可溶性物质大量流失，渣内有机酸含量较高，大量饲喂，易引起腹泻。

**5. 糖　蜜**

糖汁析出结晶后剩余物，无氮浸出物多，是很好的能量饲料，但粗蛋白低，为3%左右，灰粉含量较高，有机酸含量较多，大量饲喂易引起消化不良和腹泻。

糟渣类饲料成分与营养价值见表3－8。

## 五、蛋白质饲料

蛋白质饲料是指干物质中粗蛋白质含量在20%以上，粗纤维18%以下的饲料。包括动物性蛋白质饲料和植物性蛋白质饲料两大类，在肉牛生产上主要是指植物性蛋白质饲料，包括豆类子实及各种饼粕。

### （一）豆类子实

已查明云南省有17种可食性豆类，主要有大豆、豌豆、蚕豆等，其共同特点是蛋白质含量丰富（一般占干物质量的20%～40%），品质较好，赖氨酸含量较高，但蛋氨酸含量较低；无氮浸出物含量较谷实类低，仅28%～62%。消化能较高。缺陷是含有抗胰蛋白酶、单宁、氢氰酸等抗营养因子，不能生喂，需经热处理后喂。

表 3－7　淀粉质块根块茎类饲料成分与营养价值

| 饲料名称 | 样品说明 | 干物质（%） | 粗蛋白（%） | 粗脂肪（%） | 粗纤维（%） | 无氮浸出物（%） | 粗灰分（%） | 钙（%） | 磷（%） | 消化能（兆焦/千克） | 综合净能（兆焦/千克） | 肉牛能量单位（肉牛能量单位/千克） |
|---|---|---|---|---|---|---|---|---|---|---|---|---|
| 甘薯 | 北京 | 24.6 | 1.1 | 0.2 | 0.8 | 21.2 | 1.3 | | 0.07 | 3.70 | 2.07 | 0.26 |
| | | 100.0 | 4.5 | 0.8 | 3.3 | 86.2 | 5.3 | | 0.28 | 15.05 | 8.43 | 1.04 |
| 甘薯 | 7 省市，8 个样品平均值 | 25.0 | 1.0 | 0.3 | 0.9 | 22.0 | 0.8 | 0.13 | 0.05 | 3.83 | 2.14 | 0.26 |
| | | 100.0 | 4.0 | 1.2 | 3.6 | 88.0 | 3.2 | 0.52 | 0.20 | 15.31 | 8.55 | 1.06 |
| 胡萝卜 | 张家口 | 9.3 | 0.8 | 0.2 | 0.8 | 6.8 | 0.7 | 0.05 | 0.03 | 1.45 | 0.82 | 0.10 |
| | | 100.0 | 8.6 | 2.2 | 8.6 | 73.1 | 7.5 | 0.54 | 0.32 | 15.60 | 8.87 | 1.10 |
| 胡萝卜 | 12 省市，13 个样品平均值 | 12.0 | 1.1 | 0.3 | 1.2 | 8.4 | 1.0 | 0.15 | 0.09 | 1.85 | 1.05 | 0.13 |
| | | 100.0 | 9.2 | 2.5 | 10.0 | 70.0 | 8.3 | 1.25 | 0.75 | 15.44 | 8.73 | 1.08 |
| 马铃薯 | 10 省市，10 个样品平均值 | 22.0 | 1.6 | 0.1 | 0.7 | 18.7 | 0.9 | 0.02 | 0.03 | 3.29 | 1.82 | 0.23 |
| | | 100.0 | 7.5 | 0.5 | 3.2 | 85.0 | 4.1 | 0.09 | 0.14 | 14.97 | 8.28 | 1.02 |
| 甜菜 | 8 省市，9 个样品平均值 | 15.0 | 2.0 | 0.4 | 1.7 | 9.1 | 1.8 | 0.06 | 0.04 | 1.94 | 1.01 | 0.12 |
| | | 100.0 | 13.3 | 2.7 | 11.3 | 60.7 | 12.0 | 0.40 | 0.27 | 12.93 | 6.71 | 0.83 |
| 甜菜丝干 | 北京 | 88.6 | 7.3 | 0.6 | 19.6 | 56.6 | 4.5 | 0.66 | 0.07 | 12.25 | 6.49 | 0.80 |
| | | 100.0 | 8.2 | 0.7 | 22.1 | 63.9 | 5.1 | 0.74 | 0.08 | 13.82 | 7.33 | 0.91 |
| 芜菁甘蓝 | 3 省市，5 个样品平均值 | 10.0 | 1.0 | 0.2 | 1.3 | 6.7 | 0.8 | 0.06 | 0.02 | 1.58 | 0.91 | 0.11 |
| | | 100.0 | 10.0 | 2.0 | 13.0 | 67.0 | 8.0 | 0.60 | 0.20 | 15.80 | 9.05 | 1.12 |

表 3－8　**糟渣类饲料成分与营养价值**

| 饲料名称 | 样品说明 | 干物质（%） | 粗蛋白（%） | 粗脂肪（%） | 粗纤维（%） | 无氮浸出物（%） | 粗灰分（%） | 钙（%） | 磷（%） | 消化能（兆焦/千克） | 综合净能（兆焦/千克） | 肉牛能量单位（肉牛能量单位/千克） |
|---|---|---|---|---|---|---|---|---|---|---|---|---|
| 酒糟 | 吉林，高粱酒糟 | 37.7 | 9.3 | 4.2 | 3.4 | 17.6 | 3.2 | | | 5.83 | 3.03 | 0.38 |
| | | 100.0 | 24.7 | 11.1 | 9.0 | 46.7 | 8.5 | | | 15.46 | 8.05 | 1.0 |
| 酒糟 | 贵州，玉米酒糟 | 21.0 | 4.0 | 2。2 | 2.3 | 11.7 | 0.8 | | | 2.69 | 1.25 | 0.15 |
| | | 100.0 | 19.0 | 10.5 | 11.0 | 55.7 | 3.4 | | | 12.89 | 5.94 | 0.73 |
| 粉渣 | 玉米粉渣，6 省，7 个样品平均值 | 15.0 | 2.8 | 0.7 | 1.4 | 10.7 | 0.4 | 0.02 | 0.02 | 2.41 | 1.33 | 0.16 |
| | | 100.0 | 12.0 | 4.7 | 9.3 | 71.3 | 2.7 | 0.13 | 0.13 | 16.1 | 8.86 | 1.10 |
| 粉渣 | 土豆粉渣，3 省，3 个样品平均值 | 15.0 | 1.0 | 0.4 | 1.3 | 11.7 | 0.6 | 0.06 | 0.04 | 1.90 | 0.94 | 0.12 |
| | | 100.0 | 6.7 | 2,7 | 8.7 | 78.0 | 4.0 | 0.40 | 0.27 | 12.67 | 6.29 | 0.78 |
| 啤酒糟 | 2 省，3 个样品平均值 | 23.4 | 6.8 | 1.9 | 3.9 | 9.5 | 1.3 | 0.09 | 0.18 | 2.98 | 1.38 | 0.17 |
| | | 100.0 | 29.1 | 8.1 | 16.7 | 40.6 | 5.6 | 0.38 | 0.77 | 12.27 | 5.91 | 0.73 |
| 甜菜渣 | 黑龙江 | 8.4 | 0.9 | 0.1 | 2.6 | 3.4 | 1.4 | 0.08 | 0.05 | 1.00 | 0.52 | 0.06 |
| | | 100.0 | 10.7 | 1.2 | 31.0 | 40.5 | 16.7 | 0.95 | 0.60 | 11.92 | 6.17 | 0.76 |
| 豆腐渣 | 2 省市，4 个样品平均值 | 11.0 | 3.3 | 0.8 | 2.1 | 4.4 | 0.4 | 0.05 | 0.03 | 1.77 | 0.93 | 0.12 |
| | | 100.0 | 30.3 | 7.3 | 19.1 | 40.0 | 3.6 | 0.45 | 0.27 | 16.09 | 8.49 | 1.05 |
| 酱油渣 | 宁夏银川，豆饼 3 份，麸皮 2 份 | 24.3 | 7.1 | 4.5 | 3.3 | 7.9 | 1.5 | 0.11 | 0.03 | 3.62 | 1.73 | 0.21 |
| | | 100.0 | 29.2 | 18.5 | 13.6 | 32.5 | 6.2 | 0.45 | 0.12 | 14.89 | 7.14 | 0.88 |

## （二）饼粕类

为榨油的副产品。用压榨法提取后的副产物叫油饼，用溶剂浸提取油后的称油粕。粗蛋白含量一般为30%～45%，粗纤维6%～12%。所含矿物质一般磷多于钙，富含维生素B族，而胡萝卜素含量较低。

### 1. 豆饼粕

品质居各种饼粕之首，大豆饼含粗蛋白39%～43%，豆粕为45%以上，富含赖氨酸为2.5%，但蛋氨酸含量低。质量好的豆饼色黄味香，适口性好，但不要在牛日粮中超过20%。

### 2. 菜子饼粕

菜子饼含粗蛋白质平均为32.4%，菜子粕为38.1%，矿物质和维生素含量比豆饼丰富，含磷较高，含硒比豆饼高6倍。菜子饼含芥子毒素，成年牛可日喂1千克左右，犊牛、孕牛最好不喂。

### 3. 棉子饼粕

去壳机榨或浸提的棉子饼粕含粗蛋白32%～40%，粗纤维10%左右；带壳的棉子饼含粗纤维高达15%～20%，粗蛋白20%左右。棉子饼中含有游离棉酚毒素，长期大量饲喂会引起中毒。犊牛日粮中一般不应超过20%。

### 4. 其他饼粕

用作肉牛饲料的其他饼粕有橡胶子仁饼粕、向日葵饼、芝麻饼、花生饼、胡麻饼等。

饼粕类饲料成分与营养价值见表3－9。

## （三）非蛋白氮饲料

反刍动物瘤胃的微生物利用非蛋白氮将其转变为菌体蛋白供牛消化利用，可部分代替蛋白质饲料，包括尿素、缩二尿、异丁叉二尿、磷酸尿等。利用非蛋白氮喂牛时，饲料中要含有足够的

表 3 －9　　饲粕类饲料成分与营养价值

| 饲料名称 | 样品说明 | 干物质（%） | 粗蛋白（%） | 粗脂肪（%） | 粗纤维（%） | 无氮浸出物（%） | 粗灰分（%） | 钙（%） | 磷（%） | 消化能（兆焦/千克） | 综合净能（兆焦/千克） | 肉牛能量单位（肉牛能量单位/千克） |
|---|---|---|---|---|---|---|---|---|---|---|---|---|
| 豆饼 | 13 省，机榨 42 个样品平均值 | 90. 6 | 43. 0 | 5. 4 | 5. 7 | 30. 6 | 5. 9 | 0. 32 | 0. 50 | 14. 31 | 7. 41 | 0. 92 |
| | | 100. 0 | 47. 5 | 6. 0 | 6. 3 | 33. 8 | 6. 5 | 0. 35 | 0. 55 | 15. 80 | 8. 17 | 1. 01 |
| 豆饼 | 四川，溶剂法 | 89. 0 | 45. 8 | 0. 9 | 6. 0 | 30. 5 | 5. 8 | 0. 32 | 0. 67 | 13. 48 | 6. 97 | 0. 86 |
| | | 100. 0 | 51. 2 | 1. 00 | 6. 7 | 34. 3 | 6. 5 | 0. 36 | 0. 75 | 15. 15 | 7. 83 | 0. 97 |
| 菜子饼 | 13 省市，机榨 21 个样品平均值 | 92. 2 | 36. 4 | 7. 8 | 10. 7 | 29. 3 | 8. 0 | 0. 73 | 0. 95 | 13. 52 | 6. 77 | 0. 84 |
| | | 100. 0 | 39. 5 | 8. 5 | 11. 6 | 31. 8 | 8. 7 | 0. 79 | 1. 03 | 14. 66 | 7. 35 | 0. 91 |
| 胡麻饼 | 8 省市，机榨 11 个样品平均值 | 92. 0 | 33. 1 | 7. 5 | 9. 8 | 34. 0 | 7. 6 | 0. 58 | 0. 77 | 13. 76 | 7. 01 | 0. 87 |
| | | 100. 0 | 36. 0 | 8. 2 | 10. 7 | 37. 0 | 8. 3 | 0. 63 | 0. 84 | 14. 95 | 7. 62 | 0. 94 |
| 花生饼 | 9 省市，机榨 34 个样品平均值 | 89. 9 | 46. 4 | 6. 6 | 5. 8 | 25. 7 | 5. 4 | 0. 24 | 0. 52 | 14. 44 | 7. 41 | 0. 92 |
| | | 100. 0 | 51. 6 | 7. 3 | 6. 5 | 28. 6 | 6. 0 | 0. 27 | 0. 58 | 16. 06 | 8. 24 | 1. 02 |
| 棉子饼 | 上海，去壳浸提 2 个样品平均值 | 88. 3 | 39. 4 | 2. 1 | 10. 4 | 29. 1 | 7. 3 | 0. 23 | 2. 01 | 12. 05 | 5. 95 | 0. 74 |
| | | 100. 0 | 44. 6 | 2. 4 | 11. 8 | 33. 0 | 8. 3 | 0. 26 | 2. 28 | 13. 05 | 6. 74 | 0. 83 |
| 棉子饼 | 4 省市，去壳机榨 6 个样品平均值 | 89. 6 | 32. 5 | 5. 7 | 10. 7 | 34. 5 | 6. 2 | 0. 27 | 0. 81 | 13. 11 | 6. 62 | 0. 82 |
| | | 100. 0 | 36. 3 | 6. 4 | 11. 9 | 38. 5 | 6. 9 | 0. 30 | 0. 90 | 14. 63 | 7. 39 | 0. 92 |
| 向日葵饼 | 北京，去壳浸提 | 92. 6 | 46. 1 | 2. 4 | 11. 8 | 25. 5 | 6. 8 | 0. 53 | 0. 35 | 10. 97 | 4. 93 | 0. 61 |
| | | 100. 0 | 49. 8 | 2. 6 | 12. 7 | 27. 5 | 7. 4 | 0. 57 | 0. 38 | 11. 84 | 5. 32 | 0. 66 |

能量，以利细菌利用氮源和能量繁殖，增生成菌体蛋白。尿素是常用的非蛋白氮，含量为46%的1克尿素，相当于2.88克蛋白质。在日粮可消化能含量高，粗蛋白质含量在12%以下时，可添加尿素，同时供应适量而又平衡的矿物质，氮、硫比例应不大于8∶1。尿素的用量不要超过日粮蛋白质量的1/3，并要拌匀，喂时注意观察，严防中毒。犊牛因瘤胃中微生物体系发育还不健全，不能使用。

## 六、矿物质补充饲料及添加剂

矿物质补充料是由一种或几种元素组成的。在牛日粮中需要添加的常量元素有钠、氯、钙、磷。需要补充的微量元素有铜、铁、碘、锰、锌、硒、钴。以上矿物质补充料的使用应根据所供饲料种类，牛的生长阶段来补给。并应注意各种矿物质间的平衡，微量矿物元素的供给不能超过最大安全量，严防中毒。

**1. 食　盐**

主要供给牛所需的钠和氯，食盐有促进唾液分泌，维持体液正常渗透压，增强食欲的作用。

**2. 石　粉**

石粉是天然的碳酸钙，含钙约38%。当日粮中钙少磷多时，可用石粉补充钙的不足。

**3. 贝壳粉**

用贝壳煅烧粉碎而成，含钙量与石粉相似，约37%。

**4. 骨　粉**

由动物的骨骼经高温高压后脱去大部分骨胶和骨油，干燥粉碎而成。钙、磷含量基本平衡，一般骨粉约含钙30%、磷14.5%。日粮中钙、磷都缺乏时，可用骨粉作为补充料。

矿物质补充饲料成分见表3－10。

表 3 - 10　　矿物质补充饲料成分

| 饲料名称 | 样品说明 | 干物质（%） | 钙（%） | 磷（%） |
|---|---|---|---|---|
| 贝壳粉 | 浙江舟山 | 98.6 | 34.76 | 0.02 |
| 蛋壳粉 | 四川 | | 37.00 | 0.15 |
| 骨粉 | 河南南阳 | 91.0 | 31.82 | 13.39 |
| 蛎粉 | 北京 | 99.6 | 39.23 | 0.23 |
| 石粉 | 云南昆明 | 92.1 | 35 | 0 |
| 磷酸氢钙 | 四川 | 风干 | 23.20 | 18.60 |
| 碳酸钙 | 浙江湖州 | 99.1 | 35.19 | 0.14 |

### 5. 饲料添加剂

饲料添加剂在牛饲料中用量少，但作用大，其核心组成部分是微量元素和非营养物，可分为营养性的和非营养性添加剂。营养性的包括维生素、矿物质与微量元素、合成氨基酸等，非营养性的有驱虫保健剂，调节机体功能的抗生素及调味剂、防霉剂、助消化剂等。现牛专用的添加剂有防因食大量青料或高精日粮造成瘤胃酸度过高，而引起酸中毒的多种缓冲剂；刺激瘤胃中纤维分解菌生长，提高饲草消化利用的异位酸添加剂；调节瘤胃内代谢，促使饲料转化为丙酸，减少转化环节过程中能量损耗的瘤胃素（莫能霉素）等。

饲料添加剂应具备长期使用对牛不产生慢性毒害和不良影响；在牛肉及奶中的残留量不超过标准，不影响产品质量和人体健康；有较好的稳定性，对饲料的适口性无不良影响等条件。

## 第二节 饲料的加工调制

饲料的加工调制方法可分为生物、物理和化学处理三大类。生物处理是利用微生物在牛体外分解秸秆纤维，提高粗纤维的利用率，但目前还没有成熟的技术应用于生产。现普遍用于生产的是物理处理，如铡短、粉碎、浸泡等。化学处理方法，目前生产中主要用碱性化合物破坏秸秆细胞中半纤维素与木质素的共价键，使纤维素变得疏松膨胀，利于瘤胃微生物对纤维的接触、分解，提高对秸秆的消化率，如氨化、尿素加氢氧化钙、氢氧化钙处理等。

现将易在广大农村推广应用，较为成熟的秸秆处理方法介绍如下。

### 一、粗饲料的铡短、粉碎与浸湿

**1. 铡　短**

这是处理粗饲料最简便而又普遍的方法。铡短秸秆可增加瘤胃微生物对秸秆的接触面，提高秸秆通过瘤胃的速度减少饲喂过程中的浪费，但不能提高采食量和对秸秆的消化率。秸秆切成3~4厘米为宜。

**2. 粉　碎**

对粗饲料粉碎后用水湿润或压粒后再喂可提高牛的采食量。由于采食速度提高，咀嚼和反刍时间减少，通过瘤胃的速度加快，降低瘤胃微生物对秸秆的消化能力，使秸秆的消化率下降。但由于在瘤胃里的发酵速度加快，使瘤胃挥发性脂肪酸浓度上升，使得代谢能转化为净能的效率提高，最终有利于降低牛单位增重的耗料量。

3. **浸　湿**

把切碎的秸秆喂前加水与精料拌湿。浸湿的目的是使秸秆软化，并通过短时发酵使饲料具有一定的酸香味，提高适口性，增加牛的采食量，并使精料容易粘在草节上，减少浪费。

## 二、氨化处理

秸秆的氨化处理是成本低廉、经济有效的粗饲料加工方法之一。氨化处理效果受处理方法、处理条件和秸秆本身的影响。秸秆经氨化处理后一般消化率可提高 8～15 个百分点，秸秆消化率达 60%左右，采食量也相应提高 10%～50%，秸秆的粗蛋白质含量提高 1～2 倍，达 6%～10%。氨化还能提高秸秆的适口性及采食速度。

秸秆氨化处理依采用的氨源不同主要有以下 3 种方法：液氨法、氨水法、尿素法，下面分别介绍。

### （一）液氨法

1. **原材料**

（1）秸秆：清洁未霉变的麦秸、玉米秸、稻草等。

（2）塑料薄膜：0.08～0.2 毫米厚聚乙烯塑料薄膜若干，用量可根据垛的大小计算。

（3）底膜：长 = 垛长 +（0.5～0.7）米（余边），宽 = 垛宽 +（0.5～0.7）米；罩膜：长 = 垛长 + 高 ×2 +（0.5～0.7）米，宽 = 垛宽 + 高 ×2 +（0.5～7）米。

（4）液氨：市售通用液氨，氨瓶或氨罐装运。

（5）工具：输氨管、铁锨、铁丝、钳子、口罩、风镜、手套等。

2. **堆垛场地**

向阳、高燥、平坦、不受牲畜危害的地方。

3. 操作步骤

（1）调整秸秆含水量，使其达20%～40%。

（2）均匀堆垛：当草垛堆到0.5米处，在垛上面平放两根带孔的硬塑料管，后端露出草垛外约0.5米，通过胶管接上氨瓶，用铁丝缠紧。

（3）封垛：堆完草垛后，用罩膜盖平，在垛底部用一长杆将四周余下的塑料薄膜上下合在一起卷紧，以土压紧，但输氨管外露。

（4）充氨：按秸秆质量3%的比例向垛内缓慢输入液氨，输氨结泵后，抽出塑料管，立即将余孔堵严。

（5）草垛管理：注氨密封结束后，应经常检查塑料薄膜，发现破孔立即用塑料粘胶剂粘补。

（6）密封时间：依环境温度的不同而异，气温5～15℃为4～8周，15～30℃为1～4周。氨化过程完成，就可开封，放净余氨后即可饲喂。不开封的氨化秸秆可长时间保存，只要保证密封，就不会霉变。该法适合大规模生产。

## （二）氨水法

1. 建　窖

用土窖或水泥窖，深不应超过2米。长、方、圆形均可，四壁光滑，底微凹。

2. 装　窖

土窖底部应铺塑料薄膜。将切碎的秸秆边往窖里放边喷洒氨水。氨水的用量按每100千克秸秆用3千克纯氨计算，如氨水含氨量为15%，则每100千克秸秆需氨水量：3千克÷15%＝20千克。装满窖后用塑料薄膜覆盖，封严。该法适合于中小规模生产。

## （三）尿素法

尿素在秸秆中脲酶和微生物作用下分解成氨，起到氨化处理的效果。操作步骤：先将秸秆切成2厘米左右，每100千克干秸秆用4~6千克尿素，把尿素溶于水中搅拌，水的用量视秸秆含水量而定，使秸秆最终含水量达30%~40%，待完全融化后分数次均匀地洒在秸秆上，边装窖边踩实，装满踩实后用塑料薄膜覆盖密封，再用土压好即可。尿素氨化时间大致同液氨，但稍长，并要让尿素完全分解后才能饲喂，否则会因尿素分解不完全而引起中毒。

## 三、生石灰处理

100千克秸秆用3千克生石灰，加水200~250升，或者是石灰乳9千克对250升水，为了增进适口性，可在石灰水中加入0.5%的食盐，浸泡12小时或一昼夜捞出，在水泥地上晾1天以上，不必冲洗即可喂牛。为了简化手续和设备，可以采用喷淋法，即在铺有席子的水泥地上铺上切碎秸秆，用石灰水喷洒数次，然后堆放、软化，1~2天后就可饲喂。据报道，用碱化麦秸喂肉牛，试验牛比对照牛平均日增重提高19.56%，成本降低6.5%。

## 四、青贮饲料的调制

青贮饲料是青绿多汁饲料在收获后直接或经适当凋萎后切碎，密封贮存于青贮窖、青贮壕或青贮塔内，在厌气缺氧的环境中，利用乳酸菌发酵产生的乳酸抑制其他微生物的生产繁殖。随着乳酸的积累酸度增加，最后乳酸菌也死亡，达到长期贮存饲料的目的。通过青贮可保存90%的可消化蛋白质和70%的胡萝卜素。

### （一）青贮方式

#### 1. 青贮窖

可分地下式、半地下式两种。地下式一般深1.5~2米；半地下式以地下部分深0.5米，地上部分1.5米为宜。窖形与大小取决于原料的多少、牛的数量和喂饲时间的长短。一般贮量少宜挖圆窖，贮量多可挖成长方形窖。目前农村大多建成长方形永久水泥窖。青贮窖的主要优点是造价较低，作业方便，既可人工作业，也可机械化作业，窖可大可小，能适应不同生产规模，比较适合农村现有的生产水平。

**2. 青贮壕**

这是一个长条形的壕沟，沟的两端呈斜坡（从沟底逐渐升高至与地面平），沟底及两侧墙用混凝土砌抹。这种青贮方式更便于大规模机械化作业。

**3. 青贮堆**

选一块干燥平坦的地面，铺上塑料布，然后，将青贮原料卸在上面垛成堆。堆的四边呈斜坡，以便拖拉机能开上去。青贮堆压实之后，用塑料布盖好，周围用沙土压严。塑料布顶上用沙袋压严，以防被风掀开。青贮堆的优点是节省了建窖的投资，贮存地点也比较灵活。

## （二）青贮原料及要求

青贮饲料的原料来源极广，一般禾本科作物均可用来青贮。目前用得最多的是刚收获后的玉米秸，其次是专门种植的用于青贮的全株玉米。对青贮原料的要求：

**1. 适宜的含水量**

这是决定青贮品质的重要因素，一般以60%～70%为宜。生产实践中可以作粗略判定，即抓一把铡短的原料，在手里攥紧1分钟然后松开，如能挤得出汁水，并指缝有水，则含水率大于75%；如呈球形但无汁水，则为68%～75%，需晒一段时间；若伸开手后有弹性且慢慢散开，手不湿则含水率为60%～67%，是做青贮的最佳含水量；若立即散开，则含水量低于55%左右。

### 2. 含有一定的糖

乳酸菌发酵需要可溶性糖分，青贮原料中含糖量应高于6%，若低于2%则难制作出优质青贮。禾本科牧草或秸秆含糖量符合青贮要求，可单独青贮。豆科牧草含糖量少，不宜单独青贮，应按1∶2的比例与禾本科牧草混贮。

### 3. 厌氧环境

乳酸菌是厌氧菌，在厌氧条件下才能生长繁殖。因此，青贮时要求密封，并把青贮原料铡短。质地粗硬的原料如玉米秸等以2～3厘米为宜。柔软的原料，切成3～5厘米即可，以利压实，创造厌氧环境。

## （三）青贮制作要点

### 1. 原料的适时刈割

适时刈割不仅可以获得单位面积最大营养物质产量，而且水分和可溶性碳水化合物含量适当，易于制成优质青贮料。一般情况下，全株玉米青贮应在蜡熟期收割，收果穗后玉米秸青贮应在玉米果穗成熟，玉米秆仅有下部1～2片枯黄叶时，立即收割。豆科牧草及野草宜在现蕾期至开花初期，禾本科牧草在孕穗抽穗期收割为宜。

### 2. 原料运输、铡短

必须在短时间内将原料收、运到青贮地点，不要长时间在阳光下曝晒，切短时防止原料的细嫩部分损失。

### 3. 装填、压实

切短的青贮原料应立即装填，最好把切碎机具放置在青贮窖旁，边切边入窖。装填时应逐层装入，每次（层）装15～20厘米厚，即应压实，然后再继续装填，应特别注意紧实，四角与靠壁的地方尤要注意。如此边装边压实，一直到装满窖并超过0.5～1米为止。长形窖、青贮壕或地面青贮时，可用马车或拖拉机进行碾压，小型窖可用人力或畜力踏实。青贮料紧实程度是青贮成败的关键之一，青贮紧实度适当，发酵完成后饲料下沉不超过深度的10%。

#### 4. 密　封

严密封窖，防止漏水透气是调制优良青贮饲料的一个重要环节。青贮容器密封不好，进入空气和水，有利腐败细菌、霉菌等繁殖，使青贮料变坏。封顶时先盖一层切短稿秆或软草（厚20～30厘米）或铺盖塑料薄膜，然后再用土覆盖拍实，厚30～50厘米并做成坡形，以利排水。

#### 5. 管　理

青贮窖密封后，为防止雨水渗入窖内，距窖四周约1米处应挖沟排水。以后应经常检查，窖顶有裂缝时，应及时覆土压实，防止漏气，防止雨水淋入。

### （四）品质鉴定

青贮35～40天后即可开窖取用。在取用前，通过眼观、鼻嗅、手摸进行青贮品质鉴定。

#### 1. 颜　色

优良青贮料颜色与原料相近，呈青绿或黄绿色，茎叶纹理清晰，有光泽；中等品质呈黄褐色或暗褐色；黑色、褐色或暗墨绿色者品质低劣，不能饲用。

#### 2. 气　味

良好青贮饲料具有芳香酒酸味，酸味稍浓者质量中等，质量低劣者具有特殊刺鼻腐臭味或霉味，这种青贮不能饲用。

#### 3. 质　地

结构坚实，茎叶保持原状，柔软湿润为好；黏结成团为不良。

#### 4. 酸　度

用石蕊试纸测定，以pH值4.2以下为最优。超过4.2说明青贮发酵过程中腐败细菌、酪酸菌等活动较为强烈。劣质青贮料

pH 值高达 5 ~6。

### （五）取用与喂饲

开窖时应注意按每日饲喂量取用，由窖的一端或由上而下层层取用，取出后仍用覆盖物遮好。

青贮饲料是牛的理想饲料，可占饲料干物质的1/2。每100千克体重每日泌乳牛可喂5 ~7 千克，肥育牛可喂4 ~5 千克，役牛4 ~4. 5 千克，育成牛1. 5 ~2 千克，对怀孕母牛可控制喂量。

## 五、精饲料的加工

### 1. 磨　碎

质地坚硬或有皮壳的精饲料，喂前需要磨碎或压扁，否则难以消化而由粪便中排出，造成浪费。牛喂整粒玉米，约有18% ~33% 不消化就会出现这种现象，据试验牛日粮中含玉米70% ~80% 时，如将玉米压扁可使净能提高5% ~10% ，能量沉积提高6% ~10% 。牛用料不应粉碎过细，高粱以直径1 毫米为宜，玉米以2. 5 毫米为宜。

### 2. 浸　泡

浸泡可使饲料软化。玉米浸泡可使消化率提高5% ，高粱浸泡4 小时后再喂，可使能量的利用率提高5% ~10% 。豆饼相当坚硬，不经浸泡，牛很难嚼碎。豆饼或黄豆浸泡后磨成豆浆，用以饲喂犊牛，效果更好。

### 3. 蒸　煮

蒸煮能提高适口性，并使玉米能量沉积提高6% ~10% ，高粱中淀粉的消化率提高3% ~5% ，但对大麦没有效果。

### 4. 甲醛处理蛋白质饲料

针对牛瘤胃消化的特点，对较理想并在后部胃肠道中有较高消化率的蛋白质，希望在瘤胃中有较低的降解率，避免降解造成蛋白质的浪费，采用喷洒甲醛，保护蛋白质通过瘤胃，达到小肠，在小肠被消化酶分解成氨基酸后被吸收利用。其方法是按精料中粗蛋白质含量的 0.3% ~0.4% 均匀喷洒甲醛，拌匀后，密封在塑料袋内 15 天即可饲用。用该法处理饲料，可减少蛋白质在瘤胃中的分解，提高牛对蛋白质的利用效率。

# 第四章　牛的日粮配合技术

## 第一节　牛的营养需要

肉牛对各种营养物质的需要，因其品种、年龄、性别、生产目的、生产性能的不同而异，但一般均需要水、能量、蛋白质、矿物质和维生素。只有满足了肉牛的这些需要，方能充分发挥其生产潜力，生产优质的产品。

### 一、能　量

能量是维持牛生命及生产活动的基本营养。饲养中提供的能量水平对牛生长、产肉、产奶、役用有重要的影响。牛所需要的能量来源于饲料中的碳水化合物、蛋白质和脂肪，但主要是碳水化合物。碳水化合物包括纤维素、木质素、糖和淀粉。牛所需能量，可充分利用肉牛瘤胃消化粗纤维的特点，多供给较多的优质粗饲料。不同牛对能量的需要见本章“牛饲养标准”。

### 二、蛋白质

蛋白质是生命的物质基础，没有蛋白质就没有生命。牛体各种组织，如肌肉、皮肤、血液、被毛、骨骼、角、蹄等都主要由蛋白质组成，牛体通过新陈代谢不断地利用蛋白质来修补、更新组织，牛体内的蛋白质约 6 ~7 个月可更新一半，肌蛋白为 3 个月。各种消化液、激素和乳汁的分泌也需要蛋白质。当牛体所需热能不足时，蛋白质可用来产生热能，但碳水化合物却不能代替蛋白质的功能。

由于牛瘤胃中共生着大量的细菌和纤毛虫，能把饲料中的蛋白质和非蛋白含氮物转变成优质的菌体蛋白质，所以牛一般对饲料中蛋白质品质要求不严格。对架子牛和繁殖母牛，用豆科牧草就能满足蛋白质的需要。

但日粮中蛋白质供给不足，幼牛生长缓慢或停止，甚至体重减轻；母牛出现异常发情，性周期紊乱，屡配不孕，生产弱胎和死胎。日粮中蛋白质过剩也会对牛体造成不良影响，不仅降低蛋白质利用率，造成蛋白质饲料浪费，而且还会加重肝脏、肾脏负担，代谢机能紊乱，表现蛋白质中毒。

牛对蛋白质的需要受年龄、体重和生产目的不同等影响，差别很大，详见牛饲养标准一节。开始给犊牛喂料时应选择易消化的、蛋白质含量较高的优质蛋白质饲料。

## 三、矿物质

在牛体内的矿物质元素种类很多，各个器官组织中均有，并且牛机体的每一个活动都依靠一种或一种以上元素才能正常运转，但其总量仅占牛体的4%～5%。根据矿物质元素在动物体内的含量，将矿物质元素分为常量元素与微量元素。占动物体总量0.01%以上的为常量元素，以下为微量元素。常量元素约占牛体矿物质元素总量的99.95%；微量元素仅占矿物质元素的0.05%左右。在生产实践中，急性矿物质缺乏症很少见，但任何一种或几种重要的矿物质供应不足，都会导致牛体衰弱、生长受阻、食欲减退、饲料利用率降低、繁殖功能紊乱以及骨骼病变、关节肿大等现象发生。根据矿物质元素在动物体内的生物学作用，将其分为必需与非必需元素两大类。在牛日粮中需要添加的必需常量元素有钠、氯、钙、磷，在春季放牧时还要注意补充镁；需要添加的微量元素有铜、铁、锰、锌、钴、碘、硒。以上矿物质元素的补充量与牛生长阶段、生产产品、饲料种类以及土壤有关。

### 1. 钙与磷

钙主要存在于骨骼和牙齿中，在软组织、牛奶和体液中也有少量存在。当日粮中缺钙时，犊牛易发生佝偻病，成年牛则患软骨病或骨质疏松症，易骨折。钙过量会影响日增重以及锌和镁的吸收。磷存在于骨骼、大脑、肌肉、肝和肾脏中，是磷脂、核酸和酶的成分。缺磷时，牛常会出现食欲不振、异嗜癖（爱啃骨头或其他异物）、关节僵硬、生长缓慢、繁殖障碍等。牛普遍缺磷，尤其是干旱地区、土壤缺磷的地区。但磷过多易造成尿结石。

日粮中钙、磷比例一般以2∶1为宜，范围为1∶1～7∶1。若其比例不恰当，同样会造成缺钙、磷的现象。维生素D能促进钙的吸收。

### 2. 钠和氯

钠和氯广泛分布于牛体软组织和体液中，保持酸碱和体液平衡，参与氨基酸运转、葡萄糖吸收等代谢过程。氯还是胃酸的成分。钠和氯是食盐的主要成分，食盐既是营养品，又是调味剂，能刺激食欲，促进消化，提高饲料利用率。

食盐是维持牛体健康、生长、劳役和泌乳的重要营养因素之一。缺盐可由牛的反刍异常和舔食各种异物表现出来。长期缺乏则表现食欲下降，消化机能减退，犊牛生长受阻，母牛消瘦、精神委靡、被毛蓬乱等。严重缺盐可发生肌肉颤抖，四肢运动失调，心律不齐，最后可因极度衰竭而死亡。

牛饲喂青贮饲料比喂干草时的需盐量多，喂青饲料时要比喂枯老饲料时多，喂粗料日粮时要比喂精料日粮时多。当饮水充足时牛能耐受较大的食盐量。采食食盐过多会引起中毒。肉用牛的食盐给量一般为日粮干物质的 0.25%。

3. 镁

镁是构成骨骼、牙齿的成分之一，动物体 70% 的镁存在于骨骼和牙齿中，其余部分存在于体内软组织细胞和体液中。镁是多种酶的活化剂，在糖和蛋白质代谢中起重要作用。镁在神经肌肉传导中起重要作用。

牛在缺镁的早期阶段表现外周血管扩张、充血，脉搏次数增加，缺镁会造成痉挛症和丧失食欲，降低对干物质的消化率。早春青草含镁量低放牧牛容易缺镁，多称为青草痉挛症，主要表现为神经过敏、肌肉抽搐或步态摇摆。

只要每天补充一定数量的精、粗饲料，不会发生缺镁。在土壤缺镁地区可用碳酸镁、氧化镁混入精料饲喂，对发病牛每天每头可以补充 20 克镁。

4. 铁

铁在动物体内占其体重的 0.002% ~0.004%，是血红蛋白、肌红蛋白及许多氧化酶的组成成分，60% ~70% 的镁存在于血红素中。饲料中严重缺铁时，导致牛乳头萎缩和日增重降低。犊牛比较敏感，典型症状是低色素贫血症，食欲减退，毛变粗糙，轻度腹泻。牛对铁供给过量较敏感。每千克日粮中超过 1 克，则会引起中毒，铁中毒时引起腹泻，甚至胃肠出血，日增重降低。

5. 铜

铜约占动物体重的 0.001% ~0.009%，参与血球蛋白的合成，还是多种酶的成分和激活剂。饲料中严重缺铜时，牛发生贫血、脱毛、骨质疏松、心脏衰竭、腹泻、跛行，母牛泌乳量减少，繁殖机能紊乱，犊牛出现佝偻症等。日粮中铜量过高会引起中毒，尤其是犊牛对过量铜耐受力弱。

一般饲料中含铜量较多，但土壤缺铜地区生长的植物性饲料铜含量低，有可能出现铜缺乏，可以用硫酸铜、氯化铜补充。

6. 锌

锌分布在牛体肌肉、皮毛、肝脏、胰腺等各种组织中，成年公牛的前列腺及精液中含量较高，是20多种酶的组成成分或激活剂。锌可防止皮肤干裂和角质化，参与碳水化合物代谢。日粮中缺锌时，主要表现为生长受阻。牛对锌的需要量相对较少，并对锌的耐受性较差。高锌对瘤胃微生物有害。

青草、糠麸、饼粕类饲料含锌量较高，玉米和高粱含锌量较低。日粮中含钙量高影响锌的吸收。

7. 锰

锰参与骨骼的形成、中枢神经系统的功能和某些酶的成分。严重缺锰时，犊牛软骨组织增生而引起关节肿大、僵硬，腿弯曲，公牛精子异常，母牛排卵不规律，受胎率低，易造成怀孕母牛流产或死亡率增高。

植物性饲料中锰的含量差异大。青绿饲料和糠麸中含锰量较高，谷实及块根、块茎中含量较低。

8. 钴

牛瘤胃中的微生物能利用钴合成维生素 $B_{12}$。牛缺钴时，食欲不振，精神不佳，消瘦，贫血，犊牛生长不良。畜体能限制钴的吸收，因此很少出现钴中毒。牧草中均含有微量的钴，豆科牧草含量高于禾本科牧草。在土壤中缺钴的地区生长的饲草含钴量低，若每千克牧草干物质含钴量低于0.07毫克，应补充钴，一般选用硫酸钴、氯化钴等。

9. 碘

畜体内含碘很少，机体70%～80%的碘在甲状腺中，用以合成甲状腺素。甲状腺素是调节机体新陈代谢的重要物质。缺碘会造成甲状腺肿大，皮肤干燥，毛发脆，犊牛体部分无毛，体弱，母牛发情不规律，公牛精液品质下降。碘中毒，同样会出现甲状腺肿大，牛丧失食欲、昏迷等。我国除沿海地区大多缺碘。

牛采食含有氰酸盐较多的草，如某些三叶草，会抑制碘的吸收，可引起缺碘。补碘的添加物有碘酸钙、碘酸钾、碘化钾。

**10. 硒**

硒是对细胞膜具有保护作用的谷胱甘肽过氧化酶的主要成分。硒对维生素 E 的吸收和保存有促进作用。硒对保护心肌及机体免疫机制方面均有重要作用。日粮中缺硒可使犊牛发生白肌病，出现营养性的肌肉萎缩，生长受阻。母牛缺硒可引起繁殖机能失常和难孕，产后易发生胎衣不下等。硒又是有毒物质，食入过量会引起中毒，症状为食欲减退，尾部脱毛，蹄甲脱落，消瘦、贫血，关节僵硬，心脏功能障碍，最后死亡。

土壤含硒量对植物性饲料中硒的含量的影响，主要取决于土壤的 pH 值。碱性土壤中硒呈水溶性化合物，易被吸收，肉牛采食该地区植物多发生硒中毒；在酸性土壤中，硒与铁元素等结合形成植物难以吸收的化合物，这类地区饲养的犊牛易患白肌病。云南省属于我国缺硒带，82% 的县都缺硒，尤其以滇西一带较严重，所以应注意补硒。

补硒，可把亚硒酸钠加入矿物质食盐中供牛舔食，或每千克日粮干物质中加入 0.1 毫克亚硒酸钠补饲。发生缺硒症时可用亚硒酸钠溶液作皮下或肌肉注射，可达到治疗目的。

## 四、维生素

维生素是维持生命活动的营养要素，它对牛的健康、生长和生殖都有重要作用。生产中一般会产生不表现任何症状的中等程度的维生素缺乏，但影响生长速度。由于在正常状况下牛瘤胃内的微生物能合成维生素 B 族和维生素 K、维生素 C，所以除犊牛外一般不会缺乏。对牛来说，需要由饲料中补充的主要是维生素 A、D 和 E。

**1. 维生素 A**

又称视黄醇，也叫抗干眼维生素，有保护皮肤和黏膜的作用，并维持上皮细胞和神经细胞正常的生理功能，对维持正常视力，促进犊牛生长、增加免疫力、调节体内代谢以及对提高繁殖力都有重要的作用。缺乏时会妨碍幼牛生长，出现夜盲症、皮肤粗糙，易感染疾病，公牛生殖力下降，母牛不孕或流产、死胎、弱产。牛将胡萝卜素转化为维生素 A 的效率低，草料贮存时间长易被氧化破坏，需给牛补充维生素 A。生长肥育牛每千克日粮干物质含维生素 A 应不低于2200 国际单位，产乳牛 3900 国际单位，妊娠母牛 2800 国际单位。

**2. 维生素 D**

维生素 D 可以促进肠道对钙和磷的吸收。维生素 D 缺乏时，钙、磷代谢失调，幼牛出现佝偻病，成年牛骨质疏松，患软骨症，关节变形，尤其是妊娠牛和泌乳牛。肉牛每千克日粮干物质中维生素 D 含量不应低于 275 国际单位。

自然干燥的青干草是肉牛维生素 D 的重要来源。牛皮中的 $D_3$ 元（脱氢胆固醇）经日光紫外线照射转化为维生素 $D_3$，所以肉牛要经常晒太阳。

**3. 维生素 E**

又名生育酚，在牛体内起催化和抗氧化作用，促进性腺发育和生殖功能。若缺乏维生素 E，犊牛可患白肌病；公牛精液品质差，正常精子少；母牛发情及受胎均受影响。一般犊牛每千克日粮干物质中维生素 E 应不低于 15～60 国际单位，成年牛正常日粮所含维生素 E 基本可满足需要。

谷实的胚和幼嫩青绿饲料中含维生素 E 较多，但加工和晒成干草过程中易被氧化破坏。日粮中可用 DL－α－生育酚醋酸酯补充维生素 E 的不足，1 毫克该制品相当于1 国际单位维生素 E。

## 五、水

水是牛体各种器官组织的重要组成成分，它是生命和一切生理活动的基础。肉牛体内含有50%～70%的水分，牛肉中含水量约64%。牛奶中水分占86%～89%。各种营养物质在肉牛体内的溶解、吸收、运输，以及代谢过程中所产生的废物的排泄、体温的调节等均需要水。缺水会丧失食欲，引起代谢紊乱，消化吸收障碍，代谢产物排泄困难，血液受阻，体温上升，产奶量急剧下降，体内损失10%的水分导致发病，丧失20%的水分可引起死亡。

肉牛的需水量受其生长阶段、生理状态、生产力水平及干物质进食量和环境温度等多种因素的影响。一般产奶牛每头每天大约需水43～61升，育肥牛为26～66升，牛每采食1千克饲料干物质约需水3～4升。

# 第二节　牛的营养需要量

根据不同种类、年龄、体重、生产目的和生产水平的牛，对能量和各种营养物质需要量的测定，并结合饲料条件，制定出牛每天每头对各种营养物质的需要量，称为“饲养标准”。饲养标准包括牛的营养需要表和饲料的营养价值表。饲料的营养价值表和牛营养需要前面已介绍，现介绍牛对各种营养物质的需要量。

我国专业标准先后建成了奶牛的营养标准，包括《成年母牛维持的营养需要》、《每产1千克奶的营养需要量》、《母牛怀孕最后4个月的营养需要》、《生长母牛的营养需要》、《生长公牛的营养需要》、《公牛的营养需要》；肉牛的营养标准，包括《肉牛营养标准》。该标准包括生长肥育牛（见表4－1）、生长母牛（见表4－2）、妊娠母牛（见表4－3）、哺乳母牛（见表4－4）、哺乳母牛每千克标准乳（见表4－5）的营养需要量，以及哺乳母牛各泌乳月预计日泌乳量（见表4－6）、肉牛矿物质需要量及最大耐受量（见表4－7）。营养需要量表中各项含义如下。

（1）日粮干物质：这是每天进食的日粮中去除水分后的绝干物质。

（2）奶牛能量单位（NND）：我国奶牛饲养标准。

（3）肉牛综合净能、产奶净能（NEC）：这是把维持净能与增重净能结合起来的综合评定指标。建议该单位相当于1千克含乳脂4%的标准乳的能量，即约3135千焦耳（750千卡）产奶净能。

（4）肉牛能量单位（RND）：我国建议以约6.27兆焦耳（1.5兆卡）增重净能为一个肉牛能量单位，它大约相当于200～250千克体重时，增重500克所沉积的能量或1千克中等质量的玉米所含的增重净能。

（5）粗蛋白：含氮物质的总称，包括纯蛋白质和非蛋白质含氮化合物。

## 第三节　牛的日粮配合

日粮是指1头牛1昼夜内所采食的各种饲料的总量。单一的饲料很难满足肉牛的营养需要。将各种饲料相互搭配，使日粮中各种营养物质的种类、数量及其相互比例均能满足牛的营养需要，这种配合料称全价饲料，牛的全价料包括精、粗饲料两部分，可分开喂足每日需喂的量。

在生产实践中，为生产目的相同的牛群，配合一大批饲料，按日分顿喂给，这种配合的饲料，称为饲粮。

表4－1　中华人民共和国建议的生长肥育牛的营养需要量

| 体重（千克） | 日增重（千克） | 干物质（千克） | 肉牛能量单位（RND） | 综合净能（兆　焦） | 粗蛋白质（克） | 钙（克） | 磷（克） |
|---|---|---|---|---|---|---|---|
| 150 | 0 | 2.66 | 1.46 | 11.76 | 236 | 5 | 5 |
| | 0.3 | 3.29 | 1.87 | 15.10 | 377 | 14 | 8 |
| | 0.4 | 3.49 | 1.97 | 15.90 | 421 | 17 | 9 |
| | 0.5 | 3.70 | 2.07 | 16.74 | 465 | 19 | 10 |
| | 0.6 | 3.91 | 2.19 | 17.66 | 507 | 22 | 11 |
| | 0.7 | 4.12 | 2.30 | 18.53 | 548 | 25 | 12 |
| | 0.8 | 4.33 | 2.45 | 19.75 | 589 | 28 | 13 |
| | 0.9 | 4.54 | 2.16 | 21.05 | 627 | 31 | 14 |
| | 1.0 | 4.75 | 2.80 | 22.64 | 665 | 34 | 15 |
| | 1.1 | 4.95 | 3.02 | 24.35 | 704 | 37 | 16 |
| | 1.2 | 5.16 | 3.25 | 26.28 | 739 | 40 | 16 |
| 175 | 0 | 2.98 | 1.63 | 13.18 | 265 | 6 | 6 |
| | 0.3 | 3.63 | 2.09 | 16.90 | 403 | 14 | 9 |
| | 0.4 | 3.85 | 2.20 | 17.78 | 447 | 17 | 9 |
| | 0.5 | 4.07 | 2.32 | 18.70 | 489 | 20 | 10 |
| | 0.6 | 4.29 | 2.44 | 19.71 | 530 | 23 | 11 |
| | 0.7 | 4.51 | 2.57 | 20.75 | 571 | 26 | 12 |
| | 0.8 | 4.72 | 2.79 | 22.05 | 609 | 28 | 13 |
| | 0.9 | 4.94 | 2.91 | 23.47 | 650 | 31 | 14 |
| | 1.0 | 5.16 | 3.12 | 25.23 | 686 | 34 | 15 |
| | 1.1 | 5.38 | 3.37 | 27.20 | 724 | 37 | 16 |
| | 1.2 | 5.95 | 3.63 | 29.29 | 759 | 40 | 17 |

续表 4-1

| 体重（千克） | 日增重（千克） | 干物质（千克） | 肉牛能量单位（RND） | 综合净能（兆　焦） | 粗蛋白质（克） | 钙（克） | 磷（克） |
|---|---|---|---|---|---|---|---|
| 200 | 0 | 3.30 | 1.80 | 14.56 | 293 | 7 | 7 |
| | 0.3 | 3.98 | 2.32 | 18.70 | 428 | 15 | 9 |
| | 0.4 | 4.21 | 2.43 | 19.62 | 472 | 17 | 10 |
| | 0.5 | 4.41 | 2.56 | 20.67 | 514 | 20 | 11 |
| | 0.6 | 4.66 | 2.69 | 21.76 | 555 | 23 | 12 |
| | 0.7 | 4.89 | 2.83 | 22.89 | 593 | 26 | 13 |
| | 0.8 | 5.12 | 3.01 | 24.31 | 631 | 29 | 14 |
| | 0.9 | 5.31 | 3.21 | 25.90 | 669 | 31 | 15 |
| | 1.0 | 5.57 | 3.45 | 27.82 | 708 | 34 | 16 |
| | 1.1 | 5.80 | 3.71 | 29.96 | 743 | 37 | 17 |
| | 1.2 | 6.03 | 4.00 | 32.30 | 778 | 40 | 17 |
| 225 | 0 | 3.60 | 1.84 | 15.10 | 320 | 7 | 7 |
| | 0.3 | 4.31 | 2.56 | 20.71 | 452 | 15 | 10 |
| | 0.4 | 4.55 | 2.69 | 21.76 | 494 | 18 | 11 |
| | 0.5 | 4.78 | 2.83 | 22.89 | 535 | 20 | 12 |
| | 0.6 | 5.02 | 2.98 | 24.10 | 576 | 23 | 13 |
| | 0.7 | 5.26 | 3.14 | 25.36 | 614 | 26 | 14 |
| | 0.8 | 5.49 | 3.33 | 26.90 | 652 | 29 | 14 |
| | 0.9 | 5.73 | 3.55 | 28.66 | 691 | 31 | 15 |
| | 1.0 | 5.96 | 3.81 | 30.79 | 726 | 34 | 16 |
| | 1.1 | 6.20 | 4.10 | 33.10 | 761 | 37 | 17 |
| | 1.2 | 6.44 | 4.42 | 35.69 | 796 | 39 | 18 |

**续表 4－1**

| 体重<br>（千克） | 日增重<br>（千克） | 干物质<br>（千克） | 肉牛能量单位<br>（RND） | 综合净能<br>（兆 焦） | 粗蛋白质<br>（克） | 钙<br>（克） | 磷<br>（克） |
|---|---|---|---|---|---|---|---|
| 250 | 0 | 3.90 | 2.20 | 17.78 | 346 | 8 | 8 |
| | 0.3 | 4.64 | 2.81 | 22.72 | 475 | 16 | 11 |
| | 0.4 | 4.88 | 2.95 | 23.85 | 517 | 18 | 12 |
| | 0.5 | 5.13 | 3.11 | 25.10 | 558 | 21 | 12 |
| | 0.6 | 5.37 | 3.27 | 26.44 | 599 | 23 | 13 |
| | 0.7 | 5.62 | 3.45 | 27.82 | 637 | 26 | 14 |
| | 0.8 | 5.87 | 3.65 | 29.50 | 672 | 29 | 15 |
| | 0.9 | 6.11 | 3.89 | 31.88 | 711 | 31 | 16 |
| | 1.0 | 6.36 | 4.18 | 33.72 | 746 | 34 | 17 |
| | 1.1 | 6.60 | 4.49 | 36.28 | 781 | 36 | 18 |
| | 1.2 | 6.85 | 4.84 | 39.08 | 814 | 39 | 18 |
| 275 | 0 | 4.19 | 2.10 | 19.37 | 372 | 9 | 9 |
| | 0.3 | 4.96 | 3.07 | 24.77 | 501 | 16 | 12 |
| | 0.4 | 5.21 | 3.22 | 25.98 | 543 | 19 | 12 |
| | 0.5 | 5.47 | 3.39 | 27.36 | 581 | 21 | 13 |
| | 0.6 | 5.72 | 3.57 | 28.79 | 619 | 24 | 14 |
| | 0.7 | 5.98 | 3.75 | 30.29 | 657 | 26 | 15 |
| | 0.8 | 6.23 | 3.98 | 32.13 | 696 | 29 | 16 |
| | 0.9 | 6.49 | 4.23 | 34.18 | 731 | 31 | 16 |
| | 1.0 | 6.74 | 4.55 | 36.74 | 766 | 34 | 17 |
| | 1.1 | 7.00 | 4.89 | 39.50 | 798 | 36 | 18 |
| | 1.2 | 7.25 | 5.26 | 42.51 | 834 | 39 | 19 |

续表 4－1

| 体重（千克） | 日增重（千克） | 干物质（千克） | 肉牛能量单位（RND） | 综合净能（兆　焦） | 粗蛋白质（克） | 钙（克） | 磷（克） |
|---|---|---|---|---|---|---|---|
| 300 | 0 | 4.47 | 2.60 | 21.00 | 397 | 10 | 10 |
| | 0.3 | 5.26 | 3.32 | 26.78 | 523 | 17 | 12 |
| | 0.4 | 5.53 | 3.48 | 28.12 | 565 | 19 | 13 |
| | 0.5 | 5.79 | 3.66 | 29.58 | 603 | 21 | 14 |
| | 0.6 | 6.06 | 3.86 | 31.13 | 641 | 24 | 15 |
| | 0.7 | 6.32 | 4.06 | 32.76 | 679 | 26 | 15 |
| | 0.8 | 6.58 | 4.31 | 34.77 | 715 | 29 | 16 |
| | 0.9 | 6.85 | 4.58 | 36.99 | 750 | 31 | 17 |
| | 1.0 | 7.11 | 4.92 | 39.71 | 785 | 34 | 18 |
| | 1.1 | 7.38 | 5.29 | 42.68 | 818 | 36 | 19 |
| | 1.2 | 7.64 | 5.69 | 45.98 | 850 | 38 | 19 |
| 325 | 0 | 4.75 | 2.78 | 22.43 | 421 | 11 | 11 |
| | 0.3 | 5.57 | 3.54 | 28.58 | 547 | 17 | 13 |
| | 0.4 | 5.84 | 3.72 | 30.04 | 586 | 19 | 14 |
| | 0.5 | 6.12 | 3.91 | 31.59 | 624 | 22 | 14 |
| | 0.6 | 6.39 | 4.12 | 33.26 | 662 | 24 | 15 |
| | 0.7 | 6.66 | 4.36 | 35.02 | 700 | 26 | 16 |
| | 0.8 | 6.94 | 4.60 | 37.15 | 736 | 29 | 17 |
| | 0.9 | 7.21 | 4.90 | 39.54 | 771 | 31 | 18 |
| | 1.0 | 7.49 | 5.25 | 42.43 | 803 | 33 | 18 |
| | 1.1 | 7.76 | 5.65 | 45.61 | 839 | 36 | 19 |
| | 1.2 | 8.03 | 6.08 | 49.12 | 868 | 38 | 20 |

续表 4-1

| 体重（千克） | 日增重（千克） | 干物质（千克） | 肉牛能量单位（RND） | 综合净能（兆焦） | 粗蛋白质（克） | 钙（克） | 磷（克） |
|---|---|---|---|---|---|---|---|
| 350 | 0 | 5.20 | 2.95 | 23.85 | 445 | 12 | 12 |
| | 0.3 | 5.87 | 3.76 | 30.38 | 569 | 18 | 14 |
| | 0.4 | 6.15 | 3.95 | 31.92 | 607 | 20 | 14 |
| | 0.5 | 6.43 | 4.16 | 33.60 | 645 | 22 | 15 |
| | 0.6 | 6.72 | 4.38 | 35.40 | 683 | 24 | 16 |
| | 0.7 | 7.00 | 4.61 | 37.24 | 719 | 27 | 17 |
| | 0.8 | 7.28 | 4.89 | 39.50 | 757 | 29 | 17 |
| | 0.9 | 7.57 | 5.21 | 42.05 | 789 | 31 | 18 |
| | 1.0 | 7.85 | 5.59 | 45.15 | 824 | 33 | 19 |
| | 1.1 | 8.13 | 6.01 | 48.53 | 857 | 36 | 20 |
| | 1.2 | 8.41 | 6.47 | 52.26 | 889 | 38 | 20 |
| 375 | 0 | 5.28 | 3.13 | 25.27 | 469 | 12 | 12 |
| | 0.3 | 6.16 | 3.99 | 32.22 | 593 | 18 | 14 |
| | 0.4 | 6.45 | 4.19 | 33.85 | 631 | 20 | 15 |
| | 0.5 | 6.74 | 4.41 | 35.61 | 669 | 22 | 16 |
| | 0.6 | 7.03 | 4.65 | 37.53 | 704 | 25 | 17 |
| | 0.7 | 7.32 | 4.89 | 39.50 | 743 | 27 | 17 |
| | 0.8 | 7.62 | 5.19 | 41.88 | 778 | 29 | 18 |
| | 0.9 | 7.91 | 5.52 | 44.60 | 810 | 31 | 19 |
| | 1.0 | 8.20 | 5.93 | 47.87 | 845 | 33 | 19 |
| | 1.1 | 8.49 | 6.26 | 50.54 | 878 | 35 | 20 |
| | 1.2 | 8.79 | 6.75 | 54.18 | 907 | 38 | 21 |

续表 4－1

| 体重（千克） | 日增重（千克） | 干物质（千克） | 肉牛能量单位（RND） | 综合净能（兆　焦） | 粗蛋白质（克） | 钙（克） | 磷（克） |
|---|---|---|---|---|---|---|---|
| 400 | 0 | 5.55 | 3.31 | 26.74 | 402 | 13 | 13 |
| | 0.3 | 6.45 | 4.22 | 34.06 | 613 | 19 | 15 |
| | 0.4 | 6.76 | 4.43 | 35.77 | 651 | 21 | 16 |
| | 0.5 | 7.06 | 4.66 | 37.66 | 689 | 23 | 17 |
| | 0.6 | 7.36 | 4.91 | 39.66 | 727 | 25 | 17 |
| | 0.7 | 7.66 | 5.17 | 41.76 | 763 | 27 | 18 |
| | 0.8 | 7.96 | 5.49 | 44.31 | 798 | 29 | 19 |
| | 0.9 | 8.26 | 5.64 | 47.15 | 830 | 31 | 19 |
| | 1.0 | 8.56 | 6.27 | 50.63 | 866 | 33 | 20 |
| | 1.1 | 8.87 | 6.74 | 54.43 | 895 | 35 | 21 |
| | 1.2 | 9.17 | 7.26 | 58.66 | 927 | 37 | 21 |
| 425 | 0 | 5.80 | 3.48 | 28.08 | 515 | 14 | 14 |
| | 0.3 | 6.73 | 4.43 | 35.77 | 636 | 19 | 16 |
| | 0.4 | 7.04 | 4.65 | 37.57 | 671 | 21 | 17 |
| | 0.5 | 7.35 | 4.90 | 39.54 | 712 | 23 | 17 |
| | 0.6 | 7.66 | 5.16 | 41.67 | 747 | 25 | 18 |
| | 0.7 | 7.97 | 5.44 | 43.89 | 783 | 27 | 18 |
| | 0.8 | 8.29 | 5.77 | 46.57 | 818 | 29 | 19 |
| | 0.9 | 8.60 | 6.14 | 49.58 | 850 | 31 | 20 |
| | 1.0 | 8.91 | 6.59 | 53.22 | 886 | 33 | 20 |
| | 1.1 | 9.22 | 7.09 | 57.21 | 918 | 35 | 21 |
| | 1.2 | 9.53 | 7.64 | 61.67 | 947 | 37 | 22 |

**续表 4－1**

| 体重<br>（千克） | 日增重<br>（千克） | 干物质<br>（千克） | 肉牛能量单位<br>（RND） | 综合净能<br>（兆　焦） | 粗蛋白质<br>（克） | 钙<br>（克） | 磷<br>（克） |
|---|---|---|---|---|---|---|---|
| 450 | 0 | 6.08 | 3.63 | 29.33 | 538 | 15 | 15 |
| | 0.3 | 7.02 | 4.63 | 37.41 | 659 | 20 | 17 |
| | 0.4 | 7.34 | 4.87 | 39.33 | 697 | 21 | 17 |
| | 0.5 | 7.66 | 5.12 | 41.38 | 732 | 23 | 18 |
| | 0.6 | 7.98 | 5.40 | 43.60 | 770 | 25 | 19 |
| | 0.7 | 8.30 | 5.69 | 45.94 | 806 | 27 | 19 |
| | 0.8 | 8.62 | 6.03 | 48.74 | 841 | 29 | 20 |
| | 0.9 | 8.94 | 6.43 | 51.92 | 873 | 31 | 20 |
| | 1.0 | 9.26 | 6.90 | 55.77 | 906 | 33 | 21 |
| | 1.1 | 9.58 | 7.42 | 59.96 | 938 | 35 | 22 |
| | 1.2 | 9.90 | 8.00 | 64.60 | 967 | 37 | 22 |
| 475 | 0 | 6.31 | 3.97 | 30.63 | 560 | 16 | 16 |
| | 0.3 | 7.30 | 4.84 | 39.08 | 681 | 20 | 17 |
| | 0.4 | 7.63 | 5.09 | 41.09 | 719 | 22 | 18 |
| | 0.5 | 7.96 | 5.35 | 43.26 | 754 | 24 | 19 |
| | 0.6 | 8.29 | 5.64 | 45.61 | 789 | 25 | 19 |
| | 0.7 | 8.61 | 5.94 | 48.03 | 825 | 27 | 20 |
| | 0.8 | 8.94 | 6.31 | 51.00 | 860 | 29 | 20 |
| | 0.9 | 9.27 | 6.72 | 54.31 | 892 | 31 | 21 |
| | 1.0 | 9.60 | 7.22 | 58.32 | 928 | 33 | 21 |
| | 1.1 | 9.93 | 7.77 | 62.76 | 957 | 35 | 22 |
| | 1.2 | 10.26 | 8.37 | 67.61 | 989 | 36 | 23 |

续表 4－1

| 体重<br>（千克） | 日增重<br>（千克） | 干物质<br>（千克） | 肉牛能量单位<br>（RND） | 综合净能<br>（兆焦） | 粗蛋白质<br>（克） | 钙<br>（克） | 磷<br>（克） |
|---|---|---|---|---|---|---|---|
| 500 | 0 | 6.56 | 3.95 | 31.92 | 582 | 16 | 16 |
| | 0.3 | 7.58 | 5.04 | 40.71 | 700 | 21 | 18 |
| | 0.4 | 7.91 | 5.30 | 42.84 | 738 | 22 | 19 |
| | 0.5 | 8.25 | 5.58 | 45.10 | 776 | 24 | 19 |
| | 0.6 | 8.59 | 5.88 | 47.53 | 811 | 26 | 20 |
| | 0.7 | 8.93 | 6.20 | 50.08 | 847 | 27 | 20 |
| | 0.8 | 9.27 | 6.58 | 53.18 | 882 | 29 | 21 |
| | 0.9 | 9.61 | 7.01 | 56.65 | 912 | 31 | 21 |
| | 1.0 | 9.94 | 7.53 | 60.88 | 947 | 33 | 22 |
| | 1.1 | 10.28 | 8.10 | 65.48 | 979 | 34 | 23 |
| | 1.2 | 10.62 | 8.73 | 70.54 | 1011 | 36 | 23 |

表 4－2　中华人民共和国建议的生长母牛的营养需要量

| 体重<br>（千克） | 日增重<br>（千克） | 干物质<br>（千克） | 肉牛能量单位<br>（RND） | 综合净能<br>（兆焦） | 粗蛋白质<br>（克） | 钙<br>（克） | 磷<br>（克） |
|---|---|---|---|---|---|---|---|
| 150 | 0 | 2.66 | 1.46 | 11.76 | 236 | 5 | 5 |
| | 0.3 | 3.29 | 1.90 | 15.31 | 377 | 13 | 8 |
| | 0.4 | 3.49 | 2.00 | 16.15 | 421 | 16 | 9 |
| | 0.5 | 3.70 | 2.11 | 17.07 | 465 | 19 | 10 |
| | 0.6 | 3.91 | 2.24 | 18.07 | 507 | 22 | 11 |
| | 0.7 | 4.12 | 2.36 | 19.08 | 548 | 25 | 11 |
| | 0.8 | 4.33 | 2.52 | 20.33 | 589 | 28 | 12 |
| | 0.9 | 4.54 | 2.69 | 21.76 | 627 | 31 | 13 |
| | 1.0 | 4.75 | 2.91 | 23.47 | 665 | 34 | 14 |

**续表 4－2**

| 体重（千克） | 日增重（千克） | 干物质（千克） | 肉牛能量单位（RND） | 综合净能（兆　焦） | 粗蛋白质（克） | 钙（克） | 磷（克） |
|---|---|---|---|---|---|---|---|
| 175 | 0 | 2.98 | 1.63 | 13.18 | 265 | 6 | 6 |
| | 0.3 | 3.63 | 2.12 | 17.15 | 403 | 14 | 8 |
| | 0.4 | 3.85 | 2.24 | 18.07 | 447 | 17 | 9 |
| | 0.5 | 4.07 | 2.37 | 19.12 | 489 | 19 | 10 |
| | 0.6 | 4.29 | 2.50 | 20.21 | 530 | 22 | 11 |
| | 0.7 | 4.51 | 2.64 | 21.34 | 571 | 25 | 12 |
| | 0.8 | 4.72 | 2.81 | 22.72 | 609 | 28 | 13 |
| | 0.9 | 4.94 | 3.01 | 24.31 | 650 | 30 | 14 |
| | 1.0 | 5.16 | 3.24 | 26.19 | 686 | 33 | 15 |
| 200 | 0 | 3.30 | 1.80 | 14.56 | 293 | 7 | 7 |
| | 0.3 | 3.98 | 2.34 | 18.91 | 428 | 14 | 9 |
| | 0.4 | 4.21 | 2.47 | 19.46 | 472 | 17 | 10 |
| | 0.5 | 4.44 | 2.61 | 21.09 | 514 | 20 | 11 |
| | 0.6 | 4.66 | 2.76 | 22.30 | 555 | 22 | 12 |
| | 0.7 | 4.89 | 2.92 | 23.43 | 593 | 25 | 13 |
| | 0.8 | 5.12 | 3.10 | 25.06 | 631 | 28 | 14 |
| | 0.9 | 5.34 | 3.32 | 26.78 | 669 | 30 | 14 |
| | 1.0 | 5.57 | 3.58 | 28.87 | 708 | 33 | 15 |
| 225 | 0 | 3.60 | 1.87 | 15.10 | 320 | 7 | 7 |
| | 0.3 | 4.31 | 2.60 | 20.96 | 452 | 15 | 10 |
| | 0.4 | 4.55 | 2.74 | 22.09 | 494 | 47 | 11 |
| | 0.5 | 4.78 | 2.89 | 23.35 | 535 | 20 | 12 |
| | 0.6 | 5.02 | 3.06 | 24.60 | 576 | 22 | 12 |
| | 0.7 | 5.26 | 3.22 | 26.02 | 614 | 25 | 13 |
| | 0.8 | 5.49 | 3.44 | 27.74 | 652 | 28 | 14 |
| | 0.9 | 5.73 | 3.67 | 29.62 | 691 | 30 | 15 |
| | 1.0 | 5.96 | 3.95 | 31.92 | 726 | 33 | 16 |

续表 4－2

| 体重<br>（千克） | 日增重<br>（千克） | 干物质<br>（千克） | 肉牛能量单位<br>（RND） | 综合净能<br>（兆　焦） | 粗蛋白质<br>（克） | 钙<br>（克） | 磷<br>（克） |
|---|---|---|---|---|---|---|---|
| 250 | 0 | 3.90 | 2.20 | 17.78 | 346 | 8 | 8 |
| | 0.3 | 4.64 | 2.84 | 22.97 | 475 | 15 | 11 |
| | 0.4 | 4.88 | 3.00 | 24.23 | 517 | 18 | 11 |
| | 0.5 | 5.13 | 3.17 | 25.10 | 558 | 20 | 12 |
| | 0.6 | 5.37 | 3.35 | 27.03 | 559 | 23 | 13 |
| | 0.7 | 5.62 | 3.53 | 28.52 | 637 | 25 | 14 |
| | 0.8 | 5.87 | 3.76 | 30.38 | 672 | 28 | 15 |
| | 0.9 | 6.11 | 4.02 | 32.47 | 711 | 30 | 15 |
| | 1.0 | 6.36 | 4.33 | 34.98 | 746 | 33 | 17 |
| 275 | 0 | 4.19 | 2.40 | 19.37 | 372 | 9 | 9 |
| | 0.3 | 4.96 | 3.10 | 25.06 | 501 | 16 | 11 |
| | 0.4 | 5.21 | 3.27 | 26.40 | 543 | 18 | 12 |
| | 0.5 | 5.47 | 3.45 | 27.87 | 581 | 20 | 13 |
| | 0.6 | 5.72 | 3.65 | 29.46 | 619 | 23 | 14 |
| | 0.7 | 5.98 | 3.85 | 31.10 | 696 | 28 | 15 |
| | 0.8 | 6.23 | 4.10 | 33.10 | 696 | 28 | 15 |
| | 0.9 | 6.49 | 4.38 | 35.35 | 713 | 30 | 16 |
| | 1.0 | 6.74 | 4.72 | 38.07 | 766 | 32 | 17 |
| 300 | 0 | 4.47 | 2.60 | 21.00 | 397 | 10 | 10 |
| | 0.3 | 5.26 | 3.35 | 27.07 | 523 | 16 | 12 |
| | 0.4 | 5.53 | 3.54 | 28.58 | 565 | 18 | 13 |
| | 0.5 | 5.79 | 3.74 | 30.17 | 603 | 21 | 14 |
| | 0.6 | 6.06 | 3.95 | 31.88 | 641 | 23 | 14 |
| | 0.7 | 6.32 | 4.17 | 33.64 | 679 | 25 | 15 |
| | 0.8 | 6.58 | 4.44 | 35.82 | 715 | 28 | 16 |
| | 0.9 | 6.85 | 4.74 | 38.24 | 750 | 30 | 17 |
| | 1.0 | 7.11 | 5.10 | 41.14 | 785 | 32 | 17 |

续表 4－2

| 体重<br>（千克） | 日增重<br>（千克） | 干物质<br>（千克） | 肉牛能量单位<br>（RND） | 综合净能<br>（兆　焦） | 粗蛋白质<br>（克） | 钙<br>（克） | 磷<br>（克） |
|---|---|---|---|---|---|---|---|
| 325 | 0 | 4. 75 | 2. 78 | 22. 43 | 421 | 11 | 11 |
| | 0. 3 | 5. 57 | 3. 59 | 28. 95 | 547 | 17 | 13 |
| | 0. 4 | 5. 84 | 3. 78 | 30. 54 | 586 | 19 | 14 |
| | 0. 5 | 6. 12 | 3. 99 | 32. 22 | 624 | 21 | 14 |
| | 0. 6 | 6. 39 | 4. 22 | 34. 06 | 662 | 23 | 15 |
| | 0. 7 | 6. 66 | 4. 46 | 35. 98 | 700 | 25 | 16 |
| | 0. 8 | 6. 94 | 4. 74 | 38. 28 | 736 | 28 | 16 |
| | 0. 9 | 7. 21 | 5. 06 | 40. 88 | 771 | 30 | 17 |
| | 1. 0 | 7. 49 | 5. 45 | 44. 02 | 803 | 32 | 18 |
| 350 | 0 | 5. 02 | 2. 95 | 23. 85 | 445 | 12 | 12 |
| | 0. 3 | 5. 87 | 3. 81 | 30. 75 | 569 | 17 | 14 |
| | 0. 4 | 6. 15 | 4. 02 | 32. 17 | 607 | 19 | 14 |
| | 0. 5 | 6. 43 | 4. 24 | 34. 27 | 645 | 21 | 15 |
| | 0. 6 | 6. 72 | 4. 49 | 36. 23 | 683 | 23 | 16 |
| | 0. 7 | 7. 00 | 4. 74 | 38. 21 | 719 | 25 | 16 |
| | 0. 8 | 7. 28 | 5. 04 | 40. 71 | 757 | 28 | 17 |
| | 0. 9 | 7. 57 | 5. 38 | 43. 47 | 789 | 30 | 18 |
| | 1. 0 | 7. 85 | 5. 80 | 46. 82 | 824 | 32 | 18 |
| 375 | 0 | 5. 28 | 3. 13 | 25. 27 | 469 | 12 | 12 |
| | 0. 3 | 6. 16 | 4. 04 | 32. 59 | 593 | 18 | 14 |
| | 0. 4 | 6. 45 | 4. 26 | 34. 39 | 631 | 20 | 15 |
| | 0. 5 | 6. 74 | 4. 50 | 36. 32 | 669 | 22 | 16 |
| | 0. 6 | 7. 03 | 4. 76 | 38. 11 | 704 | 24 | 16 |
| | 0. 7 | 7. 32 | 5. 03 | 40. 58 | 743 | 26 | 17 |
| | 0. 8 | 7. 62 | 5. 35 | 43. 18 | 778 | 28 | 18 |
| | 0. 9 | 7. 91 | 5. 71 | 46. 11 | 810 | 30 | 18 |
| | 1. 0 | 8. 20 | 6. 15 | 49. 66 | 845 | 32 | 19 |

续表 4-2

| 体重（千克） | 日增重（千克） | 干物质（千克） | 肉牛能量单位（RND） | 综合净能（兆　焦） | 粗蛋白质（克） | 钙（克） | 磷（克） |
|---|---|---|---|---|---|---|---|
| 400 | 0 | 5.55 | 3.31 | 26.71 | 492 | 13 | 13 |
| | 0.3 | 6.45 | 4.26 | 34.43 | 613 | 18 | 15 |
| | 0.4 | 6.76 | 4.50 | 36.36 | 651 | 20 | 16 |
| | 0.5 | 7.06 | 4.76 | 38.41 | 689 | 22 | 16 |
| | 0.6 | 7.36 | 5.03 | 40.58 | 727 | 24 | 17 |
| | 0.7 | 7.66 | 5.31 | 42.89 | 763 | 26 | 17 |
| | 0.8 | 7.96 | 5.65 | 45.65 | 798 | 28 | 18 |
| | 0.9 | 8.26 | 6.04 | 48.74 | 830 | 29 | 19 |
| | 1.0 | 8.56 | 6.50 | 52.51 | 866 | 31 | 19 |

表 4-3　中华人民共和国建议的妊娠母牛的营养需要量

| 体重（千克） | 日增重（千克） | 干物质（千克） | 肉牛能量单位（RND） | 综合净能（兆　焦） | 粗蛋白质（克） | 钙（克） | 磷（克） |
|---|---|---|---|---|---|---|---|
| 300 | 6 | 6.32 | 2.80 | 22.60 | 409 | 14 | 12 |
| | 7 | 6.43 | 3.11 | 25.12 | 477 | 16 | 12 |
| | 8 | 6.60 | 3.50 | 28.26 | 587 | 18 | 13 |
| | 9 | 6.77 | 3.97 | 32.05 | 735 | 20 | 13 |
| 350 | 6 | 6.86 | 3.12 | 25.19 | 449 | 16 | 13 |
| | 7 | 6.98 | 3.45 | 27.87 | 517 | 18 | 14 |
| | 8 | 7.15 | 3.87 | 31.24 | 627 | 20 | 15 |
| | 9 | 7.32 | 4.37 | 35.30 | 775 | 22 | 15 |
| 400 | 6 | 7.39 | 3.43 | 27.69 | 488 | 18 | 15 |
| | 7 | 7.51 | 3.78 | 30.56 | 556 | 20 | 16 |
| | 8 | 7.68 | 4.23 | 34.13 | 666 | 22 | 16 |
| | 9 | 7.81 | 4.76 | 38.17 | 814 | 24 | 14 |

续表 4－3

| 体重（千克） | 日增重（千克） | 干物质（千克） | 肉牛能量单位（RND） | 综合净能（兆　焦） | 粗蛋白质（克） | 钙（克） | 磷（克） |
|---|---|---|---|---|---|---|---|
| 450 | 6 | 7.90 | 3.73 | 30.12 | 526 | 20 | 17 |
| | 7 | 8.02 | 4.11 | 33.15 | 591 | 22 | 18 |
| | 8 | 8.19 | 4.58 | 36.99 | 701 | 24 | 18 |
| | 9 | 8.36 | 5.15 | 41.58 | 852 | 27 | 19 |
| 500 | 6 | 8.40 | 4.03 | 32.51 | 563 | 22 | 19 |
| | 7 | 8.52 | 4.42 | 35.72 | 631 | 24 | 19 |
| | 8 | 8.69 | 4.92 | 39.76 | 741 | 26 | 20 |
| | 9 | 8.86 | 5.53 | 44.62 | 889 | 29 | 21 |
| 550 | 6 | 8.89 | 4.31 | 34.83 | 599 | 24 | 20 |
| | 7 | 9.00 | 4.73 | 38.23 | 667 | 26 | 21 |
| | 8 | 9.17 | 5.26 | 42.47 | 777 | 29 | 22 |
| | 9 | 9.31 | 5.90 | 47.61 | 925 | 31 | 23 |

表 4－4　中华人民共和国建议的哺乳母牛的营养需要量

| 体重（千克） | 干物质（千克） | 肉牛能量单位（RND） | 综合净能（兆　焦） | 粗蛋白质（克） | 钙（克） | 磷（克） |
|---|---|---|---|---|---|---|
| 300 | 4.47 | 2.36 | 19.04 | 332 | 10 | 10 |
| 350 | 5.02 | 2.65 | 21.38 | 372 | 12 | 12 |
| 400 | 5.55 | 2.93 | 23.64 | 411 | 13 | 13 |
| 450 | 6.06 | 3.20 | 25.82 | 449 | 15 | 15 |
| 500 | 6.56 | 3.46 | 27.94 | 486 | 16 | 16 |
| 550 | 7.01 | 3.72 | 30.04 | 522 | 18 | 18 |

**表 4－5　中华人民共和国建议的哺乳母牛每千克标准乳的营养需要量**

| 干物质（千克） | 肉牛能量单位（RND） | 综合净能（兆　焦） | 粗蛋白质（克） | 钙（克） | 磷（克） |
|---|---|---|---|---|---|
| 0.45 | 0.32 | 2.57 | 85 | 2.46 | 1.12 |

**表 4－6　中华人民共和国建议的哺乳母牛各泌乳月预计日泌乳量**

单位：千克，4%乳脂率

| 泌乳力 | 哺　　乳　　月 | | | | | |
|---|---|---|---|---|---|---|
| | 1 | 2 | 3 | 4 | 5 | 6 |
| 较好 | 10.00 | 9.10 | 8.20 | 7.30 | 6.40 | 5.50 |
| 平均 | 7.50 | 6.90 | 6.20 | 5.50 | 4.80 | 4.20 |
| 较差 | 5.00 | 4.60 | 4.10 | 3.70 | 3.20 | 2.80 |

**表 4－7　中华人民共和国建议的肉牛矿物质需要量及最大耐受量**

（干物质基础）

| 矿物质 | 需要量 | | 最大耐受量 |
|---|---|---|---|
| | 推荐量 | 范围* | |
| 钙（%） | ** | | 2.0 |
| 钴（毫克/千克） | 0.1 | 0.07～0.11 | 5.0 |
| 铜（毫克/千克） | 8.0 | 4.0～10.0 | 115.0 |
| 碘（毫克/千克） | 0.5 | 0.2～2.0 | 50.0 |
| 铁（毫克/千克） | 50.0 | 50.0～100.0 | 1000.0 |
| 镁（%） | 0.1 | 0.05～0.25 | 0.4 |
| 锰（毫克/千克） | 40.0 | 20.0～50.0 | 1000.0 |

续表 4－7

| 矿物质 | 需要量 | | 最大耐受量 |
|---|---|---|---|
| | 推荐量 | 范围* | |
| 磷（%） | ** | | 1.0 |
| 硒（毫克/千克） | 0.20 | 0.05～0.30 | 2.0 |
| 钠（%） | 0.08 | 0.06～0.10 | 10.0 |
| 氯（%） | | | |
| 硫（%） | 0.10 | 0.08～0.15 | 0.4 |
| 锌（毫克/千克） | 30.00 | 20.0～40.0 | 500.0 |
| 钼（毫克/千克） | | | 6.0 |
| 钾（%） | 0.65 | 0.05～0.70 | 3.0 |

* 矿物需要量常因饲粮类型、动物体重、性别、生产水平等因素的不同而有差异，故列范围。

** 见表 4－1 至表 4－5。

## 一、饲粮配合的原则

（1）配合日粮时必须以牛的营养需要为依据，结合当地的自然环境条件、饲料品质、牛群整体情况、牛的生产水平等具体情况，作相应调整。

（2）必须适合肉牛的消化生理特点。肉牛是草食动物，胃容积大，所以一定要考虑在日粮中有一定体积的粗纤维饲料，使牛能吃得饱。日粮体积过小，养分浓度过大，虽然营养需要能得到满足，但牛缺乏饱腹感，也不利于牛的健康。

（3）选择饲料要因地制宜，充分利用当地的饲料资源，采用营养物质既丰富，价格又低廉的饲料，充分利用工农业副产品，以降低饲养成本。

(4) 日粮组成应多样化，避免过于单调。几种饲料搭配，可以互相补充营养，达到营养全价或基本全价。

(5) 必须注意饲粮的适口性，尽可能配合一个适口性好的饲粮。

## 二、日粮配合的方法

牛日粮配合的方法有方形法、试差法及电肺配料等。以采用饲料配方微型电脑最方便，能很快筛选出最佳配方。在现在还没有饲料配方的地方可采用方形法和试差法，现举例予以说明。

**1. 方形法**

这是一种将简单的作图和计算结合起来的运算方法，在选用的饲料种类较少时，可以较快地获得比较准确的结果。

**例：**为体重300千克，预期日增重1.2千克的生长育肥牛配制日粮。可用饲料为玉米、麸皮、棉子饼、骨粉、石粉、食盐、小麦秸。

(1) 从肉牛饲养标准（见表4－1）中查出体重300千克生长肥育牛，日增重1.2千克所需的各种养分列于表4－8。从饲料成分表（表3－1至表3－10）中查到所用饲料的营养成分列于表4－9（所用小麦秸的养分含量和所用石粉的含钙量为已知）。

**表4－8　　育肥牛饲养标准**

| 体重（千克） | 日增重（千克） | 干物质（千克） | 肉牛能量单位（RND） | 综合净能（兆　焦） | 粗蛋白质（克） | 钙（克） | 磷（克） |
|---|---|---|---|---|---|---|---|
| 300 | 1.2 | 7.64 | 5.69 | 45.98 | 850 | 38 | 19 |

表4－9　　饲料养分含量

| 饲　料 | 干物质（%） | 肉牛能量单位（肉牛能量单位/千克） | 综合净能（兆焦/千克） | 粗蛋白质（%） | 钙（%） | 磷（%） |
|---|---|---|---|---|---|---|
| 玉米 | 88.40 | 1.00 | 8.06 | 8.60 | 0.08 | 0.21 |
| 麸皮 | 88.60 | 0.73 | 5.85 | 14.40 | 0.18 | 0.78 |
| 棉子饼 | 89.60 | 0.82 | 6.62 | 32.50 | 0.27 | 0.81 |
| 小麦秸 | 90.60 | 0.20 | 1.85 | 4.70 | 0.20 | 0.10 |
| 骨粉 | | | | | 31.82 | 13.39 |
| 石粉 | | | | | 35.00 | |

（2）自定青、粗料用量及比例。若自定日粮中粗饲料占40%，由饲养标准可知，每日每头需7.64千克干物质，所以每日每头牛由粗料供给的干物质量为7.64千克×40%＝3.06千克，折合成风干小麦秸用量为3.06千克÷90.6%（小麦秸干物质含量）＝3.38千克。青、粗饲料用量和养分含量见表4－10。

表4－10　　青、粗饲料用量和养分含量

| 饲　料 | 用重（千克） | 干物质（千克） | 肉牛能量单位（RND） | 综合净能（兆　焦） | 粗蛋白质（克） | 钙（克） | 磷（克） |
|---|---|---|---|---|---|---|---|
| 小麦秸 | 3.38 | 3.06 | 0.67 | 6.23 | 158.4 | 6.07 | 3.4 |
| 尚缺 | | －4.58 | －5.02 | －39.75 | －691.60 | －31.3 | －15.6 |

由表4－10可知，需用精料补充的养分量为干物质4.58千克，肉牛能量单位5.02，综合净能39.75兆焦，粗蛋白质691.6克，钙31.3克，磷15.6克。

（3）求出各种精料和拟配混合精料的粗蛋白质（克）/能量（综合净能或肉牛能量单位）比。下面以肉牛能量单位说明具体算法。

玉米 = 86/1 = 86；棉子饼 = 325/0.82 = 396.34；麸皮 = 144/0.73 = 197.26；拟配混合精料 = 691.60/5.02 = 137.77。

（4）用方形法算出各种精料的用量。

第一步，先将各精料按蛋白质/能量比高于拟配混合精料（137.77）和低于拟配混合精料分成两类，然后一高一低两两搭配成组。本例中高于 137.77 的有棉子饼和麸皮，低的有玉米。因此玉米既要和棉子饼搭配，也要和麸皮搭配，每组画个四方形，将搭配成组的精料的蛋白质/能量比值写在四方形的左上角和左下角，拟配混合精料的蛋白质/能量比值写在四方形的中间（如图 4－1）。如有 4 种饲料可以配成 2 组（两高两低）或 3 组（三高一低或三低一高）。

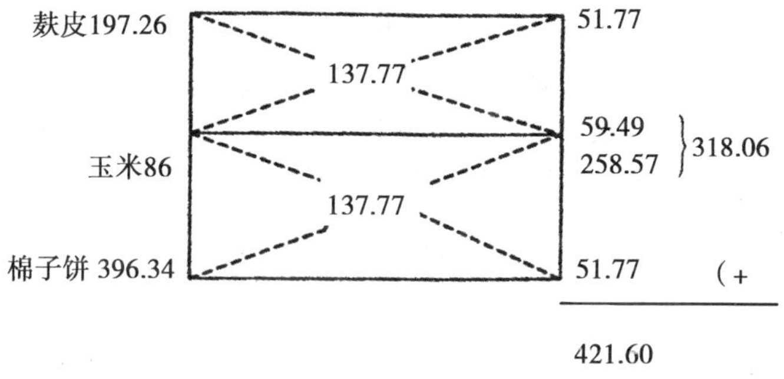


图 4－1　方形法日粮配合测算图

第二步，将四方形中心数字（137.77）分别减去左边各数，所得绝对值写在右边相应的对角上。即 | 137.77 － 197.26 | = 59.49，写在 197.26 的对角位置；| 137.77 － 86 | = 51.77 写在 86 的对角位置。与某种饲料在同一行的右角的数字，就是该饲

料在混合精料中应占有的能量比例数。玉米由于搭配了2次，故有2个数，2个数之和就是它应占有的能量比例数。

第三步，由于我们要求混合精料中含肉牛能量单位5.02，故应将上述比例换算成总量为5.02时的比例，即将各饲料原来的比例数分别除各饲料比例数之和，再乘5.02。然后将所得数据分别被麸皮、玉米和棉子饼每千克所含的肉牛能量单位除，就得到这3种饲料的用量了。本例计算的结果是：麸皮0.84千克、玉米3.79千克、棉子饼0.75千克。

$$麸皮：\left(51.77\times\frac{5.02}{421.60}\right)\div0.73=0.84$$

$$玉米：\left(318.06\times\frac{5.02}{421.60}\right)\div1=3.79$$

$$棉子饼：\left(51.77\times\frac{5.02}{421.60}\right)\div0.82=0.75$$

（5）验算混合精料养分含量（见表4－11），并计算矿物质用量。由表4－11可见，混合精料中肉牛能量单位和粗蛋白质含量与要求基本一致。钙、磷的余缺用矿物质饲料调整。当缺钙又缺磷时，应先用既含钙又含磷的矿物质饲料（如骨粉）补足磷，然后再用石粉等含钙矿物质饲料补充钙。

**表4－11　混合精料养分含量**

| 体重（千克） | 日增重（千克） | 干物质（千克） | 肉牛能量单位（RND） | 综合净能（兆　焦） | 粗蛋白质（克） | 钙（克） | 磷（克） |
|---|---|---|---|---|---|---|---|
| 麸皮 | 0.84 | 0.74 | 0.61 | 4.92 | 120.96 | 1.51 | 6.55 |
| 玉米 | 3.79 | 3.35 | 3.79 | 30.55 | 325.94 | 3.03 | 7.96 |
| 棉子饼 | 0.75 | 0.67 | 0.62 | 4.97 | 243.75 | 2.03 | 6.08 |
| 合计 | 5.38 | 4.76 | 5.02 | 40.44 | 690.65 | 6.57 | 20.59 |
| 与要求之差 | | +0.17 | | +0.69 | −0.95 | −24.7 | +4.99 |

本例中磷已满足要求，可用石粉补足钙。

石粉用量 = 24.73/0.35 = 70.66 克 = 0.071 千克。如果钙、磷比与要求相差过大时，应适当调整矿物质饲料用量。

混合精料中另加 1% ~2% 的食盐，约 0.08 千克。

（6）列出日粮配方和混合精料的百分组成。该育肥牛的日粮配方：小麦秸 3.38 千克、玉米 3.79 千克、麸皮 0.84 千克、棉子饼 0.75 千克、石粉 0.071 千克、食盐 0.08 千克，其中混合精料为 5.53 千克。

混合精料的百分组成：玉米 68.53%、麸皮 15.19%、棉子饼 13.56%、石粉 1.28%、食盐 1.44 %。

**2. 试差法**

**例：**用玉米青贮、玉米面、麸皮、棉子饼、骨粉、石粉、食盐，为体重 200 千克，日增重 1.2 千克的育肥牛配合日粮。

（1）由肉牛饲养标准（见表 4－1）和饲料成分表（见表 3－1 至表 3－10），查出该牛的营养需要量和各种饲料的养分含量，列于表 4－12 和表 4－13（所用石粉的含钙量为已知）。

**表 4－12　　肉牛饲养标准**

| 饲　料 | 日增重（千克） | 干物质（千克） | 肉牛能量单位（RND） | 综合净能（兆　焦） | 粗蛋白质（克） | 钙（克） | 磷（克） |
|---|---|---|---|---|---|---|---|
| 200 | 1.2 | 6.03 | 4.00 | 32.30 | 778 | 40 | 17 |

（2）初定各种饲料用量及养分含量。假设玉米青贮在日粮干物质中占 55%（即精、粗比为 45∶55），每日每头牛干物质需要量为 6.03 千克，那么玉米青贮干物质用量为 6.03 千克 ×55% =3.32 千克，折合成玉米青贮原样需除以玉米青贮的干物质含量，即 3.32 千克 ÷22.7% =14.63 千克；假设玉米占日粮干物

质20%，折合成原样用量＝6.03千克×20%÷88.4%＝1.36千克；同样，麸皮用量＝6.03千克×15%÷88.6%＝1.02千克；棉子饼用量＝6.03千克×10%÷89.6%＝0.67千克。

表4－13 **饲料中养分含量**

| 饲　料 | 干物质（千克） | 肉牛能量单位（RND） | 综合净能（兆　焦） | 粗蛋白质（克） | 钙（克） | 磷（克） |
|---|---|---|---|---|---|---|
| 玉米青贮 | 22.7 | 0.12 | 1.00 | 1.6 | 0.10 | 0.06 |
| 玉米 | 88.4 | 1.00 | 8.06 | 8.6 | 0.08 | 0.21 |
| 麸皮 | 88.6 | 0.73 | 5.86 | 14.4 | 0.18 | 0.78 |
| 棉子饼 | 89.6 | 0.82 | 6.62 | 32.5 | 0.27 | 0.81 |
| 骨粉 | | | | | 31.82 | 13.39 |
| 石粉 | | | | | 35 | |

（3）判断与调整。由表4－14可知，初定日粮中能量比标准高，而粗蛋白质不足。因此可用蛋白质含量高的棉子饼取代部分能量高的玉米。

表4－14 **试定日粮中养分含量**

| 饲　料 | 用　量（千克） | 肉牛能量单位（RND） | 粗蛋白质（克） | 钙（克） | 磷（克） |
|---|---|---|---|---|---|
| 玉米青贮 | 14.63 | 1.76 | 234.08 | 14.63 | 8.78 |
| 玉米 | 1.36 | 1.36 | 116.96 | 1.09 | 2.86 |
| 麸皮 | 1.02 | 0.74 | 146.88 | 1.84 | 7.96 |
| 棉子饼 | 0.67 | 0.55 | 217.75 | 1.81 | 5.43 |
| 合计 | | 4.41 | 715.67 | 19.37 | 25.03 |
| 与标准之差 | | +0.41 | －62.33 | －20.63 | +8.03 |

棉子饼的蛋白质含量为325克/千克，玉米的蛋白质含量为86克/千克，用1千克棉子饼取代1千克玉米，蛋白质含量可提高239克（325－86），现尚缺蛋白质62.33克（778－715.67）。为使蛋白质达到标准，需用0.26千克棉子饼取代等量的玉米（62.33÷239）。将调整后的日粮列出，再与标准比较（见表4－15）。

**表4－15　　调整后日粮养分含量**

| 饲　料 | 用　量（千克） | 肉牛能量单位（RND） | 粗蛋白质（克） | 钙（克） | 磷（克） |
|---|---|---|---|---|---|
| 玉米青贮 | 14.63 | 1.76 | 234.08 | 14.63 | 8.78 |
| 玉米 | 1.1 | 1.10 | 94.60 | 0.88 | 2.31 |
| 麸皮 | 1.02 | 0.74 | 146.88 | 1.84 | 7.96 |
| 棉子饼 | 0.93 | 0.76 | 302.25 | 2.51 | 7.53 |
| 合计 | | 4.36 | 777.81 | 19.86 | 26.58 |
| 与标准之差 | | +0.36 | －0.19 | －20.14 | +9.58 |

调整后的混合料除钙外所列养分都基本达到要求，可以转下一步调整。

（4）定出饲料配方。调整后日粮尚缺钙20.14克，应再加石粉57.54克（20.14/0.35），折合0.058千克。混合精料中另加1%～2%的食盐，约合0.05千克。

该育肥牛的日粮配方：玉米青贮14.63千克、玉米1.10千克、麸皮1.02千克、棉子饼0.93千克、石粉0.06千克、食盐0.05千克。

混合精料的百分组成：玉米34.81%、麸皮32.28%、棉子饼29.43%、石粉1.90%、食盐1.58%。

# 第五章　牛的饲养管理技术

## 第一节　繁殖母牛的饲养管理

繁殖母牛是牛群发展，提供乳、肉、役用牛源和产品的基础，它在整个养牛生产过程中占有十分重要的地位。

### 一、妊娠母牛

对妊娠母牛饲养管理的基本要求：体重增加、代谢增强、胚胎发育正常、犊牛初生重大，生后生活力强。

妊娠期间，胎儿在5个月以前生长速度缓慢，以后则逐渐加快，到分娩前的速度最快。犊牛的初生重与遗传、妊期饲养管理有直接关系。初生重与断乳重呈正相关，是选种的重要指标。同时母牛在分娩前体内需贮积一定的养分，以保证产后的泌乳。特别是母牛妊娠最后两三个月，胎儿生长速度很快，如供给的营养物质不足，会影响犊牛的初生重、哺乳犊牛的增重及产后母牛的受胎率。对怀头胎的母牛应防止过度饲养，以免过肥而难产。对一般母牛保证正常膘情即可，不要过肥或过瘦。

在具体饲养过程中，首先应满足妊娠母牛的营养需要，包括妊娠母牛本身的维持需要及胎儿生长发育和泌乳的需要。其需要量受母牛个体、产奶量、年龄和气候的影响。养分的重点是能量、蛋白质、矿物质和维生素A。对非乳用牛在妊娠期营养需求不太高，可充分利用作物秸秆和青贮料，每天补充少量蛋白质、磷和维生素 A 即可，最好补喂胡萝卜、青菜和青贮饲料。因青贮饲料酸度大，应控制喂量，妊娠最后半个月应停喂。若利用草地放牧在枯草期还需补充能量。

在妊娠前期是胎儿器官发生和形成阶段，是胚胎发育的关键时期，提供饲料的营养应全面，怀孕 5 个月后胎儿营养的沉积逐渐加快，更应注意营养的补充，尤其是在母牛产犊前 30 天，产犊后 70 天是母牛—犊牛生产体系中的关键时期，这时的饲料及饲养状况对母牛的发情率和受胎率起重要作用，在饲养管理上要加强，补料量应稍增加。

日粮类型的转换要逐渐过渡。所喂饲料一定要保持清洁新鲜，切勿喂给霉烂、霜冻饲料。饲料中夹杂的铁钉、铁丝、玻璃碎片等异物一定要清除干净，免得吃进胃内造成不应有的损失。

在管理上应把孕牛与其他牛分开饲养。运动要适当，孕牛要严防惊吓、滑跌、挤撞、鞭打、顶架等，做好保胎工作。群众的护孕保胎“六不”经验是：“一不混”，不和其他牛混牧饲养，以防踢伤、撞伤或乱配而流产；“二不打”，不打冷鞭，不打头、腹部；“三不吃”，不吃霜、冻、霉烂草等；“四不饮”，清晨不饮冷水，出汗不饮，冰水不饮，饿肚不饮；“五不赶”，刚吃饱饮足、役重、坏天气、路差、快到家不急赶；“六不用”，配后、产前、产后、过饱、过饥、有病时不使役。

## 二、哺乳母牛

肉牛与役牛是采取自然哺乳，对哺乳期母牛的饲养管理主要要求有足够的泌乳量，以满足犊牛生长发育的需要，并使哺乳母牛不因泌乳造成消瘦，使其能保持中等体况，以利发情配种。

**1. 满足哺乳母牛的营养需要**

要使肉用、役用哺乳母牛泌乳力强，必须满足其营养需要。总的看其营养需要高于妊娠母牛，更高于空怀母牛。哺乳母牛的能量需要一般比妊娠母牛高 32%，蛋白质高 70%，钙、磷分别高 48%、37%。因哺乳母牛每产 1 千克 4% 乳脂率的标准乳净能需要是 2.57 兆焦。因此哺乳母牛需要较多的蛋白质、钙、磷。不同体重和泌乳量的哺乳母牛对各种营养物质的需要量详见表 4-4 和表 4-5。

对哺乳母牛还要注意食盐的补充，若严重缺乏时会使牛产奶量下降、发抖、步伐不稳。体重 350 千克的泌乳母牛日需补食盐 18~20 克，每产 1 千克奶还需另加 1.7 克食盐。乳中维生素的含量与饲料中维生素的含量有关。当对哺乳母牛喂以青绿饲料和优质干草时一般维生素不感缺乏。若长期饲以秸秆为主，又缺青饲料和多叶料时应补充维生素 A 和 D，并让牛多接受阳光照晒。由于母乳中含有大量的水分，因此，应经常供给母牛充足清洁的水，以保证泌乳的需要，每天至少要饮 3 次。

**2. 泌乳牛的管理**

为了保证母牛的健康，除满足其营养需要，按前所述做好产后的护理工作之外，产后 1 周内，要经常观察，加强卫生护理，严格消毒制度。牛床铺以清洁干燥垫草，防风防湿。应根据母牛健康状况、食欲、消化力等来调整日粮。要求日粮易消化，适口性强。产后 3 天内，只喂优质干草和少量以麦麸为主的精料，第四天起日粮中可适当增加青草、青贮料和精料，1 周后即可恢复正常饲喂。

## 第二节　犊牛与育成牛的饲养管理

按我国的传统概念，投产以前的牛均称幼牛，断奶前的幼牛称为犊牛，出生后 5 天以内的犊牛称为初生犊牛，犊牛一般在 6 月龄左右断奶，断奶以后的幼牛称为育成牛（6 月龄至 25~27

月龄）

## 一、犊牛与育成牛的生理特点

**1. 哺乳期**

哺乳期是指从出生到6个月断奶为止的这段时期。这是犊牛对外界条件逐步适应的时期，各种组织器官在构造上和机能上都在逐步地又不间断地发生着变化。初生犊牛的组织器官尚未充分发育，对外界环境不良因素的抵抗能力较小，适应能力较弱，犊牛的消化道黏膜容易被细菌穿过，皮肤的保护机能很低，因此初生牛犊容易受各种疾病的侵袭，故必须加强护理。哺乳期生长速度是一生中最快的阶段，例如哺乳期瘤胃生长迅速，6月龄时为初生时的31.62倍，皱胃为2.85倍。此期消化系统的发育变化也很大，初生时瘤胃的容积只占胃总容积的23.8%，而皱胃（真胃）占70%，到3月龄时，瘤胃占4个胃总容积的58.3%。说明此期犊牛对粗饲料的消化能力还很差，只适合消化牛奶等流体饲料。骨骼组织生后头1个月生长速度最高，以后逐渐下降。肌肉组织生后头6个月增重较快。

**2. 育成期**

指从断乳到成熟，即由6月龄到25～27月龄的阶段。这个阶段又可将断奶到性成熟称为幼年期，由性成熟到体成熟时称为青年期。这个时期骨骼和肌肉强烈生长，各种组织器官相应增大，性机能开始活动，消化道逐渐发育成熟，瘤胃容积扩大，占4个胃容积的80.5%，可消化利用以青粗饲料为主的日粮。体重的增加在性成熟以前是加速阶段，绝对增重随年龄增长而增加，是控制肉用牛生长和定向培育的关键时期。此时犊牛在骨骼和体型上，主要向宽深方面发展，体形接近成年。

## 二、犊牛的饲养管理

### 1. 早喂初乳

初生犊牛站立后的第一项活动便是寻找母牛吮乳，要求犊牛在生后30~60分钟吃到第一次初乳。母牛产后7天内所分泌的乳叫初乳。初乳中干物质、蛋白质（尤其是免疫球蛋白和白蛋白）、脂肪、矿物质及维生素含量均很高。尤其是产后前3天的初乳与常乳比较，蛋白质含量14.3%，较常乳的3.5%高3倍，维生素A高6~10倍，免疫球蛋白高60~70倍，钙、磷含量为1~2倍，且初乳的酸度为45~50°T，较常乳的18~22°T高，使胃呈酸性，可抑制有害菌的繁殖，增强犊牛对疾病的后天免疫力。初乳中含有镁盐，具有轻泻作用，有利于犊牛排出胎粪，保证健康。有试验证明，在初生36小时前犊牛小肠可直接吸收大蛋白质分子的免疫球蛋白，以后则不能完整地吸收。因此，要使犊牛出生后尽快吃到初乳，吃足初乳，尤其是前3天的初乳。因3天后初乳急剧向常乳转变，浓度下降。

肉、役犊牛是采用随母自然哺乳，而乳犊牛是人工哺乳，但初乳不能作商品奶，应让犊牛吃到生母的初乳，喂量要适宜，视犊牛初生重和食欲而定，一般第一次喂0.75~1.5千克，1~2天日喂量2.5~4千克，以后喂4~6千克，日喂3~4次。并且最好能让犊牛吃5天的初乳，以后用常乳喂。

肉用犊牛喂乳量可根据犊牛体型大小、健康状况合理掌握，可用日增重来判定奶量够否，1月龄内应达到700~800克，小型牛平均日增重应达到600~700克。若增重达不到上述水平，应增加母牛的补料量。在不影响消化的情况下让犊牛尽量饮足，其哺乳量可参考表5-1。

表 5-1　　　　肉用犊牛喂乳量　　　　单位：千克

| 周龄 | | 1~2 | 3~4 | 5~6 | 7~8 | 10~13 | 14 天以后 | 全期用奶 |
|---|---|---|---|---|---|---|---|---|
| 日喂量 | 小型牛 | 3.7~5.1 | 4.2~6.0 | 4.4 | 3.6 | 2.6 | 1.5 | 400 |
| | 大型牛 | 4.5~6.5 | 5.7~8.1 | 6 | 4.8 | 3.5 | 2.1 | 540 |

人工哺乳时，应使1周龄以内的犊牛吃母乳，要现挤现喂，不宜搁置太久，并做到“四定”：①定质，必须是无疾病、健康牛未被污染的奶；②定量，按哺乳计划喂给；③定时间，使消化道有规律地活动；④定温，奶在犊牛胃中接近37℃才利于凝固吸收，过低易引起下痢。若母牛患有疾病或无乳，可喂产期相近的其他母牛的初乳；若没有，可配制人工初乳来饲喂。其配方：鲜牛乳1千克、生鸡蛋3个、鱼肝油30克、食盐10克，另加5~10毫克青霉素，充分混匀，加温到37℃喂给。喂乳次数：以少量多次为原则，一般每天5~6次。2周龄每天喂4次，3~5周龄每天喂3次，6周龄以上每天喂2次。喂乳方法：4周龄以前宜用带橡皮奶嘴的奶壶喂，4周龄以后可改成奶桶。

**2. 适时补饲**

为了促进犊牛瘤胃的发育，应早期喂饲植物性饲料。从1周龄开始，就可在犊牛栏里投给优质干草，训练其采食，任其自由咀嚼，可防止犊牛舔食脏物或污草。2周龄开始训练吃精料，初喂时，可将干粉料涂擦于犊牛口鼻，让其舔食，犊牛大约在3周龄出现反刍，提早补草料可提前反刍。经过短时期后便可让牛采食混合于湿料，方法是将干粉料用热水拌湿，经糖化后给予，以提高适口性，增加采食量。4周龄后，按生长发育情况和喂乳量相应补喂精料，喂量可达每天0.5~1千克。从3周龄开始，在混合精料中加入切碎的胡萝卜，最初每天20~25克，以后逐渐增加，到2月龄可喂到1~1.5千克。从2月龄以后开始喂青贮饲料，最初每天100～150克，3月龄可喂1.5～2.0千克，4～6月龄增至3～4千克。喂奶量逐渐减少，即可断奶。

奶犊牛在7～15日龄即训练吃适口性好、易消化、营养丰富的代乳料，并随着采食量的增加逐渐少喂奶量，1月龄时每天吃到1千克，35～40日龄每天能吃1.5千克即可断奶。代乳料可用苜蓿粉20%、玉米粉32%、燕麦粉20%、粗糖浆10%，豆饼15%，骨粉2%、食盐及矿物补充料1%组成。

牛乳中虽然含有较多的水分，但从每天的哺乳数量看，是不能满足犊牛正常代谢需要的，因此，一定要补充给水。最好生后1周即开始训练，可在水中加适量牛乳，诱使犊牛喝，水温也是37℃左右，10～15天后，改饮常温水。

**3. 加强护理**

犊牛抵御外界不利因素能力差，易受疾病的侵袭，必须加强护理。要求牛舍清洁干燥，地面平坦，通风换气好，冬天能防寒保暖，夏天能防暑。

犊牛哺乳用具，每次用完后应及时清洗干净，安放妥当，定期消毒。喂完乳后，要用干净毛巾将犊牛口周围残留的乳汁擦净，防止互相乱舔，养成“舔癖”。要加强运动，每天应不少于4小时。冬季，出生后10天即可赶到运动场，遇恶劣天气要赶进舍内，以防感冒；春、夏、秋季，天气暖和，出生后3～5天，即可赶到运动场；盛夏中午要赶进凉棚或舍内，以防中暑，20日龄即可随群活动。平时要注意观察犊牛的食欲、精神、粪便。清扫牛舍时，要注意犊牛粪便有无稀便、软便，粪味是否有恶臭等异常现象。患下痢的犊牛尾巴及肛门周围多黏着粪便。表现不正常的犊牛要测体温，若体温在39℃以上应及时诊治。

犊牛必须进行魏氏梭菌接种。接种气肿疽的最佳时期是2～3月龄，尤其是在转入放牧之前；断奶前3周作传染性鼻气管炎疫苗的接种；断奶后2～3周，所有后备犊牛都作牛病毒性腹泻的疫苗接种。此外，还要作布氏杆菌和结核病预防接种。

4. **适时调教**

役用犊牛为使其发挥役力应通过调教使牛建立起一定的条件反射，利于今后的管理和使役。3～6 月龄时，要给牛穿鼻，并训练牵引。乳用、肉用牛也要防止产生恶癖。

## 三、育成牛的饲养管理

育成阶段是牛生长发育较快的时期，对肉牛和役牛经历了刚断奶，营养来源由乳脂、精料转为以青粗料为主，牛处于性成熟、体成熟，如果饲养管理不良，则生长迟滞，延迟配种和影响一生的生产效能。此期在进入体成熟阶段的牛，在丰富的饲养条件下，易蓄积脂肪，对繁殖用母牛、乳用牛及役牛还要防止过肥。

1. **育成牛的饲养**

随着育成牛体重的增加，体内脂肪含量由犊牛期占体组织重量的3.1%～9.8%，增加到14%～24%。因此对热能的需要量与蛋白质相比，相对增长较大。此期骨骼发育快，而断乳后，钙和磷需要从饲料中摄取。因此，在饲料中需要添加1%～3%的碳酸钙与骨粉，以及1%的食盐等。在粗饲料品质良好的情况下，一般不会因维生素的缺乏而影响育成牛的生长。

从断乳到周岁前，育成牛的日粮应以青粗饲料为主，适当补喂精料。青粗饲料喂量一般为体重的1.2%～2.5%，要求品质良好。精料配方见表5－2，精料给量可参考表5－3。

周岁以后，育成牛消化器官的发育已接近成年牛，可以按成年牛的日粮饲喂。

2. **育成牛的管理**

4～6 个月公、母犊牛可合群饲养，以后应分群饲养。此期要加强育成牛的调教，纠正恶癖，每天坚持运动，役用牛可全天

表 5－2　　周岁内的育成牛精料配方

| 编号 | 玉米(%) | 糠麸类(%) | 油饼类(%) | 高粱(%) | 石粉、贝壳粉(%) | 骨粉(%) | 食盐(%) | 维生素A添加剂($10^3$国际单位/千克) | 适用的粗料 |
|---|---|---|---|---|---|---|---|---|---|
| 1 | 61.5 | 10 | 20 | 5 | 1.5 | 1 | 1 | 0 | 除苜蓿等豆科青草外，各种青草、青割和青贮料 |
| 2 | 66.5 | 15 | 0 | 15 | 0 | 2.5 | 1 | 5 | 苜蓿等豆科青草、青干草和青贮料 |
| 3 | 47 | 10 | 25 | 10 | 2 | 0 | 1 | 5 | 除苜蓿等豆科青草外的青干草 |
| 4 | 57 | 10 | 30 | 0 | 2 | 0 | 1 | 10 | 各种秸秆 |

表 5－3　　周岁内育成牛的精料每日喂量　　单位：千克

| 体重 | 日增重 | 不同粗料补喂精料量 | | | |
|---|---|---|---|---|---|
| | | 青割料和青草 | 青贮料（不包括多汁饲料青贮） | 青干草、玉米秸、谷草、氨化和碱化秸秆 | 麦秸、稻草、豆秆和枯草等 |
| 150 | 0.6 | 0.4～0.6 | 0.8～0.9 | 1.5～1.6 | 2.4～2.5 |
| | 0.8 | 0.8～1.1 | 1.2～1.4 | 1.9～2.1 | 2.9～3.0 |
| 200 | 0.5～0.6 | 0～0.5 | 0.4～0.9 | 1.4～1.7 | 2.7～2.8 |
| | 0.8 | 0.3～1.2 | 0.9～1.5 | 1.9～2.3 | 3.4 |
| 250 | 0.5～0.6 | 0～0.2 | 0～0.7 | 1.0～1.7 | 2.7～3.1 |
| | 0.8 | 0～0.5 | 0.1～1.1 | 1.6～2.1 | 3.5 |
| 300 | 0.4～0.5 | 0 | 0 | 0.7～1.1 | 2.6～2.8 |
| | 0.8 | 0～1.2 | 0.8～1.8 | 2.3～2.8 | 4.2 |
| 350 | 0.3～0.4 | 0 | 0 | 0.6～0.9 | 2.6～2.8 |
| | 0.6～0.75 | 0～1.2 | 0.8～1.8 | 2.2～2.9 | 4.2～4.5 |
| 400 | 0.2～0.4 | 0 | 0 | 0.4～1.0 | 2.5～3.1 |
| | 0.4～0.5 | 0 | 0～0.7 | 1.4～2.1 | 3.8～4.0 |

放牧饲养，乳用母牛在运动场进行驱赶运动，以使牛有结实健康的体质、强健的骨骼、肌肉。运动时每天进行1～2次牛体刷拭，清洁皮肤，促进血液循环，并可使人畜亲和，便于调教管理。育成公牛应在8～10月龄穿鼻带环，第一次带的鼻环宜小，以后随年龄的增长更换较大的鼻环。役用牛在2岁左右可进行使役训练，以便于今后的使役管理，调教时要细心、耐心，每次时间不宜太久，但要坚持天天训练。育成母牛一般需达到成年母牛体重的70%左右可开始初配，妊娠后应注意保胎。对6～18月龄的乳用母牛每天按摩1次乳房，18月龄以上者2次，按摩时用热毛巾揩擦乳房，以刺激乳房发育，产前1～2月停止按摩。据试验结果表明，按摩牛产奶量较不按摩的提高13%。

# 第六章 肉牛的育肥技术

饲养肉牛的目的是生产牛肉，要提高牛产肉的质和量及饲养效益，需科学地应用饲料和管理技术，以较少的饲料和较低的成本获得最高的产肉量和营养价值高的优质牛肉，即育肥技术。各个年龄阶段或不同体重的牛都可用来育肥，但不同年龄、体重的牛育肥时所需的营养成分存在差异，育肥期的长短也不同，饲养管理上也不同。

## 第一节 肉牛育肥方法

### 一、犊牛育肥

犊牛育肥是指用较多量的牛乳、代乳料及精料饲喂犊牛，至7～8月龄时体重达250千克左右即行屠宰。其肉质呈淡粉红色，柔嫩多汁，味道鲜美，营养价值很高，是牛肉中的上品。现将其肥育技术介绍如下。

**1. 犊牛选择**

优良的肉用品种、兼用品种、乳用品种或杂交改良牛均可。选头方大，管围粗，蹄大，健康无病，体重不少于35千克的初生犊牛，多用公犊。

**2. 饲 喂**

初生犊牛要尽早喂给第一次初乳，1周内不限量，吃足初乳，按35千克体重计，第一次喂量大约为1～1.5千克，以后至

4 周龄前，每日可按体重的 10% ~12% 喂给。1 周龄时训练吃精料，从 3 周龄开始，让犊牛学吃草料；10 周龄起，喂乳量按体重的 8% ~9% 给予，精料日喂量增加到 0.5 ~0.6 千克。以后的喂乳量可基本维持在一个水平上，逐渐增加精料喂量。粗料（青干草或青草）任犊牛自由采食。为了节省用乳量，提高犊牛增重效果和减少疾病的发生，所用混合精料要具有热能高、易消化的特点，此期犊牛还处于长骨骼、长肌肉阶段，饲料中的蛋白质含量应高些，并要加入少量的抑菌药物。犊牛育肥期混合精料配方如下。

（1）夏秋季节；玉米 60%、豆饼 12%、燕麦或大麦 13%、鱼粉 3%、油脂 10%、骨粉 1.5%、食盐 0.5%、土霉素 22（毫克/千克）。

（2）冬春季节：可在上述配方的基础上加维生素 A10 ~20（103 国际单位/千克）。

在冬季应补喂维生素 A。不同周龄犊牛乳、料的日喂量见表 6 -1。

**3. 管　理**

注意哺乳卫生，喂乳应做到定时、定量、定温。天气好时可放犊牛于室外活动，但场地宜小些，使其能充分晒太阳，而又不致于运动量过大。5 周龄后，应拴系饲养，减少运动，但每天应能晒太阳 3 ~4 小时。夏季要注意防暑降温，冬季宜在室内饲养，室温应保持在 0℃以上。在育肥期间，每天喂 3 次，自由饮水，夏季饮凉水，冬季饮 20℃左右的温水。犊牛若出现消化不良，可酌情减喂精料，并给予药物治疗。为预防胃肠病和呼吸道病，还可在牛乳中加入抗菌素。

表 6－1　**犊牛在育肥期的日粮组成**　单位：千克

| 周　龄 | 体　重 | 日增重 | 喂乳量（全乳） | 混合精料量 | 青草或青干草 |
|---|---|---|---|---|---|
| 0～4 | 40～59 | 0.6～0.8 | 5～7 | 0 | 0 |
| 5～7 | 60～79 | 0.9～1.0 | 7～7.9 | 0.1 | |
| 8～10 | 80～99 | 0.9～1.1 | 8 | 0.4 | 自由采食 |
| 11～13 | 100～124 | 1.0～1.2 | 9 | 0.6 | |
| 14～16 | 125～149 | 1.1～1.3 | 10 | 0.9 | |
| 17～21 | 150～199 | 1.2～1.4 | 10 | 1.3 | |
| 22～27 | 200～250 | 1.1～1.3 | 9 | 2.0 | |
| 合计 | 250 | 210 | 1620 | 1680 | 折合干草 150 |

## 二、幼龄牛强度育肥

幼龄牛强度育肥是指犊牛断乳后加强饲养，直接转入肥育阶段，一直保持很高的日增重，达到屠宰体重时为止，也叫持续育肥。育肥期间采用全舍饲、高营养饲养方法集中育肥，使牛日增重保持在 1.2 千克以上，周岁时结束育肥，体重达 400 千克以上。这种方法生产的牛肉仅次于犊牛肉，但提供的牛肉比犊牛育肥增加 15% 以上，是一种很有推广价值的育肥方法。现举几个强度育肥方案供参考，精料参考配方见表 6－2。表 6－3 和表 6－4 分别是肉用幼牛和乳用幼公牛强度育肥方案。

表 6－2　**幼牛育肥期混合精料配方**

| 适用的粗料 | 玉米（%） | 高粱（%） | 石粉（%） | 食盐（%） | 维生素 A 添加剂 $10^3$ 国际单位/千克 |
|---|---|---|---|---|---|
| 青绿饲料 | 83 | 15 | 1.5 | 0.5 | 0 |
| 豆科干草 | 88 | 10 | 1.5 | 0.5 | 5～10 |

表 6－3 肉用犊牛及育成强度育肥方案举例

单位：千克

| 月 龄 | | | 7 | 8 | 9 | 10 | 11 | 12(370天) | 合计 |
|---|---|---|---|---|---|---|---|---|---|
| 体 重 | | | 175～211 | 211～247 | 247～285 | 285～319 | 319～355 | 355～400 | 400 |
| 日增重 | | | 1.2 | 1.2 | 1.2 | 1.2 | 1.2 | 1.2 | 225 |
| 夏秋季各种青草不限量时精料日量 | | | 3.1 | 3.6 | 3.8 | 3.9 | 4.0 | 4.1 | 692 |
| 冬春季 | 各种干草、玉米秸、谷草、氨化秸秆、碱化秸秆不限量 | 精料日量 | 4.1 | 4.4 | 4.8 | 5.0 | 5.3 | 5.5 | 914 |
| | | 胡萝卜日量 | 1.0 | 1.0 | 1.0 | 1.5 | 1.5 | 2.0 | 256 |
| | 各种干草、玉米秸、谷草、氨化秸秆、碱化秸秆不限量 | 精料日量 | 2.6 | 2.6 | 2.6 | 2.5 | 2.5 | 2.5 | 479 |
| | | 酒糟日量 | 5.5 | 6.5 | 7.5 | 8.5 | 9.5 | 11.0 | 1543 |
| | | 玉米青贮料日量 | 2.3 | 3.0 | 3.4 | 4.0 | 4.6 | 5.3 | 720 |
| | | 胡萝卜日量 | 1.0 | 1.0 | 1.0 | 1.5 | 1.5 | 2.0 | 256 |

表6－4　犊牛及育成牛强度育肥方案举例　单位:千克

| 月龄 | | | 7 | 8 | 9 | 10 | 11 | 12(370天) | 合计 |
|---|---|---|---|---|---|---|---|---|---|
| 体重 | | | 200～242 | 242～284 | 284～326 | 326～368 | 368～410 | 410～452 | 463 |
| 日增重 | | | 1.4 | 1.4 | 1.4 | 1.4 | 1.4 | 1.4 | 263 |
| 夏秋季各种青草不限量时精料日量 | | | 4.3 | 4.7 | 5 | 5.5 | 5.8 | 6.2 | 995 |
| 冬春季 | 各种干草、玉米秸、谷草、氨化秸秆、碱化秸秆不限量 | 精料日量 | 5.0 | 5.5 | 5.9 | 6.4 | 6.9 | 7.4 | 1172 |
| | | 胡萝卜日量 | 1.0 | 1.0 | 1.5 | 1.5 | 2.0 | 2.0 | 286 |
| | 各种干草、玉米秸、谷草、氨化秸秆、碱化秸秆不限量 | 精料日量 | 2.6 | 2.8 | 2.8 | 2.9 | 2.9 | 2.9 | 536 |
| | | 酒糟日量 | 6.0 | 7.5 | 8.5 | 10.0 | 11.0 | 12.5 | 1765 |
| | | 玉米青贮料日量 | 2.5 | 2.5 | 2.5 | 3.0 | 3.0 | 3.0 | 519 |
| | | 胡萝卜日量 | 1.0 | 1.0 | 1.5 | 1.5 | 2.0 | 2.0 | 256 |

具体饲养管理方法：定量喂给精料和主要辅助饲料，粗料不限量；自由饮水，夏天饮凉水，冬天饮不低于20℃的温水；限制牛的活动，保持环境的安静。公牛不去势，但要远离母牛，以免小公牛性成熟后被异性干扰，降低其育肥效果。

用乳用品种公犊作强度育肥时，生产潜力大，可以得到更大的日增重和出栏体重。

另外，环境温度低于0℃或高于25℃时，每升高或降低5℃应加喂约10%的精料。

## 三、架子牛育肥

架子牛通常指断奶后未经肥育的或不够屠宰体况的牛。这些牛通常从外地（山区、集市等）购入至肥育场进行育肥。我国对架子牛尚没有统一的分级标准。在美国，架子牛根据年龄可分为犊牛、1岁牛、2岁牛。犊牛是年龄不超过1岁的牛，1～2岁的牛称1岁牛，其中又可分为大1岁牛（1～1.5岁）和小2岁牛（1.5～2岁）。3岁或3岁以上的牛很少用作架子牛。

### （一）架子牛的选购

不同的架子牛育肥效果不同，要达到好的育肥效果，选购好架子牛是非常重要的，它关系到育肥的成败、经济效益的高低。在购买架子牛时，可以从以下几个方面考虑。

#### 1. 选购杂交牛

利用杂种优势，提高肉牛的产肉性能和经济效益已被大量的试验所证实。选购架子牛时，首先要选良种肉牛或肉乳兼用牛及其与本地牛的杂交后代，其次选荷斯坦公牛和荷斯坦公牛与本地牛的杂交后代。在相同的育肥条件下，杂种牛的日增重、饲料利用率要高4%～10%，且肉质、屠宰率和经济效益均好于本地牛。据全国20省（区）122个商品牛基地县统计，18月龄西本杂（西门塔尔牛与本地牛杂交后代）体重提高29.01%，夏本杂

（夏洛来牛与本地牛杂交后代）体重提高39.37%，短本杂（短角牛与本地牛杂交后代）体重提高24.67%，利本杂（利木赞牛与本地牛杂交后代）体重提高34%。据报道，18～24月龄的夏本杂、西本杂、荷本杂（荷斯坦牛与本地牛杂交后代）和本地牛经60天育肥，夏本杂牛平均日增重最高为850克。其次为西本杂牛826克，荷本杂牛为814克，本地牛最低为585克，夏本杂、西本杂和荷本杂的日增重比本地牛分别高45.8%、41.7%和39.6%，夏本杂、西本杂和荷本杂屠宰率分别为55.2%、54.8%和54.5%，本地牛为45.60%；净肉率分别为42.5%、42.1%和41.2%，本地牛为36.4%；饲料报酬分别为4.4、4.36和4.42，本地牛为6.2。

**2. 选购公牛**

过去，为了便于饲养管理并获得优质牛肉，一般习惯将公牛去势后再育肥。40年来的许多研究表明，不去势公牛的生长速度和饲料转化率均明显高于阉牛，阉牛高于母牛，且育肥公牛胴体的瘦肉多，脂肪少。现在许多国家都用公牛直接育肥，以高效率生产大量优质牛肉。一般公牛的日增重比阉牛高14.4%，饲料利用率高11.7%。

**3. 选择适龄牛**

年龄对育肥牛增重影响很大。一般规律是肉牛在1岁时增重最快，2岁时增重仅为1岁时的70%，3岁时增重又只有2岁时的50%。所以最好选择1～2岁的牛进行育肥。在生产实践中，应把年龄的选择与饲养计划、生产目的及经济效益结合起来加以考虑。比如计划饲养3～5个月便出售，应选购1～2岁的架子牛；秋天购买架子牛，第二年出栏，应选购1岁左右的牛，而不宜购大牛（冬季用于维持的饲料多而不经济）；利用大量粗饲料育肥时，选购2岁牛较为有利。

4. **选购具有适宜体重的牛**

在选择架子牛时，要体重与年龄结合考虑，在哪个年龄阶段就应该有多大的体重。一般认为，在同一年龄阶段，体重越大体况越好，肥育时间就越短，育肥效果也好。品种也是体重选择的重要考虑因素，比如是早熟品种还是晚熟品种，是大型品种还是小型品种等等。一般杂交牛在一定的年龄阶段其体重范围：6 月龄体重 120～200 千克，12 月龄体重 180～250 千克，18 月龄体重 220～310 千克，24 月龄体重 280～380 千克。

5. **选购发育良好的牛**

四肢及胴体稍长，即骨架大的牛为好；十字部略高于体高，后肢飞节高的牛生长潜力大；皮肤松弛柔软，皮毛柔软密实的牛肉质好；背腰肌肉充盈，肩胛与四肢强健者优，背腰凹或凸表示体弱，背腰狭窄表示沿脊柱两侧肌肉发育不良，优质肉块少；嘴阔、唇厚，上、下颌整齐，齿糟深，表示采食能力强；鼻梁正直，鼻孔大，胸宽而深，表示心肺发育好；尻部方正，后裆宽表示将来能着生大量优质牛肉，尖斜尻表示后躯发育差；腹大而圆不下垂，说明消化器官发育良好，“犬腹”表示消化不良；“大头牛”表示幼龄阶段（3 月龄前）生长发育严重受阻；脐部四周肮脏、粪便恶臭的牛多半患有下痢；发育虽好但性情暴躁、有神经质的牛，也不宜购买。

## （二）架子牛的育肥方法

用架子牛育肥时，应对新到牛实施过渡阶段饲养，使其尽快适应肥育饲料，并对其驱除体内外寄生虫。不论用何种方法育肥都要因地制宜，科学配制日粮，把握好用量，同时加强管理，提高饲养效益。其育肥方法结合当地实际情况可采用高能日粮强度育肥法、酒糟育肥法、青贮料育肥法、氨化秸秆育肥法等。

1. **高能日粮强度育肥法**

这是一种精料用量大，粗料用量较少的育肥方法。下面介绍两种方案供参考。

**方案一：**选择1~1.5岁，体重200千克左右，健康无病，体躯较长、后躯发育良好的杂交牛。要求日增重1千克以上，经5~6个月的育肥，体重达400千克以上出栏。具体饲喂：进场后，第一个月为过渡期，主要是饲料的适应过程，逐渐加大精料比例。第二个月开始，即按营养需要拟定配方强化饲养，如用：玉米面65%、麸皮10%、豆饼5%、棉子饼15%、骨粉1.8%、食盐1.2%、添加剂2%。每80千克体重日喂给1千克配合精料。饲草以青贮玉米秸或氨化麦秸为主，任其自由采食，不限量。日喂3次，食后饮水。尽量限制运动，注意牛舍和牛体卫生，环境要安静。

**方案二：**1.5~2岁，300千克左右的架子牛，其混合精料配方：玉米面75%~80%、麦麸5%~10%、豆饼10%~20%、食盐1%、添加剂1%。

（1）前期（恢复过渡期，15~20天）：精料日喂量1.5~2.0千克，精、粗比为4∶6。

（2）中期（40~50天）：精饲料日喂量3~4千克，精、粗比为（6~7）∶(4~3)。

（3）后期（30~40天）：精饲料日喂量4千克以上，精、粗比为（7~8）∶(3~2)。

**2. 酒糟育肥法**

用酒糟为主要饲料育肥肉牛，是我国育肥肉牛的一种传统的方法。

酒糟是酿酒工业的副产品。其原料是富含碳水化合物的小麦、玉米、高粱等，这些原料中的淀粉在酿酒过程中1/3留在酒糟中。酒糟中还有酵母、甘油、丙酮酸、纤维素、半纤维素、灰分、脂肪和B族维生素。由于酵母的活动，酒糟中蛋白质含量比原料中高。因此，酒糟是一种很好的肉牛饲料。

肥育牛要根据性别、年龄、体重等进行分群。育肥期一般为3～4个月。开始阶段，大量喂给干草和粗饲料，只给少量酒糟，使其适应吃酒糟。大约经过15～20天，逐渐增加酒糟喂量，减少干草喂量。到肥育中期，酒糟量可以大幅度增加，最大日喂量可达20千克左右。日粮组成上，宜合理搭配少量精料和适口性强的其他饲料，以保证其旺盛的食欲。肥育期间所给予的干草要铡短，将酒糟拌入，令其采食。精料在七八成饱时再拌入，以促其饱食。每日喂2次，饮水3次。肥育中、后期缰绳要系短，以控制其自由活动。同时要定期喂盐，视食欲消化情况而定，一般每7～10天一次，平时食盐日给量以40～50克为宜。

饲喂酒糟应注意：开始时牛不习惯食酒糟，须进行训练，必要时可将酒糟拌入少许食盐，涂抹口腔，诱使牛采食；所喂酒糟，要求优质、新鲜，凡已陈腐发霉的一律不可饲喂；注意掌握酒糟的温度，应以平常的料温为度，切勿喂给冰冻酒糟；必须对所用酒糟进行营养成分分析，弄清实际养分含量，然后按营养需要标准配合日粮，方可达到育肥目的；防止维生素A、D缺乏症，酒糟中缺乏维生素A、D，用酒糟育肥牛时要特别注意添加维生素制剂；在育肥过程中，要防酒精中毒，如发现牛体出现湿疹、膝部及球关节红肿与腹部膨胀等症状，应暂停喂给，适当调剂饲料，适当增加干草喂量，以调整其消化机能。酒糟的粗蛋白降解率低，单纯饲喂酒糟时易导致瘤胃内可降解氨不足，使粗纤维消化率下降。可在酒糟日粮中加入一定比例的尿素会取得较好的效果。牛舍要保持正常舍温，特别注意严格控制舍内湿度，尽量保持干燥和通气良好。以下是酒糟育肥实例，供参考。

河北省养牛大王李福成采用舍饲白酒糟的育肥方式，育肥期3～4个月，划分为3期：①育肥前期（20～30天），也是架子牛转入强度育肥的适应期，肉牛饲料以粗料为主，精料占30%，日粮蛋白质水平12%；②育肥中期（40～60天），日粮中精饲料比例从40%提高到60%，日粮粗蛋白质水平为12%；③育肥后期（20~30天），日粮中精饲料比例达70%以上，提高日粮中能量水平，蛋白质含量10%。育肥牛每日精饲料给量为5~6千克。此外，在肉牛饲料中添加0.002%~0.003%的莫能菌素及0.5%的碳酸氢钠，每天每头喂2万国际单位维生素A和50克食盐，日粮组成见表6－5。

表6－5　酒糟育肥牛日粮组成　单位:%

| 饲料种类 | 前期 | 中期 | 后期 |
|---|---|---|---|
| 玉米 | 25 | 43 | 60.5 |
| 麦麸 | 4.5 | 7.7 | 7 |
| 棉子饼 | 10 | 9 | 3.5 |
| 骨粉 | 0.3 | 0.3 | |
| 贝壳粉 | 0.2 | | |
| 白酒糟 | 40 | 28 | 22 |
| 玉米秸粉 | 20 | 12 | 7 |

### 3. 青贮料育肥法

玉米秸秆青贮是育肥肉牛的好饲料，再补喂一些、混合精料，能达到较高的日增重。养牛户范增峰等用青贮玉米秸育肥鲁西黄牛，取得了良好的效果。选择300千克以上的架子牛，预饲期10天，单槽舍饲，日喂3次，日供精料5千克，精料配方及用量见表6－6。粗饲料全部为青贮玉米秸，任其自由采食，不限量，饮足水。在60天的试验期中，日增重1.36千克，最高个体达1.50千克。

表6－6　　精料配方及用量

| 项目 | 合计 | 玉米 | 麸皮 | 棉仁饼 | 骨粉 | 食盐 |
|---|---|---|---|---|---|---|
| 饲料比例（%） | 100.00 | 53.03 | 28.42 | 16.10 | 1.57 | 0.95 |
| 饲料用量（%） | 5.00 | 2.65 | 1.42 | 0.80 | 0.80 | 0.05 |

据试验，利用青贮玉米秸育肥牛时，随着精饲料喂量的逐渐增加，青贮玉米秸的采食量逐渐下降，增重提高，但成本增加。在生产中，既要考虑有较高的日增重，同时也要考虑经济效益。在以玉米青贮为主的日粮育肥架子牛时，不同体重阶段的日粮配比可参照表6－7。具体饲喂时，应给予：10～15天的预饲期，逐渐增加青贮玉米秸喂量，减少干草喂量，一直达到计划定量后，干草自由采食。日粮中豆饼可用棉子饼、菜子饼代替，干草要注意质量。如当地有糖蜜饲喂，则玉米青贮的使用比例还可以提高。食盐用量比酒糟育肥稍高。

表6－7　　育肥牛不同体重阶段的日粮配比表　　单位：千克

| 饲料种类 | 体重范围 | |
|---|---|---|
| | 160～280 | 281～410 |
| 豆饼粉 | 1.2 | 1.0 |
| 谷实类 | 0.8 | 1.5 |
| 青贮玉米秸 | 12～15 | 16～20 |
| 干　草 | 自由采食 | 自由采食 |
| 无机盐类 | 0.1 | 0.1 |

### 4. 氨化秸秆育肥法

以氨化秸秆为唯一粗饲料，育肥150千克的架子牛至出栏，每天补饲1～2千克的精料，能获得500克以上的日增重，到

450 千克出栏体重育肥期需 500 天以上，这是一种低精料、高粗料、长周期的肉牛育肥模式，这种模式不适合规模经营要求快周转、早出栏的特点。但如果选择体重较大的架子牛，日粮中适当加大精料比例，并喂给青绿饲料或优质干草，日增重也可达 1 千克以上，所以用氨化秸秆作为基础粗饲料短期育肥是可行的，下面举例予以说明。

选择体重 350 千克以上的架子牛，日粮配比见表 6－8。

表 6－8　用氨化秸秆育肥牛的日粮配比　单位：千克

| 日期 | 氨化秸秆 | 草 | 玉米面 | 豆饼 | 食盐 |
|---|---|---|---|---|---|
| 1～10 天 | 2.5～5 | 10～15 | 1.5 | 0 | 0.04 |
| 11～40 天 | 5～8 | 4～5 | 2～2.5 | 0.5 | 0.05 |
| 41～70 天 | 8～10 | 4～5 | 2.5～4 | 0.5 | 0.05 |
| 71～100 天 | 5～8 | 2～3 | 4～5 | 0.5 | 0.05 |

具体饲喂：10 天内为过渡期，刚开始饲喂氨化秸秆时，牛不习惯采食，只要不喂给其他饲料，在饥饿条件下一次饲喂就会采食。开始时少给勤添，逐渐提高饲喂量。进入正式育肥阶段，应注意补充矿物质和维生素。矿物质以钙、磷为主，另外可补饲一定量的微量元素添加剂；维生素主要是维生素 A、E。秸秆的质量以玉米秸最好，其次是麦秸，最差是稻草。在饲喂前应放净余氨，以免引起中毒。霉烂秸秆不得喂牛。

用表 6－9 日粮配比育肥 350 千克架子牛，平均日增重 1 千克以上，至 450 千克体重出栏需 100 天左右的时间。山东省嘉祥县采用氨化麦秸为主要粗饲料育肥鲁西黄牛也取得了 1 千克以上的日增重。他们除喂给氨化麦秸外，还适当补充精料。精料配合比例：玉米 65.9%、豆饼 9.3%、骨粉 1%、贝壳粉 2.5%、矿物质和维生素添加剂 0.5%、食盐 0.8%。育肥期 80 天，将牛单槽喂养，日喂 3 次。全期平均增重 86.83 千克，平均日增重 1085.4 克，每头牛平均耗料 629.4 千克，其中精料 258.35 千克，氨化麦秸 371.05 千克。每增重 1 千克耗料 7.28 千克，其中精料 2.99 千克。

## 四、成年牛育肥

用于育肥的成年牛往往用役牛、奶牛和肉用母牛群中的淘汰牛进行育肥。这类牛一般年龄较大，产肉率低，肉质差。经过肥育，增加肌肉纤维间的脂肪沉积，提高肉牛的质量，改善肉的味道，提高了经济价值。由于成年牛已停止生长发育，要增加体内脂肪的沉积，主要应增加能量饲料，其他营养物质只要满足基本生命活动的需要即可。因此，在饲料供给上除热能外，其他营养物质稍低于育成牛，乳用品种牛的营养需要要高于肉用品种 10%左右。

成年牛育肥之前，要进行全面检查，凡是病牛均应治愈后再育肥，无法治疗的病牛不应育肥；过老、采食困难的牛也不要育肥，否则会浪费饲料，达不到育肥效果。公牛应在育肥前半个月去势。育肥前要驱虫、健胃、称重、编号，以利于记录和管理。育肥期不宜过长，一般以 2～3 个月为宜。对膘情较差的牛，可先用增重较低的营养物质饲喂，使其适应育肥日粮，经过 1 个月的复膘后再提高日粮营养水平，这样可避免发生消化道疾病。附近有草山、草场或放牧地，在青草期可先将瘦牛放牧饲养，利用青草使牛复壮，然后再行育肥，这样可节省饲料，降低成本。育肥期内，应及时调整日粮，灵活掌握育肥期。现介绍一种常用的精料配方供参考：玉米面 72%、棉子饼 15%、麸皮 8%、骨粉 1%、食盐 1%、添加剂 2%、尿素 1%。混合精料的日喂量以体重的 1%为宜。粗饲料以青贮玉米或氨化秸秆为主，任其自由采食，不限量。用该配方育肥 400 千克以上的杂交阉牛可获得 1.5

千克以上的日增重。

## 五、高档牛肉生产技术简介

所谓“高档牛肉”是指牛肉中特别优质的，肌间脂肪含量较高和嫩度好，能做高档食品如牛排等的牛肉。由于各国传统饮食习惯的不同，对高档牛肉的要求也不一样，美国人希望高档牛肉有适度的脂肪，欧洲人则希望高档牛肉少含或不含脂肪，日本人则以本国产“和牛”为最优牛肉。我国对高档牛肉尚未有统一标准，但要求肌肉间沉积适量脂肪，大理石纹明显，一般供应星级宾馆、饭店及出口。高档牛肉的生产是一项难度较大的技术，需要较大的投入，但经济效益也高。国外多从哺乳期即加以饲养，始终采用以精料为主的日粮，进行直线育肥，使其在14~19月龄体重达500~700千克以上即屠宰。下面简单介绍一下其生产技术要点。

### （一）选　牛

从品种、年龄、体质、体重等方面严格挑选架子牛。品种要求为我国地方良种肉牛如鲁西黄牛，或西门塔尔牛、利木赞牛等肉用品种为父本的杂交一代或二代。年龄1~2岁，体质强健、发育良好的公犊，体重约在230~280千克。

### （二）育肥前的准备

#### 1. 观　察

购进的架子牛，进行10~15天的隔离和观察，确认健康无病、采食正常者，方可作为入选牛。

#### 2. 驱　虫

对入选牛，首先要全面驱虫和健胃。

#### 3. 去　势

为了有利于沉积脂肪，应进行去势。

4. 分　群

对于牛群较大的育肥场，要按年龄和体重进行合理分群，使每群牛体重差异越小越好，以利于管理。

## (三) 强度育肥

一般分为两期，前期为增重期（6 个月），后期为肉质改善期（4 个月）。

1. 饲料配方及喂量

(1) 增重期：混合精料约占日粮的 60% ~70‰，其配方：玉米面 72%、豆饼 8%、棉子饼或花生饼 16%、骨粉 1.3%、食盐 1.2%、添加剂 1.5%，按每 70 千克体重给混合精料 1 千克，粗饲料为干草、青贮玉米秸各半，折合风干物质，占日粮的 30% ~40%。

(2) 肉质改善期：饲料配合要适合于脂肪的沉积，达到改善肉质的目的，混合精料约占日粮的 70% ~80%，其配方：玉米面 83%、豆饼 12%、油脂 1%、骨粉 1.2%、食盐 0.8%、添加剂 1.5%、小苏打 0.5%，按每 60 千克体重喂给混合精料 1 千克，粗饲料和增重期一样，但应占日粮的 20% ~30%。

2. 饲养管理

强度育肥开始后，精饲料应由少到多，逐渐增加，7 ~10 天喂到规定量。日喂 3 次，定槽专人饲养，吃完为止，尽量饮足水，尤其夏天绝不可缺水。喂后要定桩拴系，限制运动。同时，要做到舍内通风透光，冬暖夏凉，保持舍内和畜体卫生，为育肥创造良好的环境条件。

## (四) 屠宰和分割

强度育肥结束后，体重约 500 ~550 千克，高者可达 600 千克，牛体极度肥胖，这时可出栏屠宰。屠宰可按商业常规方法进行，胴体需在 0 ~3℃温度下排酸和嫩化 3 ~5 天。对牛肉进行分割，分割的方法各国不同，我国外贸商业部门试行制订了分割成10个部位的方法。牛柳（里脊）嫩度超群，西冷和肉眼扒（背最长肌）肉质均匀，脂肪与肌肉相间呈大理石纹状，适作牛排，这两部分肉为高档牛肉。臀部的肌肉（包括半腱肌、半膜肌、臀深肌、股四头肌）饱满，脂肪含量适中，经修整后为优质肉块，价高于胴体前部的肉。采用高档牛肉生产技术生产的牛肉，其高档牛肉占肉总量的17.9%，优质肉占27.8%。而一般肉牛高档肉仅占6%~7%，优质肉占24%~25%。高档牛肉的价为一般牛肉价的5.7倍，优质牛肉价的2.1倍。可见生产高档牛肉可创更高的经济效益。对分割的肉要按规定加以修整，用塑料袋抽真空密闭包装，贴上标签，标明部位、重量和等级，然后进入速冻间进行速冻，打箱标记、保存。

## 第二节　肉牛的放牧肥育技术

利用草地放牧肥育是一种古老的肥育方法，可降低饲料成本30%，其育肥效果取决于放牧草场的鲜草产量、质量及对牛群、草场的管理。根据草场情况和育肥要求，可采取全牧育肥不补精料，全牧补充少量精料，前期放牧后期转为舍饲用精料育肥60~120天。

### 一、放牧草场

放牧草场是肉牛放牧肥育的基本环境，良好的天然草场或人工草场是肉牛放牧肥育取得最佳效益的根本保证。无论天然草场或人工草场，其质量良好的基本标志是牧草能够满足肉牛对能量及蛋白质的营养需要。以人工草场为例，要达到这一要求，豆科牧草的产量比例要达到25%~30%（超过30%~40%的比例，以白三叶为主体的草场，放牧肉牛发生臌胀病的可能性就很大)，粗蛋白要达到15%以上。根据云南省肉牛和牧草研究中心小哨示范牧场连续5年的测定：人工草场年均产草量为7.178吨/公顷干物质，可食性牧草为6.995吨/公顷干物质，其中豆科牧草占25.5%，粗蛋白含量达19.7%，其产量和质量均已达到要求，每公顷可养牛1~1.5头。比较而言，在云南省即便是最好的天然草场或一些好的人工草场也难以达到这一标准。为了解决放牧草场豆科牧草比例低及蛋白质不足的问题，除认真解决豆科牧草的补播外，可在放牧场上以自由采食的方式补饲含有尿素的糖蜜或糖蜜舔砖。

除上述营养方面的要求外，放牧草场还必须有足够且分布合理的饮水点或饮水设施及管理设施，如分牛栏、围栏、相应的农机具（施肥、割草、翻晒、打捆、运输），再就是要有相应的牧道，这些对于放牧草场而言，也是必不可少的基本条件。

## 二、草场的管理

为确保良好的天然草场和人工草场的持续有效利用，对草场的管理要侧重抓好以下4个方面的工作。

**1. 对草场上的杂草、害草及病虫害进行有效的控制**

对于杂草、害草，在建植成功的人工草场或草群结构良好的天然草场上，唯一可行的办法是人工清除或让牛群对其重度践踏，因为在这种情况下用除草剂可伤及可食性牧草。对于病虫害，在情况较严重时（如蝗虫大面积暴发），可用药物扑杀，但在一般情况下，只要适度放牧，即可陕现对其控制。

**2. 做到定期施肥**

一般每年每公顷施钙镁磷225千克，并根据土壤分析（有时也结合植物样品分析）结果，每2~3年施一次钾肥及微肥（锌、钻、铜、硼、硒等）。至于草场所需氮肥，原则上通过其中的豆科牧草固氮解决。个别特殊情况，如刈割干草或促进禾本科牧草的生长等原因，而需要施氮肥的一般每公顷施 150 千克尿素即可。

**3. 实行分区轮牧**

把草场分成若干小区，按一定次序逐区轮流放牧利用，避免部分草场过牧及牲畜吃的牧草采食过度而逐渐减少，使草场上的牧草能在休牧期再生，利于保护草场，并可减少寄生虫病的传播机会。小区的放牧天数一般不超过 6 天，小区的大小，依各小区产草量的 75% 左右计算可采食草量，牛 6 天采草量及牛的数量，同时考虑放牧时每头牛应占放牧地的宽度，成年牛放牧时所需的最小宽度为 1.5 ~ 2.0 米，1 岁以下犊牛为 0.5 ~ 1.0 米来确定。小区数按 35 天左右为 1 个放牧周期（小区轮流放牧 1 次的时间）来确定。如 36 天为 1 个周期，每区轮放 6 天则需 6 个小区。以上还要视草场类型、草地自然形状、季节等具体情况来确定。

**4. 牧草的收贮**

牧草的生长是有季节性的，对于云南省的绝大部分地区而言，总的情况是夏秋丰盛而冬春不足，而家畜对牧草的需要又是均衡的，因此只有通过牧草的收贮以解决冬春的不足，实现牧草充分合理利用。牧草收贮有刈割后制成干草及青贮饲料两种方式。干草的刈割晒制必须抓紧在雨季结束至霜降到来之前完成，霜冻出现以后还刈割·则可能导致生长点被冻伤而影响第二年的产量，而且干草必须堆放在干燥通风的地方，以防霉坏。至于牧草青贮和其他饲料的青贮一样，重要的是防止第二次发酵变质。

## 三、牛群的组群和管理

放牧肥育牛群的组群和管理是十分重要的．包括以下一些内容。

### 1. 组群和分群放牧

组群的基本原则是性别、年龄、体重及膘情等基本一致。关于放牧肥育牛群的个体数量，原则上根据草场面积和产草量加以确定。习惯上，我们常以体重400千克的成年母牛为1个黄牛单位，按日采食量为体重的2.5%的干物质和人工草场利用率为80%计算载畜量（在云南，较好的人工草场的产草量可按6000千克公顷干物质计算），一般人工草场的载畜能力为1~1.5黄牛单位/公顷。由于云南牛的个体较小，按1黄牛单位等于1头黄牛进行估算已经留有相当的余地。在牧草厚的平坦地带，放牧肥育牛群的个体数可达15~200头，群体过大会加剧践踏强度而导致草场的衰败，在坡地以每群50头左右为宜，在崎岖地带，一般仅能几头一起放牧或散养。在实际工作中，由于牧场较小，围栏设施缺乏或不完善等原因，要做到合理的分群放牧比较困难。但在有条件的地方仍需做到，条件不可能时，应创造条件，至少做到依性别和年龄不同组群放牧，否则影响肥育效果。

### 2. 编号和驱虫

这也是放牧肥育的一项重要基础工作，编号有利于个体的识别和管理，即资料的记录登记等。可以在牛体上直接烙印，也可用塑料牌或金属牌。后两种容易识别。驱虫和前述一样，包括体内寄生虫和体外寄生虫两种，在牛蜱等体外寄生虫严重感染地区和高发季节。放牧牛群的牛蜱防除尤其显得重要。

### 3. 补　饲

这是特殊情况下的一项特殊措施。特别是为了生产出质量较高的牛肉时，在放牧肥育的后期应给予适当的补饲，此外在冬春季节由于牧场上缺草，为保持牛只的正常增重，也要给予适当补饲。补饲的方法也因情况的不同而有所不同。一般讲，牛群较大时是无法做到在棚舍内补饲的。通常直接在放牧地上补给精料（如大颗粒饲料等，但会造成一定程度的浪费），或在放牧地上放一些糖蜜舔砖或借助容器直接补饲加了尿素的糖蜜（均让牛自由采食），牛群较小时，可以借助棚舍给予补饲。

## 第三节 肉牛的快速育肥新技术

### 一、饲料添加剂使用技术

用于肉牛育肥的饲料添加剂包括营养性添加剂和非营养性添加剂两大类。其功能是，为肉牛提供育肥所需的多种养分，促进生长，改善代谢机能，提高饲料利用率，保证育肥牛的健康。生产中常用的主要有以下几种。

**1. 非蛋白质含氮化合物**

非蛋白质含氮化合物包括蛋白质分解的中间产物——氨、酰胺、氨基酸、尿素、缩二脲和一些铵盐等。通常所说的是指工业化生产的非蛋白质含氮化合物，其中最常用的是尿素。为了缓解尿素在肉牛瘤胃内的分解速度，防止尿素饲喂不当引起的中毒，国内外已研制出一些“安全型”产品，如异丁基二脲、磷酸脲、缩二脲等。从尿素含量分析，1 千克尿素和 6 千克玉米混合，其蛋白质含量相当于 7 千克大豆饼或棉子饼。在肉牛饲料中添加适量非蛋白质含氮物质，不仅能节省大量饼粕等蛋白质饲料，还能大幅度降低饲养成本，促进肉牛生长。在使用尿素时应掌握以下原则。

（1）只能在瘤胃功能成熟后添加，按牛龄估算，应在出生后 3.5 个月以后。实践中多按体重估算，一般要求牛的体重应在 200 千克以上，大型牛则要达到 250 千克，过早添加会引起尿素中毒。

（2）喂量一般不得超过日粮干物质的 1%，或每 100 千克体重喂 20 ~ 30 克。

（3）饲喂尿素时需经10天以上适应期，喂量由少到多，逐渐达到规定用量，并与其他饲料充分混合，分多次饲喂，切忌一次饲喂。

（4）饲喂尿素时忌喂生豆饼、生豆类，严禁把尿素溶于水中喂饮，喂尿素1小时后饮水为好。

（5）精料要低蛋白质，精料中的蛋白质含量必须低于12%，如超过14%，则加尿素不起作用。

（6）日粮中要有一定的能量水平。实践证明，粗料型日粮中加尿素的效果不好。日粮中补充微量元素钴和硫效果更好。

2. 微量元素

矿物质微量元素是育肥牛不可缺少的营养物质。它可调节碳水化合物、蛋白质和脂肪的代谢，提高牛的采食量，促进营养物质的消化吸收，刺激生长，加速育肥。肉牛每千克日粮干物质中各种微量元素添加剂的用量为：硫酸铜32毫克，硫酸亚铁260毫克，硫酸锌134.7毫克，硫酸锰128毫克，氯化钴0.42毫克，碘化钾0.67毫克，亚硒酸钠0.46毫克。可加入轻钙等作稀释剂配成制剂产品，使用时按比例均匀混合在精料中饲喂。

3. 维生素添加剂

除犊牛外，一般无须额外补充维生素$B_1$、$B_2$、$B_6$、烟酸、$B_{12}$及生物素、叶酸、维生素K和维生素C。但近年来国外报道，育肥牛日粮中添加烟酸，可提高增重速度。

在以干秸秆为主要粗料而无青绿饲料时，应注意育肥牛日粮中维生素A、D和E的供给，每千克日粮干物质中需要添加维生素A 14毫克（20万国际单位/克），维生素$B_3$ 27.5毫克（1万国际单位/克），维生素E 0.38～3克（20万国际单位/克）。

4. 沸　石

沸石主要含氧化硅和氧化铝，还含有25种对肉牛有益的元素，呈浅灰白色或浅褐色，具有良好的吸附性和离子交换性。沸石能吸附胃肠道中的有害气体，并将吸附的铵离子缓慢释放，供肉牛利用，合成菌体蛋白，增加牛体蛋白质生成和沉积；对机体酶有催化作用，改善瘤胃内环境，使瘤胃微生物对纤维素的分解功能增强，各种养分吸收率增加。

将5%沸石添加到犊牛料中，180天后比未使用沸石的牛增重20%，前苏联学者在生长牛日粮中添加2%~10%沸石，多增重2%~20%。斜发沸石和丝光沸石喂肉牛效果较好。常用量为：肉牛精料混合料中添加4%~6%或占日粮的1.5%~2.5%。将沸石、微量元素或尿素混合使用，效果更好，不仅增产，还可提高尿素氮的利用率，在配合饲料时，按沸石与尿素1∶1或1∶2比例添加，可使育肥幼牛平均日增重提高13%。

**5. 稀　土**

稀土是元素周期表中的钇、钪及全部镧系共17种元素的总称。近年来的研究发现，稀土作为肉牛的一种饲料添加剂，具有良好的饲养效果和较高的经济效益。据报道，肉牛每千克精料混合料中分别添加硝酸稀土500毫克、1000毫克，分别折合每头每日4.8克、9.6克，45天试验期内，每头牛分别比不喂稀土的牛日增重提高9.47%、26.63%，每千克增重分别节省精料0.43千克、1.09千克。硝酸稀土的用量：每头育肥牛每日6~10克，分2~3次喂给，喂前先混入少量精料中，然后再逐渐扩大混合，以保证均匀。

**6. 瘤胃素**

瘤胃素又称莫能菌素，有效成分是瘤胃素的钠盐，它能提高瘤胃发酵效率，从而提高肉牛增重速度及饲料转化率。

试验研究表明，每头每日添加150~200毫克，放牧肉牛及粗饲料为主的舍饲牛，日增重比对照牛提高13.5%~15%；放牧犊牛日增重提高23%~45%；高精料强度育肥舍饲牛，日增重比对照牛提高16%；每千克增重减少饲料消耗7.5%。瘤胃素排泄迅速，喂饲后72小时有94%从粪尿中排出，上市前无须停药期，在使用时按规定量添加并与精料均匀混合，每天1次。具体喂时，1~7天内，每头每日60毫克纯品瘤胃素，8天后剂量为100~360毫克（360毫克为最高限量）。

**7. 缓冲剂**

肉牛强度育肥时，往往供给大量精料，粗饲料减少，这样会形成过多的酸性产物，使肉牛对饲料的消化能力减弱。添加缓冲剂可提高育肥牛高精料日粮的饲料利用率和防止瘤胃pH值下降及肝脓肿的发生。

常用的缓冲剂是碳酸氢钠（小苏打）和氧化镁，单独加小苏打也可，占精料的1%~2%。若添加两种缓冲剂，则可加1%~2%的小苏打和0.3%~0.6%的氧化镁。

## 二、埋植增重剂使用技术

埋植增重剂是指利用特制的埋植枪，埋植于肉牛耳根背侧皮下的一些激素类化学物质，也叫激素增重剂。这些物质虽对牛增重有作用，但能否使用应按国家有关规定执行，现仅作知识性介绍。

**1. 激素增重剂的种类**

激素增重剂可分为4类（见表6-9）。

**表6-9　肉牛激素增重剂分类**

| 种　类 | 增重剂 |
|---|---|
| Ⅰ己烯雌酚类 | 己烯雌酚、己雌酚、又烯雌酚 |
| Ⅱ内源激素 | 17β-雌二醇、睾酮、孕酮 |
| Ⅲ外源激素 | 玉米赤霉醇、醋酸三烯去甲睾酮、十六次甲基地孕酮 |
| Ⅳ生长激素类 | 生长激素、生长激素释放因子、促生长因子 |

Ⅰ类：己烯雌酚类，由于造价低，过去应用很广泛。但由于安全性问题，美洲和欧洲国家已禁止在肉牛生产中使用此类激素。为了保证养殖业健康发展。保护人身体健康，我国作出了禁止生产、销售、使用己烯雌酚的规定。同时重申，禁止所有激素及有激素类作用的物质作为动物生长剂使用。

Ⅱ类：内源性激素及其醋酸或苯甲酸酯，在欧美应用颇广。

Ⅲ类：外源激素类，生物活性比内源激素高，是目前应用较普遍的肉牛增重剂。

Ⅳ类：生长激素类，增重效果较好，随着用 DNA 重组技术大规模生产生长激素的成功和使用方法上的突破，在肉牛生产上应用可能有一定的前景。

常用的肉牛激素增重剂及适用对象见表 6－10。

**表 6－10　常用的肉牛激素增重剂及适用对象**

| 商品名称 | 化学物质 | 适用对象 |
| --- | --- | --- |
| Palgro | 玉米赤霉醇 | 阉牛、肉用犊牛、小母牛、公牛 |
| Compudose | 雌二醇 | 阉牛、肉用粒牛 |
| Finaplix | 醋酸三烯去甲睾酮 | 小母牛、淘汰母牛 |
| Testosterone | 睾酮 | 小母牛、淘汰母牛、阉牛 |
| Synovex－S（Implex BH） | 孕酮＋雌二醇 | 阉牛 |
| Synovex－H（Implex BF） | 睾酮＋雌二醇 | 小母牛、肉用犊牛 |
| MGA | 十六次甲基甲地孕酮 | 肉用小母牛 |
| Eorplix | 玉米赤霉醇＋TBA | 小母牛、肉用犊牛、淘汰母牛、阉牛 |
| Revalor | 雌二醇＋TBA | 肉用犊牛、阉牛 |
| Toretor | 雌二醇＋TBA | 阉牛、公牛 |

＊十六次甲基甲地孕酮为口服型，其他均为埋植型。

### 2. 激素增重剂的埋植方法

在牛耳背面距耳软骨圈2～2.5厘米处，先用套管针刺破皮层，使套管针和耳背面呈较水平的角度，避开血管，紧贴皮肤，向耳根方向徐徐刺入5～6厘米，然后退出1～2厘米，再将药片通过套管推入皮下，取出套管，若使用埋植枪，应右手持枪，左手固定好牛耳，将针头刺入耳皮下，使针尖到达埋植部位，然后退出2厘米，再扣动扳机，打入全部药物。向外退出针头时应保持扳机处于扣下状态，以保证药丸留在原处。一般于屠宰前60～90天1次埋植，屠宰时将埋植部位的组织弃掉。为保证增重剂的效果，日粮中蛋白质、能量和矿物质应供给充分，否则达不到预期效果。

# 第七章　肉牛常见病防治技术

## 第一节　肉牛的卫生防疫措施

为了保障牛的健康，减少或杜绝疾病的发生，应贯彻“预防为主”的方针，建立行之有效的卫生防疫制度，采取“养、防、检、治”综合性措施。

### 一、加强饲养管理，增强牛体抗病能力

牛的发病与牛体自身的抗病能力有密切关系。凡是体质健壮的牛，对病原微生物的侵害都有一定的抵御能力。

俗话说“病从口入”，因此，要搞好饲料和饮水的卫生。饲草中容易夹杂一些铁钉、铁丝等金属异物，牛采食速度快，易误咽于瘤胃，造成不应有的损失，所以喂前要清除干净。腐败、发霉的饲草、饲料不得喂牛。饮水应清洁、新鲜，温度适宜，切勿让牛饮脏水、冰水和被污染的水等。

### 二、搞好预防注射

预防接种是防止牛传染病发生的有效措施。为了做到预防接种有的放矢，应对当地各种传染病的发生和流行情况进行调查了解。弄清楚过去经常发生哪些传染病，在什么季节流行。针对所掌握的情况，拟定每年的预防接种计划。牛常用的几种疫（菌）苗见表 7－1。

表 7－1　　牛常用的几种疫（菌）苗

| 疫（菌）苗名称 | 预防的疫病 | 使用方法和说明 | 免疫期 |
|---|---|---|---|
| 无毒炭疽芽孢苗 | 炭疽 | 1 岁以上，皮下注射器 1 毫升；1 岁以下，皮下注射 0.5 毫升 | 1 年 |
| 第Ⅱ号炭疽芽孢 |  | 不论大小皮下注射 1 毫升；注射后 14 天产生免疫力 | 1 年 |
| 气肿疽明矾菌苗 | 气肿疽 | 大小牛皮下注射 5 毫升，6 个月以下小牛，在年龄达 6 个月时再注射 1 次 | 约半年 |
| 布鲁氏菌猪型 2 号弱毒疫苗 | 布鲁氏菌病 | 皮下注射 5 毫升（含活菌 500 亿） | 1 年 |
| 布鲁氏菌羊型 5 号菌苗 | 布鲁氏菌病 | 牛群室内气雾免疫，按房间计算，用量为 200 亿菌/立方米，喷雾后停留 20 分钟 | 1 年 |
| 牛肺疫兔化弱毒疫苗 | 牛肺疫 | 盐水苗在尾尖皮下（距尾尖 2～3 厘米），大牛 1 毫升；6～12 月龄小牛 0.5 毫升。注射后 3～4 周产生免疫力。本品仅限于疫区及受威胁区内使用，注射后出现反应者可用 914 治疗 | 1 年 |
| 口蹄疫弱毒疫苗 | 口蹄疫 | 肌肉或皮下注射。剂量为 1～2 岁 1 毫升，2 岁以上 2 毫升，1 岁以下不注射。注射后 14 天产生免疫力。本品只能预防同型病毒的传染 | 4～6 个月 |

## 三、建立检疫制度，坚持定期检疫

购进的牛要进行严格的血清学检查（布氏杆菌病、结核病等），以免将病带入。从外地购牛，必须做好疫情调查，引入后，必须经过检疫和消毒，隔离饲养观察 20 ~ 30 天，确认无病才准进入牛舍合群饲养。结核检疫每年 2 次，布氏杆菌病检疫每年 1 ~ 2 次，如发生流产，对流产胎儿胃内容物用于肝、脾取样作细菌学检查。

同时注意观察牛的形态，健康的牛皮肤有弹性，毛有光泽，体健壮，两眼有神，耳、目、尾灵活，行动自如，呼吸正常，采食后 30 分钟左右出现反刍，每次持续 40 ~ 50 分钟，每昼夜反刍 4 ~ 8 次，鼻镜湿润。若发现异常应及时采取措施，进行治疗。

## 四、搞好牛舍及周围环境的卫生消毒工作

这是消灭外界环境中的病原体，切断疫病传播途径的必要措施。牛舍及运动场内的粪尿要经常清扫，每年用火碱消毒 1 次，每季度用白灰粉或来苏儿消毒 1 次，饲槽及用具更要勤清洗、消毒。粪便可进行发酵处理。牛舍的进出门口应设消毒池（装消毒液或生石灰），应有安装紫外线的消毒间等。常用的消毒方法有以下几种。

（1）日光曝晒。日光具有良好的杀菌作用，饲具及草料等均可放在阳光下曝晒 2 ~ 3 小时，能杀死一般病原微生物。

（2）煮沸。将防疫器械、工作服及某些饲具放入水中或 2% ~5% 的碱水中煮沸 10 ~ 15 分钟。

（3）10% ~20% 石灰乳。消毒牛舍的地面、墙壁、牛栏等，采用喷洒或粉刷法。

（4）1% ~2% 热氢氧化钠（火碱）溶液。消毒被病毒和细菌污染的牛舍、食槽和运输车辆等。消毒后需用清水冲洗干净。

(5) 3%～5%来苏儿（甲酚、煤酚皂）溶液。用于牛舍、用具、污物消毒。

(6) 0.5%～2%漂白粉溶液。用于牛舍、场地、车辆、排泄物等消毒。

(7) 0.5%过氧乙酸。0.5%溶液喷洒消毒牛舍、饲槽、车辆等，3%～5%溶液按每立方米空间用2.5毫升喷雾封闭的仓库等。过氧乙酸具有高效、速效和广谱杀菌作用，对细菌、霉菌、病毒均有效。

### 五、疫病的处理

及时发现、诊断、上报疫情，迅速隔离病牛，以防传染其他牛。若发生危害性大的疫病如口蹄疫、炭疽等应采取封锁等综合性措施。对病牛应进行及时和合理的治疗，其他牛实行紧急疫苗接种，死牛要深埋或焚烧处理。

## 第二节　肉牛常见病的防治

肉牛常见病可大体分为消化系统疾病、产科疾病、寄生虫病、传染病、中毒症，下面分别介绍，最后专门介绍犊牛疾病。

### 一、消化系统疾病

#### （一）前胃迟缓

**病因：**突然更换饲料或饲喂精料过量，长期饲喂粗硬难以消化的草料或饲喂发霉变质、霜冻的饲料或块根饲料中混入泥沙过多，也与饲喂不定时定量、体弱有关。其他疾病也能诱发本病。

**症状：**病牛精神沉郁，病初食欲减退，有时食欲反常，喜食多汁的粗饲料而拒食精料和酸性饲料。反刍减弱甚至停止，嗳气增多。前胃蠕动显著减弱甚至消失。粪便少而干燥，色暗，后期排稀粪，或便秘、下痢交替出现。鼻镜干燥，磨牙，瘤胃有时臌气，按压有痛感。

**防治：**加强饲养管理，合理调配饲料，不喂发霉变质饲料，变更饲料逐渐进行等。

病初停喂1~2天再给予易消化饲料。为促进瘤胃蠕动，可使用马前子酊15~30毫升，或吐酒石4~8克，或吐根酊20~30毫升等，并加入大黄酊、龙胆酊、稀盐酸等内服，也可使用0.1%氨甲酰胆碱液3~5毫升，皮下注射。

病程较长、较重者，除使用上述药物外可使用安溴液100~150毫升静脉注射，每天1次，连用4~5天。也可用10%氯化钠液300~500毫升静脉注射。为制止胃内容物的过度发酵和清除胃内容物，可用鱼石脂25克、酒精100毫升、硫酸镁300~500克、温水5000毫升，混合一次内服。慢性前胃迟缓，瘤胃内蓄积大量液体，可采用洗胃疗法。

**中医治疗：**党参45克、白术45克、茯苓30克、厚朴30克、陈皮30克、槟榔24克、肉桂18克、白芍30克、甘草18克，共研细末，开水冲服。

### （二）瘤胃积食（也叫急性瘤胃扩张）

**病因：**主要原因是采食过量，如突然改换适口性强的饲料无节制地给予，或过食大量精料，或采食过量劣质、粗硬不易消化的饲料，或过食膨胀的精料（如大豆、玉米粒等）后大量饮水等。本病也继发于前胃迟缓、瓣胃阻塞等疾病过程之中。

症状：患牛停止采食，拱背低头，常表现排粪排尿姿势，但只排少量粪便。有时呈现不安、蹴腹、回头看腹等腹痛现象。反刍停止，嗳气酸臭，瘤胃蠕动音沉衰，鼻汗减少。腹部膨大，左肷窝部隆起，触诊瘤胃内容坚硬。叩诊呈浊音，用力按压瘤胃，常有疼痛表现。重症后期，呼吸、心跳加快，运步无力，四肢颤抖，有时卧地不起。

**防治：**注意饲养管理，饲料搭配适当，不要突然改换饲料，投喂定时定量，合理运动，防止偷食精料。

本病治疗主要应排除瘤胃内容物，促进瘤胃蠕动，注意止酵。若病情严重，用药无效，可施行手术掏出胃内滞留物。

停喂1～2天，待瘤胃内容物排除且出现食欲、反刍时，逐渐给予柔软易消化的草料。如吃了大量易膨胀的饲料，则应限制饮水。为了促进瘤胃蠕动，可进行瘤胃按摩，每日4～5次，每次20～30分钟，并适当运动。内服泻剂，可使用硫酸镁400～500克，加水配成10%溶液并加入鱼石脂20～30克；豆油1000～1500克或石蜡油1000～1500毫升等内服。促进瘤胃蠕动可静脉注射10%氯化钠液300～500毫升以及内服吐酒石5～10克，或皮下注射0.1%氨甲酰胆碱3～4毫升。重症伴有脱水和酸中毒时，可补给复方氯化钠液或5%葡萄糖生理盐水，每次2000～3000毫升，每日2～3次，以及5%碳酸氢钠液1000～1500毫升。

**中药治疗：**厚朴30克、枳实30克、大黄60克、芒硝200克、槟榔24克、陈皮30克、乌药24克、焦山楂60克、豆油250克，共研细末，开水冲调，混油一起内服。

### （三）瘤胃臌气

**病因：**主要是采食大量易发酵的饲料。如开花前的苜蓿、青贮料、块根饲料、豆科植物，以及霉败饲料、冰冻饲料和经雨露霜雪的饲料等，前胃迟缓等疾病也可继发本病。

**症状：**腹围显著增大，左欣窝部隆起，按压有弹性，叩诊呈鼓音。病牛精神不安，采食及反刍停止，站立不安，惊恐，不断回顾腹部，出汗。同时呼吸困难，眼球突出等。

**防治：**采取排气减压、缓泻制泻、解毒措施、恢复瘤胃运动机能为原则，防止食入大量易发酵饲料和变质饲料。

（1）急性者：用胃管插入胃内排气，或使用套管针穿刺瘤胃制止放气。放气时应使气体缓慢放出。止酵剂用鱼石脂15～30克加酒精100毫升，或松节油30～40毫升，或来苏儿15～25毫升，内服。

（2）轻症者：可灌服氧化镁50～100克，加水500毫升，以吸收胃内气体。泡沫性臌气用500～1000克植物油或松节油30～40毫升作为消泡剂内服。

**民间验方：**豆油500克放入锅内熬热，加烟叶1000克，待烟叶炸焦取出，再加食盐100克，候温灌服。

### （四）瓣胃阻塞

**病因：**长期饲喂谷糠、糟渣等饲料及夹带大量泥土的饲料所致；饲喂坚硬而含纤维素高的饲料，特别是豆秸、苜蓿秆等；长期饮水不足或喝泥浆水。患前胃疾病、热性传染病也可继发本病。

**症状：**初期食欲减少，口腔干燥，瓣胃蠕动音先减弱后消失，粪干而少，色暗成球，表面有黏液，瘤胃内常有积食和臌气，严重时牛的食欲、反刍完全停止。病的后期，瓣胃小叶发生坏死，体温升高。呼吸脉搏加快，尿少色黄。触诊该部有痛感。

**防治：**经常喂给青绿多汁饲料，保证足够的饮水和运动。治疗，病初应以轻泻和补液为主，每天补液不少于4000毫升。石蜡油1000～2000毫升，或硫酸钠（镁）500～1000克，加水5000～10000毫升、酒石酸锑钾4～8克。严重者可静注5%的氯化钠溶液300～400毫升，内加咖啡因2克；或皮下注射士的宁0.03克，毛果云香碱0.03克。

瓣胃注射是治疗该病最有效的方法。用25%～30%硫酸钠镁溶液250～400毫升，消毒后一次直接注入瓣胃。注射部位在右侧第8～10肋之间的肩关节线上，用连续注射器，针头为4号，方向向前下方，深10～12厘米。治疗无效时．可施行真胃切开术，通过瓣—皱口取出部分或全部食物，用温水冲洗瓣胃。

## （五）创伤性网胃炎

**病因：**误咽草料中混有的金属尖锐异物（如铁钉、铁丝等）所致。这些异物随同饲料进入网胃，由于网胃收缩运动，金属异物刺入网胃壁或穿透胃壁刺伤附近脏器，引起炎症或脓肿。

**症状：**精神不振，采食减少或停止，反刍缓慢或停止，瘤胃蠕动弱，次数减少，粪量减少、干燥，有时有潜血。病牛多取站立姿势，不轻易移动位置。拱背，肘头外展，肘部肌肉震颤，下坡、转弯或起卧时动作缓慢小心。压迫网胃区域表现敏感。

**防治：**本病应以预防为主。防止饲料中混入金属异物，瘤胃中投放永久性磁棒，定期从胃中用吸铁器吸取异物。对早期病牛可置于前高后低的位置以促使异物由网胃壁退出，或进行手术疗法取出异物，并给予抗菌素治疗。

## （六）真胃溃疡

**病因：**一般由于日粮中精料过多或喂大量青贮饲料，使胃酸分泌过多，胃液酸度增高，而发生真胃溃疡病。也可能由于牛在育肥结束时，突然减少高能饲料喂量，或过度劳累等，使其胃发生糜烂。

**症状：**真胃出血，粪便中有“松馏油”样物质。当大量出血时，病牛不安，有时发生下痢、体质衰弱、贫血、酮尿、发冷，严重的几小时后死亡。

**防治：**合理饲养，去除致病因素。治疗可用止血药如安络血25毫克肌肉注射。也可用止血敏5～10克，每日3次，每次1克，肌肉注射。

## 二、产科疾病

### （一）胎衣不下

**病因：**母牛分娩后，经 12 小时胎衣尚未全部排出，称胎衣不下。引起的原因很多，如产后子宫收缩无力，子宫弛缓，母牛在妊娠期间饲料单一，缺乏矿物质及维生素等，母牛营养不良，流产、难产，患生殖器官疾病等。

**症状：**一般无全身症状，偶有举尾、弓腰和轻微努责。悬垂于阴门外的胎衣经 2 ~ 3 天腐败、分解，气味恶臭；子宫内胎衣也腐败、分解，阴门排出红褐色恶臭的黏液，混有腐败的胎衣碎片。少数胎衣不下母牛，由于胎衣腐败，恶露停留于子宫内未能排出，细菌生长繁殖，产生毒素，引起自体中毒，表现体温升高，精神沉郁，采食停止。

**防治：**加强母牛的饲养管理，合理运动，冬天妊娠母牛要增加胡萝卜喂量，分娩后注射葡萄糖酸钙或饮益母草膏水可防止胎衣不下。

初期可用保守疗法，向子宫内灌注抗菌素（青霉素、金霉素、土霉素），防止胎衣腐败，待胎衣自行脱离。为加速胎衣排出，可应用已烯雌酚或垂体后叶素等子宫收缩药物。如果保守疗法无效，应及早进行手术剥离。

### （二）子宫内膜炎

**病因：**输精、分娩、助产时消毒不严而受细菌感染，也可继发于阴道炎或布氏杆菌病等。

**症状：**急性子宫内膜炎，体温升高，采食减少，精神不振，拱背，努责，经常作排尿姿势，阴门中排出黏液性及脓性分泌物，卧时排出量增多，并附着于阴下及尾根上，干燥后形成痂皮；慢性子宫内膜炎，母牛发情不规律，屡配不孕，妊娠后易发生隐性流产。

**防治：**加强母牛的饲养管理，严格执行人工输精操作规程。牛在分娩、助产时要做好阴户、手及器械的消毒，及时发现母牛生殖器官疾病并做到及时治疗。产后急性子宫内膜炎，分泌物较多，恶臭时可进行子宫冲洗。常用冲洗液：0.1%高锰酸钾液、0.1%雷夫奴尔液、1%盐水、1%~2%碳酸氢钠等。冲洗液温度为40~42℃，冲洗后将冲洗液全部导出，用青霉素200万~300万单位，溶于20~30毫升注射用水注入子宫，或金霉素1~2克溶于生理盐水注入子宫。慢性子宫内膜炎可用复方碘溶液（碘1克、化钾2克，溶于500毫升蒸馏水中），一次注入子宫150~200毫升，3~5天注入1次。隐性子宫内膜炎可在发情配种前1~2小时，用40℃的生理盐水300~500毫升冲洗子宫，排出冲洗液，注入青霉素40万~80万单位。

**中药疗法：**

处方一：当归60克、赤芍25克、香附25克、益母草60克、丹参30克、桃仁30克、青皮20克，共研细末，开水冲调，候温灌服，每天1剂，连服3剂，本方适于急、慢性阴道炎、子宫颈炎和急、慢性子宫内膜炎。

处方二：当归50克、川芎25克、白芍35克、熟地50克、吴茱萸35克、茯苓50克、丹皮30克、元胡20克、陈皮40克、制香附50克、白术50克、砂仁25克，共研细末，开水冲调，候温灌服，每天1剂，连服3剂。

### （三）子宫脱出

**病因：**孕牛妊娠期运动不足，胎水过多，胎儿大或多胎，接产时快拉出胎儿等。尤其是产道干燥情况下更易发生。

**症状：**可见到从阴门中脱出较大的长形物体，末端可到飞节。脱出的子宫表面往往有胎衣，有圆形的胎盘，时间一长即有出血、破损，并变为紫色。一般子宫脱出附带阴道也脱出。

**防治：**加强孕牛的饲养管理为主要预防方法。子宫脱出时，应立即送回，方法：让牛站于前低后高处，保定好，将露出的子宫用消毒液冲洗，并将胎衣剥去，然后再洗净，同时肌注镇静剂。术者两人协同配合，一手扶住子宫，一手用拳头逐渐将子宫从脱出的子宫角端或脱出的基部开始送入阴门，尽量向里送。每将子宫送入一部分，助手就紧压阴门1次，以防止送入部分再脱出。当整个子宫送入阴门后，术者应用手臂把子宫深深推入腹腔，使子宫角恢复正常位置。复位后，可向子宫内放入抗菌素以及收缩剂。为使子宫不再脱出，可用固定法固定阴门。

### （四）产后败血症

**病因：**难产时助产不当，消毒不严，产后护理不好。胎衣不下、子宫脱出等有时继发本病。致病菌是溶血性链球菌、金黄色葡萄球菌、化脓棒状杆菌和大肠杆菌等，多为混合感染。

**症状：**多为亚急性。体温升高，达40～41℃，呈稽留热，四肢、耳有冷感，寒战，食欲废绝，反刍停止。脉搏快而弱，呼吸快而浅，眼结膜充血微带黄色。精神高度沉郁，反应迟钝，爬卧不起。有的病牛有腹膜炎、瘤胃迟缓症状。排粪痛苦，便中带血，有时腹泻，从阴道内排出恶臭的褐色渗出物。

**防治：**早期宜大剂量应用抗菌素类药物，按规定使用，直至体温恢复正常，可肌肉注射青霉素100万～200万单位和链霉素2～4克。可进行补液，静脉注射5%葡萄糖生理盐水，同时使用大剂量的维生素B和C。静脉注射高渗葡萄糖溶液500～1000毫升，5%碳酸氢钠溶液300～500毫升，每天1次。根据病情及机体状态，积极采取强心、利尿、止泻等对症治疗。

## 三、寄生虫病

### （一）肝片吸虫病

**病原：**由肝片吸虫寄生于肝胆管内引起的疾病。多呈慢性。

**症状：**病牛日渐消瘦，毛色无光泽，易脱落，食欲减退，消化不良，反刍不正常，黏膜苍白，贫血、黄疸、浮肿等。

**防治：**消灭中间宿主椎实螺。每年春、秋两次驱虫。治疗用硫溴酚每千克体重40~50毫克，别丁每千克体重40~80毫克，硝氯酚（拜耳9015）每千克体重3~4毫克，一次口服比丙硫苯咪唑每千克体重10~15毫克。

### （二）绦虫病

**病原：**绦虫寄生于小肠中引起。

**症状：**病牛消瘦、贫血、下痢等，粪便中常见到白色米粒状或面条状虫体节片。

**防治：**本病牛、羊共患，应防止羊对牛的感染。治疗方法为一次口服1%硫酸铜溶液120~150毫升；驱绦灵每千克体重50毫克，一次口服；硫双二氯酚每千克体重40~60毫克，一次口服。

### （三）蛔虫病

**病原：**牛新蛔虫寄生于小肠引起，仅寄生于6月龄前的犊牛，以2~24周龄犊牛易感性最高。

**症状：**病牛食欲减退或废绝，消瘦、下痢，神态不安，肌肉痉挛。

**防治：**及早对感染蛔虫的犊牛驱虫。治疗用驱蛔灵按每千克体重200~250毫克，一次口服；左旋咪唑按每千克体重7.5毫克。一次口服。

### （四）焦虫病

**病原：** 红血球内寄生焦虫引起。

**症状：** 牛发病的最早症状是高热，体温升到 40～42℃ 而不退，精神不振，食欲全无，反刍停止，便秘或下痢，心跳、呼吸加快，贫血，黏膜苍白，出现黄疸。

**防治：** 主要是消灭蜱，以防止传播。病牛可深部肌肉注射血虫净，每千克体重 8 毫克，用水配成 5% 溶液，隔天 1 次，连用 3 次。

### （五）螨　病

**病原：** 由寄生虫螨引起的皮肤病，分为疥螨、痒螨和皮螨。

**症状：** ①疥螨多发于头部，特别是眼眶、嚼肌部，有时在颈部，呈不规则的小秃斑，表面灰白色，奇痒，后期结痂，皮肤变厚，病变可逐渐蔓延到肩部及全身。②痒螨发生在长毛部或内股部，也可蔓延到四肢、躯干及全身，患部出现粟粒至黄豆大的结节，以后变成水泡及脓疱，破溃后流黄色渗出液并形成痂皮。③皮螨主要侵害肛门、尾根部，有时四肢也发生。

**防治：** 保持牛舍干燥、清洁、卫生，刷具固定使用。对新引入的牛要隔离检疫，发现病牛及时治疗。治疗时将患部被毛剪去，用肥皂水洗净皮肤，以 2% 敌百虫水溶液涂擦患部，每次用量不超过 10 克敌百虫，每隔 2～3 天处理一次，防止牛舔。也可用螨净体外涂擦治疗。

### （六）牛皮蝇蚴病

**病原：** 牛皮蝇和纹皮蝇的幼虫寄生于皮下组织引起的一种慢性侵袭病。

**症状：** 病牛因痒而躁动不安，局部疼痛，并可出现贫血、消瘦，生长缓慢，皮质量下降。严重感染时，病变部位发生血肿，皮肤隆起，粗糙不平。

**防治：**严格检疫，严禁引入病牛。治疗时，夏季于雌虫活动期间，每15天以2%敌百虫水溶液喷于牛体，杀虫率在90%以上。患牛背部肌肉注射倍硫磷，每千克体重4～7毫克。

## 四、传染病

### （一）结核病

**病原：**结核病是人畜共患的慢性传染病，病原是结核杆菌。

**症状：**①肺结核病牛，主要表现为短促干咳，呼吸加快，消瘦，贫血。②肠道结核病牛，表现下痢，有时与便秘交替，下痢粪便呈半液体状，有黏液和脓。③生殖道结核病牛，主要症状是只发情不受胎。

结核病主要靠用结核菌素皮内注射或点眼的检查方法确诊。检出阳性者为有病，阴性者为无病。

**防治：**本病以预防为主，每年定期检疫1～2次，发现病牛要严加隔离，外来牛经检疫无病方可入群。发现病牛可肌肉注射青霉素、链霉素或异烟肼。异烟肼每次1克，每天2次，急性症状消失后，可改口服。

### （二）布氏杆菌病

**病原：**布氏杆菌病是人畜共患的慢性、地方性流行传染病，主要危害生殖系统和关节部位，病原是布氏杆菌。

**症状：**母牛引起流产、胎膜炎、流产后胎盘滞留；公牛引起睾丸炎症，失去配种能力。病牛多数患有四肢关节炎。

本病的确诊主要是用血清凝集反应的检疫方法，有凝集现象者为病牛。

**防治：**以预防为主，没有特效治疗药物，一般采取对症疗法。

### （三）口蹄疫

**病原：**口蹄疫是由口蹄疫病毒引起的一种急性、发热性虫媒传染病，人也可感染。病牛是主要传染源，通过各种分泌物和排泄物经消化道和呼吸道传染。

**症状：**病牛体温升高，精神委靡，闭口，流白色泡沫状涎水，口腔内黏膜和趾间、蹄冠的皮肤上出现水泡和红色溃烂。严重时蹄壳脱落，溃烂部位化脓。

**防治：**对常发病区定期注射疫苗。发现病牛应隔离，严格封锁疫区，并对病牛用具、厩舍以1%～2%火碱水喷洒消毒。对病牛可用清水、食醋、明矾水（1%～2%）、高锰酸钾浴液（0.1%）或1%～5%硼酸水洗漱口腔。对溃烂部位，可涂擦碘甘油或冰硼散。

### （四）牛流行热

**病原：**由流感病毒引起的急性、发热性传染病。传播速度快，发病率高，死亡率低，以3～5岁壮年牛较易感染。

**症状：**病牛体温升高（40～42.5℃），鼻镜干而热，呼吸快，鼻孔中流黏性鼻液，严重者呼吸困难。病初粪便干而少，并发肠炎时粪便中带有大量黏液，重者带血。肌肉颤抖，四肢关节和腱鞘发生波动性肿胀，跛行。

**防治：**清除牛场杂草，消灭蚊蝇，可用过氧乙酸消毒牛舍地面及食槽。

本病无特效药物治疗，仅对症治疗或防止继发感染。5%～10%葡萄糖生理盐水2000～3000毫升，内加四环素1～2克，静脉注射，以防继发感染；配合应用解热镇痛药，如肌肉注射百尔定每次10～15毫升，或复方氨基比林每次20～50毫升，或内服安乃近每次6～12克，均为每天2次；也可用地塞米松，每次50～100毫升，配合5%～10%葡萄糖500～1000毫升、生理盐水 500 ~ 1000 毫升，静脉注射；或氟美松 50 ~ 150 毫克，加葡萄糖生理盐水 500 ~ 1000 毫升，混合一次缓慢静脉注射，疗效良好。

## 五、中毒症

### （一）有机磷农药中毒

**病因：**有机磷农药，如 1605、敌百虫、乐果、敌敌畏等使用不当，或污染饲料、饲草、饮水引起。

**症状：**突然发病，反刍停止，食欲废绝，体温正常，心跳减慢或加快，流涎、流泪，口角有白色泡沫，瞳孔缩小，视力减弱或消失，排粪次数增多或腹泻。狂躁不安。共济失调，肌肉震颤，呼吸困难，气喘等。

**防治：**妥善保管农药，严防牛误食、舔食。不要在刚喷洒农药的地方及其附近放牧或割草喂牛。治疗时，先用阿托品，口服，每次 60 ~ 200 毫克，每隔 1 ~ 2 小时给药 1 次。然后用解磷啶，每千克体重 15 ~ 30 毫克配制成 2.5% ~ 5.0% 的溶液，静脉注射。阿托品与解磷啶每 1 ~ 2 小时可反复交替使用。

### （二）尿素中毒

**病因：**饲喂尿素过量或不当引起。

**症状：**多为急性，常在食入过量尿素 30 ~ 60 分钟发生。病牛大量流涎，有泡沫，共济失调，肌肉震颤，瘤胃臌气，呼吸困难，重者几小时内死亡。

**防治：**严格控制尿素喂量，不超过精料量的 3%，掌握正确的饲喂方法（详见本书第六章第三节“肉牛快速育肥新技术”）。治疗时，灌服食醋 1000 毫升。静脉注射 10% 葡萄糖酸钙 300 ~ 500 毫升、25% 葡萄糖液 500 毫升。

### （三）黄曲霉素中毒

**病因：**牛食入感染了黄曲霉毒素的玉米、大麦、小麦、饼粕类（特别是花生饼）等引起的疾病。

**症状：**成年牛一般呈慢性经过，表现厌食消瘦，精神不振，腹泻下痢。有的牛突然兴奋转圈，昏厥死亡。

**防治：**本病无特效药，主要是防止饲喂发霉的饲料。

### （四）氢氰酸中毒

**病因：**高粱嫩苗或刈割后的再生苗、玉米叶、红三叶等均含有氢氰酸，牛吃后容易中毒。

**症状：**牛采食含氢氰酸的饲料后约半小时发病，表现不安，呼吸加快，黏膜发红，体温下降，以后精神沉郁，心跳无力，走路摇晃，痉挛，卧地，爱睡，瞳孔散大等。

**防治：**防止饲喂或采食高粱嫩苗及玉米鲜叶等，可将其晒干后饲喂。治疗可静脉注射2%亚硝酸钠溶液30毫升。

## 六、犊牛疾病

### （一）脐　炎

**病因：**脐炎是犊牛出生后，脐带断端感染细菌而发生的一种炎症。多数是因犊牛出生后断脐消毒不严，不注意犊牛管理卫生，脐带被粪尿、污水浸渍，犊牛之间互相舐吮脐带而感染细菌。

**症状：**脐带断端及周围湿润、肿胀，触诊时疼痛，在脐带中央及根部，可摸到如铅笔杆或手指粗的索状物，流出带有臭味的脓汁。当脐带化脓坏死时，犊牛精神沉郁，食欲减退，体温升高，呼吸、脉搏加快等。

**防治：**经常保持犊牛舍及犊栏的清洁卫生，勤换垫草。犊牛出生后及时消毒脐带以防感染。加强犊牛的卫生护理，防止犊牛相互吸吮脐带。脐带周围组织发炎、肿胀时，在脐部先剪毛消毒，用青霉素普鲁卡因注射液在脐孔周围皮下分点注射，局部涂上松馏油与5%碘酒等合剂。如有脓肿和坏死，应排出脓汁和消除坏死组织，用消毒液、双氧水清洗消毒后，撒上碘仿磺胺粉或呋喃西林粉等抗菌消炎药物，用绷带将局部包扎好。

### （二）肺　炎

**病因：**犊牛舍潮湿、寒冷，通风不良，母牛营养不良，乳质差，缺乏维生素 A 和 D 及矿物质等。当犊牛抵抗力降低时，肺炎球菌及各种病原微生物乘虚而入迅速繁殖致犊牛发病。

**症状：**病牛咳嗽，呼吸困难。体温升高，精神委顿，喜站立喘气，不愿卧下。听诊肺部出现啰音，个别肺区由于支气管阻塞肺泡萎陷，啰音及肺泡音消失。

本病常因肺炎及肺气肿、心力衰竭和败血症而死亡。不死者，转为慢性咳嗽，被毛粗乱消瘦，下痢，贫血，生长缓慢。

**防治：**加强孕牛饲养管理。犊牛出生后及时喂给充足的初乳，犊牛舍应保持清洁干燥，光线充足，冬暖夏凉，并定期消毒。严防感冒，发现犊牛有病及时治疗。治疗用青霉素每千克体重1.3 万 ~1.4 万单位，链霉素 3 万 ~3.5 万单位，加适量注射用水每天肌注 2 ~3 次，连用 5 ~7 天。重症者，可用磺胺二甲基嘧啶（每千克体重 70 毫克）、维生素 C（每千克体重 10 毫克）、维生素 $B_1$（每千克体重 30 ~50 毫克）、5% 葡萄糖盐水 500 ~1500 毫升、安钠咖 3 ~5 毫升，一次静脉注射。

### （三）白　痢

白痢又叫犊牛大肠杆菌病，是由大肠杆菌引起的急性传染病。

**病因：**新生犊牛抵抗力降低或发生消化障碍，引起发病。主要发生于出生后 1 ~3 天的犊牛。犊牛出生后不喂初乳或喂量不足，喂给过晚；母牛体弱，营养不良；牛舍拥挤，阴暗潮湿，牛床不清洁，用具洗刷消毒不严；牛舍防寒措施差，犊牛受寒感冒等都可引起发病。

**症状：**①败血型，体温升到41～41.5℃，精神沉郁，食欲减退或废绝，腹泻，排出淡黄色、水样、恶臭的粪便，后期病犊高度衰弱，卧地不起。②肠型，体温略有升高，食欲废绝，腹泻，粪便粥样，黄色或灰白色，恶臭，严重者出现脱水。

**防治：**加强孕牛及初生犊牛的饲养管理，及早喂给初乳，保持畜舍和用具清洁卫生，做好助产消毒和脐带处理。治疗原则是补充体液，消炎解毒，防止败血。5%葡萄糖生理盐水1000～1500毫升，静脉注射，或加入5%碳酸氢钠80～100毫升，一起静注；四环素50万～70万单位、5%葡萄糖生理盐水500毫升，静脉注射；氯霉素每千克体重10～30毫克，一次肌肉注射，每天2次；新霉素每千克体重30～50毫克，口服，每天2～3次。

# 第八章　牛场设计

## 第一节　牛场规划与设计方法

### 一、场址的选择

牛场场址选择要根据各类场的性质和生产目的、当地自然条件和社会需要，综合分析，评定选择。

（1）场地应选取地势高燥、排水良好、背风向阳的地方。地下水位要低，以低于建筑物地基深度0.5米以下为宜。在靠近河流的地区，场地要选在当地历史洪水线1~2米以上，以防涨水受淹。山区建场应选在稍平缓的坡上，地面向阳，牧场总坡度不超过25%，同时也要避开坡底、谷底及风口。

（2）收集附近的地质勘察资料，不应建在滑坡、塌方的地段。了解地层的构造状态，如断层、陷落、地下沼泽地层，了解土层土壤的耐压力。膨胀土、回填土不宜作为房舍的地基，土质以砂壤土为好，砂土、黏土次之。

（3）水源充足并清洁卫生，严禁牛饮用受污染的水，水质应符合畜饮用水质量指标。通常井水、泉水等地下水的水质较好，而溪水、河水、塘水等地面水则应尽可能地经过净化处理后再用。一头中等体重的牛日需饮水35~45千克。

（4）要掌握拟建地区常年的气象变化，包括平均气温、最高和最低气温、土壤冻结深度、降雨量与降雪量、最大风力、常年主导风向等。

(5) 牛场的位置应选择在距离饲料地和放牧地较近，交通便利，供电方便以利肉奶产品的运出和待育肥牛购进的地方，但不要太靠近交通要道和工厂、住宅区，以利于防疫和避免牛场被污染和牛场造成大气污染，最好靠近种植小区，以利一头中等体重牛日均所排的20千克排泄物的处理利用。

## 二、牛舍设计的要求

牛舍是牛生活和生产的重要场所，应起到避免不利因素的影响，保护牛体健康的作用。

**1. 要为牛创造适宜的环境**

一个适宜的环境可以充分发挥牛的生产潜力，提高饲料利用率。一般来说，家畜的生产力20%取决于品种，40%～50%取决于饲料，20%～30%取决于环境。修建畜舍时，应考虑温度、湿度、通风、光照及空气中的二氧化碳、氨、硫化氢等要符合卫生要求。

**2. 生产工艺要符合生产工艺要求**

保障生产的顺利进行和畜牧兽医技术措施的实施。生产工艺是指畜牧生产上采取的技术措施和生产方式，包括牛场牛群的组成和周转方式及运送草料、饲喂、饮水、清粪等。此外，也包括称重、防疫注射、采精输精、接产护理等技术措施。修建牛舍应考虑便于操作，以利生产。

**3. 严格卫生防疫，防止疫病传播**

根据防疫要求合理进行场地规划和建筑物布局，确定畜舍的朝向和间距，设置消毒设施，合理安置污物处理设施等。

**4. 要做到经济合理，技术可行**

合理用地，充分合理利用场地的地形、地势、主风、光照等因素，畜舍修建要尽量利用自然界的有利条件（如自然通风、自然光照等），尽量就地取材，适当减少附属用房面积。

## 第二节　牛场建筑

牛场建筑主要指有一定规模的肥育牛场及乳牛场。小规模的饲养可因陋就简，利用棚圈，休息可利用树阴，以降低成本。

### 一、牛场主要设计参数

**1. 饲养密度**

指每头牛所占的牛栏面积．不同生产目的、不同品种、不同年龄、不同饲养方式的牛饲养密度不同（见表 8－1）。饲养密度决定每头牛活动的范围，过稀不利于畜舍的经济利用，过密对舍内的空气环境卫生、牛的健康、生产力和饲料利用效率都有不良影响。

**表 8－1　　肉牛饲养密度**　　单位：平方米/头

| 类　别 | 面　积 |
|---|---|
| 繁殖母牛 | 4.65 |
| 犊牛（每栏数头） | 1.86 |
| 断奶牛 | 2.79 |
| 1 岁牛 | 3.72 |
| 育肥牛（340 千克） | 4.18 |
| 育肥牛（431 千克） | 4.65 |
| 公牛（牛栏面积） | 11.12 |
| 分娩母牛（分娩栏面积） | 9.29～11.12 |
| 母牛（牛栏面积） | 2.04 |

注：引自国外标准。

## 2. 牛场其他设施占地面积参数

1头成年牛需干草堆放场9.4平方米（放牧饲养的可酌情考虑），场内道路3～5平方米，场外道路0.6平方米，料库0.8平方米，青贮池0.9平方米，氨化池0.5～0.6平方米，堆粪场若堆积时间为6个月，堆高1.5米，1头成年牛需2.5～3平方米，青年牛需1.2～1.5平方米，1头犊牛需0.6～0.75平方米。

## 3. 牛舍有害气体限制指标

硫化氢浓度不应超过$10 \times 10^{-6}$，氨不应超过$40 \times 10^{-6}$，二氧化碳在牛舍空气中的含量不应超过0.15%，通气良好的牛舍二氧化碳含量仅0.06%～0.08%。以上有害气体通过通风换气，及时清除粪便来防制。

## 4. 牛舍门及水、食槽参考尺寸

大牛舍门高2.0～2.4米，门宽2.0～2.2米；犊牛舍门高2.0～2.4米，门宽1.5米。

奶牛，拴系饲养的密度为1.6×1.1（平方米/头），散放饲养的5～6平方米。每头牛的运动场面积要求20平方米，幼牛15平方米。

## 5. 各项环境因素参数

（1）肉牛对温度的要求见表8－2。牛的耐热性差，耐寒性强，在适宜的环境温度范围内，肉牛能充分发挥生产性能，降低饲料消耗。日本推荐的数据：防寒温度界限为4℃，防热温度界限为25℃。

（2）肉牛舍小气候适宜参数推荐值见表8－3。

（3）牛舍采光系数，指牛舍窗户有效透光面积与牛舍地面之比。奶牛舍采光系数为1∶12，役牛、肉牛舍为1∶16，犊牛舍为1∶10～1∶14。

表 8－2　　　　牛的适宜温度及生产环境温度　　　　单位：℃

| 种　类 | 适宜温度范　围 | 生产环境温度 | |
|---|---|---|---|
| | | 低温 | 高温 |
| 产奶牛 | 10～20 | －13 | 27 |
| 犊牛 | 13～25 | 5 | 30～32 |
| 育成牛 | 4～20 | －10 | 32 |
| 育肥阉牛 | 10～20 | －10 | 30 |

表 8－3　　　　牛舍小气候适宜参数

| 环境因素 | 产房 | 犊牛舍 | 育肥牛舍 |
|---|---|---|---|
| 温度（℃） | 18 | 16 | 12 |
| 相对湿度（%） | 70 | 75 | 75 |
| 通风量〔立方米/（头·时）〕 | | | |
| 冬季 | 90 | 20 | 60 |
| 春、秋季 | 200 | 30～40 | 120 |
| 夏季 | 350 | 80～120 | |

## 二、牛场建筑布局

牛场建筑按功能可分为生产区、管理区和隔离区。

**1. 生产区**

牛场进行肉、奶生产的地区，包括牛舍、运动场、饲料间、饲料仓库，奶品贮藏处理间、青贮窖、干草堆放处等。要求生产区与生活区分开，生产区在生活区的下风口，水的下流方向。生产区各部分既要便于联系，各部分又要有一定的防疫间隔。生产区还应考虑既方便内外运输，又与每个牛舍有一定距离的堆粪场。

**2. 管理区**

牛场的管理部门。包括牛场的办公室，销售对外联络的部门和职工生活福利建筑。应位于上风口和水的上游地区。此区与外界联系密切，因此与生产区应严格加以隔离，并有一定的间隔区，非生产人员不得随便进入生产区。

**3. 隔离区**

指病牛的隔离治疗和新购入场牛的隔离观察区，这两个小区间应有一定间隔。此区是为避免新购牛带入疫病及场内病牛病菌在场内漫延传播。此区要求离生产区有一段距离，并在生产区的下风口和水的下游。

## 三、牛舍建筑形式

在不同的国家和地区，因自然条件、饲养习惯或消费者对牛肉要求的不同，产生了不同的肉牛育肥制度，进而决定了牛舍的有无及牛舍的形式。

肉牛业发达的国家，肉牛饲养的专业化程度很高。例如，美国有商品犊牛繁殖场、架子牛场和强度育肥牛场等。这些肉牛场都拥有面积广阔的优质草场，又有充足的精料。每场的肉牛饲养量少则几百头，多则几万头，集约化程度较高。

在建筑形式上可以采用封闭式、半开放式和开放式等多种形式，根据各地情况作具体选择。

### （一）封闭式牛舍

一般封闭式肉牛舍的设计用于饲养肉牛的封闭式舍都是有窗舍，并且多采用拴系饲养。成年牛舍有单列式和双列式两种。

**1. 单列式**

只有1排牛床，适用于小型牛场（少于25头）。如果饲养头数过多，牛舍需要很长，对于运送饲料、清粪都不利。这种牛舍跨度较小，易于建造，通风良好，但散热面积也大。同样适宜于建成半开放式或开放式牛舍。

2. **双列式**

有两排牛床。一般以100头左右建1幢牛舍，分成左右2个单元，跨度12米左右，能满足自然通风的要求。尾对尾式中间为清粪通道，两边各有一条饲料通道（如图8－1）。

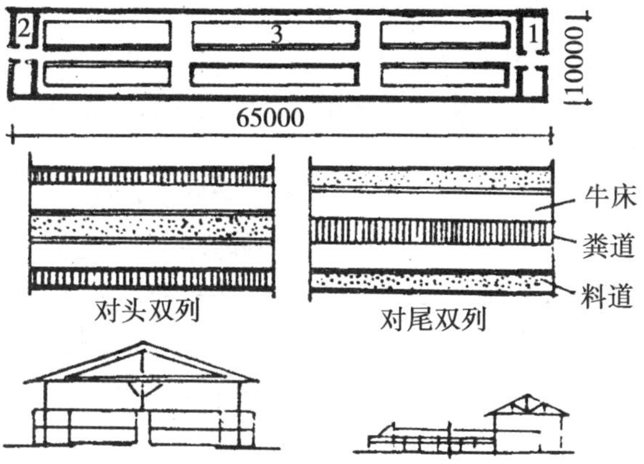


**图8－1　双列式牛舍**

1. 精料间　2. 粗料间　3. 牛床

封闭式牛舍应在屋顶设通气孔。单列式牛舍为70厘米×70厘米，双列式牛舍为90厘米×90厘米。通气孔上设有活门，可以自由启闭。通气孔高于屋脊0.5米或在房的顶部。

河南省汝州市某肉牛场的育肥牛舍（经改进），适宜于农村拴系饲养肉牛使用。该牛舍宽度（跨度）为9米，采用头对头双列饲养方式。中间的饲喂通道宽1.6米，饲喂通道两侧的食槽宽各0.5米，牛床长1.7米，清粪道宽1.1米。食槽后高1.4米，前高1.1米，每间（开间）3.3米宽，可并排饲养肉牛3

头，即每间饲养肉牛 6 头。5 间为 1 个单元，饲养肉牛 30 头，由 1 个饲养员管理。每栋牛舍 10 间，构成 2 个单元。

这种牛舍也可用农家深厩圈舍改建，牛对冬季寒冷的抵抗力强，但对夏季暑热则难以适应，要设置窗户，以便通风，使舍内明亮，并将土质地面改造成水泥面或三合土面。设置浅尿沟，将尿导到屋外。牛床要有一定的倾斜度（1/60）。

## （二）开放式肉牛舍

发达国家的肉牛场很少有封闭式的保温牛舍，一部分肉牛场采用围栏场，一部分肉牛场采用开放式肉牛舍，主要用于核心群和原种群。

开放式肉牛舍三面有墙，向阳面敞开。在敞开面一侧接围栏，饲槽、水槽可设在围栏内。舍内和圈内为土地面，仅水槽和饲槽附近为水泥地面。也有一些牛场在牛舍敞开面把地面铺一段，其宽度为伸进舍内 1.2～1.8 米为宜，以防止把泥带进舍内。

开放式牛舍也可以把饲槽、水槽设在牛舍内。这样，在刮风、阴雨等不良天气下，使牛只得到保护，也避免了饲料的浪费及变质。牛舍面积以每头牛 2 平方米为宜。双坡开放式牛舍跨度为 11 米，最少也不能低于 8 米。牛舍内可以铺上垫草。

国外的开放式散养肉牛舍如图 8－2。牛的休息场所与活动场所合为一体，牛只可以自由进出。屋顶为单坡式，有无倾斜度均可。防水层可以选用石棉瓦、油毡、瓦等，结构保温层可以选用木板等。一侧的运动场围栏要留有活动门，活动门要有足够的宽度，以保证用小型拖拉机运进垫草和清粪。后墙的一侧留小门，主要是为了人和牛的进出，保证日常管理工作的进行，门的宽度以能通过牛为宜。运动场围栏可选用多种材料，如钢筋水泥板条、木板条，带刺金属丝等。

这种牛舍结构紧凑，造价低廉，牛只可以自由出入，在管理上能节省劳力，便于采用机械化，适宜于大量饲养。但是该牛

图8-2　开放式牛舍

舍的防寒性能差，饲养头数过多时，管理上就会不周到，浪费饲料较多。

我国没有发达国家那样的好草好料条件，肉牛的生产性能在寒、暑二季受到严重影响，不少地方养牛，因冬季天气寒冷，体重往往减轻25%左右。另外，在我国广大农区，每户（场）的肉牛饲养量不大，适宜于采用半开放式牛棚，并进行精细的管理以减少饲料浪费。

## 第三节　牛舍内外的主要设施及围栏育肥场

### 一、舍内外的主要设施

#### 1. 牛　床

封闭式牛舍需设牛床，牛床是牛吃料和休息的地方。牛床的长度根据牛的体型、拴系方式的不同，分为长牛床和短牛床两种。用长牛床，牛有较大的活动范围；用短牛床，牛的前身靠近饲料槽后壁，后肢接近牛床的边缘，使粪便能直接落在粪沟里。短牛床的长度一般为：乳肉兼用牛 160～180 厘米，本地牛或肉用牛 160～170 厘米，奶牛 180～190 厘米。

牛床的宽度取决于牛的体型。兼用牛每个床位宽 110～120 厘米，本地黄牛或肉用牛每个床位宽 105～116 厘米。

牛床应有适宜的坡度，并高出道路 5 厘米，以利于冲洗和保持干燥，坡度常采用 1%～1.5%。牛床分为水泥牛床、砖牛床和土质牛床等。砖牛床是用砖立砌，用石灰或水泥抹缝。砖牛床导热性强，硬度大。土质牛床，是把地面铲平、铺砂石之后，再铺一层三合土，夯实即可。土质牛床造价低，保暖性好，并能护蹄。

### 2. 食　槽

食槽应在牛床的前面，通道的两侧（或一侧），便于用车运送饲料，直接倒入槽内，以免二次搬运。牛的撞击力很大，饲槽必须坚固。饲槽有固定式和活动式两种，以固定式的水泥槽最实用。食槽一般做成通槽式，其长度和牛床的宽度相同。其上宽为 60～80 厘米，底宽 40～45 厘米，深 20 厘米，底呈弧形。槽后缘高 65 厘米（靠牛床一侧），前缘高 70～80 厘米，在食槽后缘上设牛栏杆。

### 3. 清粪通道与粪沟

牛舍内的清粪通道也是牛进出的通道，道路的宽度要满足运输工具的往返。通道的宽度一般为 150～170 厘米，路面要有 1% 的拱度。路面要画线，防止牛滑倒。

在牛床与通道之间一般设有排粪明沟，明沟宽度为 32～35 厘米，深度为 5～18 厘米（一般用铁锹放进沟内清理）。粪沟过深会使牛蹄子损伤，沟底应有 0.6% 的排水坡度，在沟的上面也可以采用铸铁缝隙盖板。

4. **饲料通道**

在食槽前面设饲料通道，用作运送、分发饲料，应根据运料工具和操作时必须的宽度来决定其尺寸，一般宽1.2米左右，饲料通道常高出牛床地面10～20厘米。

5. **运动场**

运动场对促进牛的生长，保证牛的健康都是很重要的。饲喂后牛到舍外自由活动、休息，可促进牛的新陈代谢，提高抗病力。对于育肥期的肉牛，也可以不设运动场，目的在于减少能量消耗。

运动场一般利用牛舍之间的空间距离，也可设在牛舍两侧。运动场的面积，应能保证牛自由活动、休息，不能太拥挤，又要节约用地，一般为牛舍面积的2～4倍。每头牛占用面积，成年母牛15～20平方米，育成牛10～15平方米，犊牛5～10平方米。

运动场地面最好用三合土夯实，要求平坦、干燥，有一定的坡度，中央高四周低，易排水，周围应设排水沟。运动场地面也可用立砖铺成，也可以建造水泥地面。水泥地面易清扫，不泥泞，下雨、晴天均可放牛。但夏季水泥地面辐射热大，冬季水泥地面冰冷。为了克服这种现象，运动场可采用一半水泥地面，一半泥土地面，中间设隔离栏。土质地面在干燥时开放，下雨或潮湿时关闭。在运动场全面开放时，牛可选择活动和休息的地方。

6. **补饲槽和饮水槽**

补饲槽和饮水槽一般在运动场边缘靠近道路边的围栏旁。槽的大小、长度根据牛群大小而定，不要太短小，以防争食、争饮，造成相互打斗。

牛在舍内吃草时间短，在运动场补饲，能增加粗饲料采食量，有利于增重。饲槽采食面为75～150厘米/头。

牛随时都要饮水，因此，在运动场应设水槽。槽长3～4米，宽70厘米，槽底宽40厘米，槽高40~70厘米。每25~40头牛应有一个饮水槽。要保证供水充足。牛每采食1千克干物质约需水3~4千克。

**7. 围　栏**

运动场及围栏育肥场周围都要设围栏，可以用钢筋围栏和刺线围栏等。

（1）钢筋围栏。用钢筋水泥制成方形柱，高2米，植入土中50厘米，用水泥把周围埋实，柱间距2~2.5米，方形柱之间用直径为20毫米的钢筋相连，上下2根，一根离地0.7米，另一根离地1.1米。培育牛运动场的围栏要用3根直径20毫米的钢筋相连，以免牛从围栏内跑出。

（2）刺线围栏。木柱的直径10厘米，长度2米，埋深部分用涂沥青的方法进行防腐。柱间距3米，用4道刺线。具体施工程序：挖坑、立柱、放线和紧线、绑线、编织撑条。为了使各条刺线之间保持一定距离而不变形。关键是每隔一定距离加1道撑条，即用铁丝由第一条刺线一直穿下，把所有的几条全部编织起来。

## 二、围栏育肥场

围栏育肥场育肥肉牛，是将牛集中到一块场地上，集中分群，不拴系，露天饲养于围栏内。美国和加拿大等国家常采用这种育肥场。现以加拿大阿尔伯塔省的维特牧场为例作一介绍。

该场在场地四周设有挡风障。所谓挡风障就是用木板架起来的障子，木板高2~2.5米，宽20~25厘米，板与板之间有3~4厘米的间隔，空隙占15%~20%。这种挡风障，只能挡风，不挡雪。

牛栏是呈“非”字形排列，中间有通道，通道两侧是饲槽。饲槽后面是用木板夹成的若干个牛栏。每个栏内养牛100~

200 头。

有的肉牛育肥场饲养非常密集，平均每头占栏面积不足 20 平方米。大栏套小栏，每个小栏内养 6 ~ 8 头。

供草、供料全部采用机械化。圈内放置饲草，在圈的固定位置装有平台自动饮水器。牛自由采食、自由饮水。栏内铺锯末，粪便每年春季用拖拉机清理一次。当牛出栏时，都通过自动秤，称重记录，实行全进全出的管理制度。

美国佛罗里达州某肉牛育肥场，由 40 个围栏组成，每个围栏宽 9.1 米、长 58.0 米。围栏内采用水泥地面，有 3% 的坡度，以保证排除污水。围栏的上方，用高 3.7 米的金属管架和布组成一定面积的遮阴棚，用金属丝围栏，沿长轴设置水泥饲槽。每栏安装一个用水泥制作的仿贮水箱，保证供水充足。

围栏育肥的好处：设施费用少，节省劳动力，适宜于大规模经营。在围栏场内，牛的粪尿到处散布，土地容易潮湿、泥泞，要妥善解决。

# 下篇　奶牛和奶水牛养殖技术

## 第九章　奶牛的饲养管理技术

饲养奶牛的主要任务，一是为人们提供量多、质优的奶品，二是为哺育犊牛提供主要饲料，三是繁殖更多的后代。为了提高泌乳牛的产奶量和改善牛奶品质，以及提高繁殖率，必须实行科学的饲养管理。

### 第一节　泌乳母牛的饲养管理

据统计，奶牛产犊后到120天，所产奶量约占全泌乳期总奶量的60%～65%。在生产实际中，由于每阶段奶牛的产奶水平和营养需要量有明显差别，因而不能把不同泌乳阶段的产奶牛均用同一种日粮去饲养。国内外均提倡采用阶段饲养法，并且取得了良好的经济效益。阶段饲养法共分3个阶段，即泌乳初期、泌乳中期和泌乳后期，以后则进入干乳期。

#### 一、泌乳初期的饲养

奶牛从产犊开始直到产后70天，为泌乳初期。在此阶段，奶牛的干物质进食量因食欲未完全恢复而比泌乳后期还低15%。产后最初几天食欲最差，进食量很低，而泌乳量则天天增加，造成养分入不敷出，致使母牛不得已而动用体脂来产奶。

此期间，一般母牛约减体重 35～50 千克，平均每日减 500～700 克，个别情况下，体重平均每日可减少 2～2.5 千克。最高日产奶量一般出现在产后 4～8 周；最高干物质进食量则在产后 10～14 周，因而出现了泌乳初期母牛体内能量的负平衡。此阶段的饲养方法主要有以下两种。

**1. 我国传统饲养法**

母牛产犊后，应让其自由采食优质干草，尽量避免喂过多的青贮玉米。喂精料后要观察当日进食情况，若不剩精料，且吃了大量干草，精神、排粪、反刍正常，则可每天增喂 0.5～1 千克精料；若有剩料，且采食粗料较少，进食过慢，食欲明显不良，则不能加料。每日精料量分 3 次喂给，一般每次投料量不超过 3 千克，并应与粗料拌好后再喂。其精料量应控制在每产 3 千克常乳给 1 千克精料。每 3 天要测 1 次产奶量，每 10 天测 1 次乳脂率，用来指导生产。

**2. 全价日粮（也称完全混合日粮）饲养法**

先按泌乳初期的产奶量、乳脂率、体重和减重程度及调制的总量，确定饲料配方，然后把铡得较短的粗饲料、精料、糟粕类饲料、缓冲剂、矿物质元素、维生素等添加剂用专用搅拌机（或人工）混合均匀，供牛自由采食。这样不会发生消化机能失调、瘤胃酸中毒、过食等问题，且进食量大，营养平衡，奶量上升快。

## 二、泌乳中期的饲养

此阶段为母牛产后 71～140 天，有的资料也称之为泌乳平稳期。此阶段母牛的泌乳高峰期刚过去，但干物质进食量进入高峰期，故体重开始恢复。泌乳曲线稳定的高产奶牛，在此期间奶量几乎不减，或仅以每个月小于 6% 的速度下降；而一般生产牛降幅为10%。此阶段饲养技术要掌握以下要点。

（1）此阶段可按维持加产奶的需要进行全价日粮饲养，可不考虑体重变化的问题。

（2）对于日产奶量高于35千克的高产奶牛，不论是平日还是夏季，均应添加缓冲剂。夏季还应加氯化钾或脂肪粉（含有脂肪80%，乳糖、酪蛋白、淀粉、水分各5%，另有抗氧化剂），以利于高产奶牛抗热应激。

（3）高产奶牛在此阶段其干物质进食量可高达每100千克体重3.5~4.5千克，且食欲很旺，但仍然要细心饲养才会成功。

（4）夏季为防止炎热对母牛食欲的影响，可在凌晨3~5时日出前、气温最低时饲喂1次，以提高进食量，防止与减少泌乳旺盛的母牛在此季节发生用体脂产奶的现象。

## 三、泌乳后期的饲养

产犊后141~365天是泌乳后期。此时母牛已进入妊娠中后期，对营养的需要包括维持、泌乳、修补体组织、胎儿生长和妊娠沉积养分等5个方面，故母牛对养分的需要量增加。此期体重的增加量高于泌乳中期，一般牛每日约增重500~700克，约相当于日产3~5千克标准乳的养分需要。泌乳初期减去的35~50千克体重，要尽量在泌乳中期和此阶段恢复，但又不能使母牛过肥。此阶段母牛用于恢复体重的代谢能转化为体重的效率高于干奶期。

### （一）泌乳后期的饲养技术要点

（1）日粮给法要根据母牛的产奶水平和实际膘情，只要母牛为中等膘（即肋骨外露明显），则按前述日粮组成饲喂。若已达中等以上膘情（即肋骨可见，但不明显），则可减少1~1.5千克精料，并严格控制青贮玉米的给量，防止母牛过肥。

（2）在预计停奶以前必须进行一次直肠检查，最后确定一下是否妊娠，以便及时停奶。有时个别牛可能怀双胎，则应按双胎确定该牛干奶期的饲养方案，要合理地提高饲养水平，增加3~5千克产奶量需要。

（3）要禁止喂冰冻或发霉变质的饲料；注意母牛保胎，防止机械性流产（如防止母牛群通过较窄通道时互相拥挤，防止滑倒等）。

## （二）泌乳母牛的饲养管理注意事项

### 1. 饲料搭配要多样

奶牛对饲料要求比较严格，在泌乳期间其日粮必须多样化和适口性好。粗饲料不少于2~3种，混合精料不少于3~5种，此外还应添加酒糟、玉米渣等。饲料多样化可使日粮具有完全的营养价值，能促进母牛的食欲，促进消化液的分泌和提高饲料的利用率，因而能促使乳牛产奶量的提高。

### 2. 要讲究饲喂技术

奶牛的饲养，首先要做到“定时定量，少给勤添”。因为定时饲喂，可使牛消化腺的分泌机能在吃到饲料之前就开始活动。如果饲喂过早，牛还未饿就上槽，它必然挑剔饲料；喂迟了又会饥饿不安，也会打乱消化腺的活动，影响牛对饲料的消化和吸收。此外还要注意，更换饲料的种类时要逐渐进行，慢慢地增加新饲料，逐渐减少被替换的饲料，采用交叉式的过渡办法，才比较安全。过渡的时间应在7天左右。

### 3. 要给予充足饮水

水约占动物体重的65%，有的小动物则占70%以上，是动物不可缺少的重要营养要素。水对奶牛来说则更为重要，牛奶中含水在85%以上。据试验，日产奶50千克的奶牛，每天需要饮水100~150升，一般奶牛每天也需要50~70升，如饮水不足，就会直接影响到产奶量。试验还证明，奶牛饮水充足，可以提高泌乳量10%~19%。因此，必须保证奶牛每天有足够的饮水，最好用自动饮水器，如无此设备，则每天应给牛饮水 3～4 次，夏天天热时更应增加饮水次数。

**4. 要保证充足运动**

奶牛在舍饲期间每天要有适当的运动，如运动不足，牛体易肥，会降低其产奶量和繁殖力，而且运动不足也易使奶牛降低甚至丧失对外界气温及其他因素急剧变化的适应能力，易患感冒、消化及呼吸器官等疾病，更由于运动不足，呼吸新鲜空气机会减少，也易使母牛体质很快衰退和易患肢蹄疾病。因此，对于奶牛，每天除坚持 2～3 小时户外驱赶运动外，每次饲喂和挤奶后，还应赶到运动场内，让其自由活动。

**5. 要经常刷拭牛体**

经常刷拭牛体，对保证牛体清洁卫生，调节体温，促进皮肤新陈代谢和提高奶品质有着重要意义，有利于牛体健康和生产性能的提高。对泌乳母牛，每天必须坚持仔细刷拭 2～3 次，最好是每次挤奶前都要进行刷拭，并注意要遍及全身，不可疏漏。冬季以干刷为主，水湿面积尽量要小，水温 38℃左右，洗后立即将被毛和皮肤擦干，以防感冒。夏季以洗刷为主，既有助于皮肤的清洁卫生，又可起到防暑降温的作用，有利于产奶量的提高。

**6. 要加强护蹄**

蹄病会造成奶牛行走困难，影响奶牛生产性能的充分发挥，甚至造成不发情，影响奶牛的繁殖能力。因此，必须经常保持奶牛蹄壳、蹄叉、蹄底的清洁，每天刷拭牛体时，必须注意对牛蹄的刷洗，并定期进行修蹄，加强护蹄是提高产奶量的重要环节之一。

# 第二节　干乳母牛的饲养管理

一般说来产犊前 2 个月应该使泌乳母牛停止泌乳，这在奶牛饲养管理上是一个重要的技术环节。此期被称为干乳期，其意义在于：一是让母牛休息，促进胎儿生长发育，修补泌乳后期未完全补偿的体组织，蓄积营养，使乳腺组织得到更新；二是有利于延长奶牛的泌乳寿命，如能延长 1 个胎次的寿命，不但增加 1 胎犊牛，而且能得到更多的牛奶。

育成牛在第一次分娩前没有泌乳，所以无所谓干乳期，但育成牛在妊娠后期的生理活动、营养需要等，与妊娠后期的泌乳母牛基本是一致的，可照同样的原则进行饲养管理。

在正常情况下，干乳期为 60 天（50～75 天）。干乳期少于 6 周会降低下一个泌乳期的产量，过长的干乳期也没有必要，所以应把干乳期控制在 60 天左右。

## 一、干乳方法

对于泌乳末期奶量就已不多的牛，迅速干乳比较安全。但对于产奶量较高的牛，要逐渐减少挤奶次数，同时少喂精料，拖延 3～5 天后使奶量迅速减少干乳。具体做法如下所述。

**1. 逐渐停奶法**

即用一两周的时间将泌乳活动停下来。开始进行停奶的时间，视母牛当时的泌乳量多少和过去停奶的难易而定。泌乳量大的、难停奶的则早一些开始，反之则可迟些开始。进行停奶时，先从日粮中除去精料、多汁料和青料，供给干草或秸秆，并控制饮水，加强运动，随之减少挤奶次数，在减少挤奶次数的同时，停止按摩乳房，至奶量降至 3～5 千克时才停止挤奶。用这种方法完成停奶工作约需 5 ~ 10 天，个别高产牛甚至需要更长的时间。

**2. 快速停奶法**

这种方法比较好，但要求工作人员胆大心细，责任心较强。只要达到停奶之日，即认真按摩乳房，将奶挤净，将乳房乳头抹干净以后即停止挤奶，同时保持垫草清洁。采用这种方法，最好挤完奶后能用盛有 5% 碘酒的小杯子浸一浸乳头，预防感染，必要时再用盛有火棉胶的小杯子先浸每一个乳头 1 次，然后再将每个乳头轮流浸 2 ~ 3 次，用火棉胶将乳嘴封闭，减少感染机会，也可在封闭乳嘴前先注入青霉素眼膏作为预防乳房炎的措施。可每个乳头 1 支；或用青霉素 20 万单位加磺胺 1 克，加 20 毫升甘油混合后分别注射 4 个乳头。乳头经封口后，即不再动乳房，即使洗刷时也要防止触摸它，但应经常注意乳房变化。乳房最初可能继续充胀，只要它不出现红肿、疼痛、发热、发亮等不良现象，就不必管它。经 3 ~ 5 天后，乳房内积奶即逐渐被吸收，约 10 天左右乳房收缩松软，处于休止状态，停奶工作即安全结束。如停奶后出现过分充胀、红肿或滴奶等现象，从防止感染出发，还以再挤净后加青霉素眼膏封闭为好。这种停奶方法可最大限度地利用母牛泌乳能力，直到预定停奶之日止，且方法又简单，不需预先停料，不致影响母牛健康和胎儿发育。但此法对曾有乳房炎病史或正患乳房炎的母牛不适宜。对这些牛在停奶前要及早治愈，停奶后还须注入长效青霉素，然后再消毒，封闭乳头。

## 二、干乳期的饲养管理

干乳期的饲养是母牛身体蓄积营养物质时期，但此期只需给予妊娠和维持需要，使干乳母牛在此期间取得良好状况即可，不宜让其采食过多能量、粗蛋白质和矿物质饲料，以免过肥，影响产犊。干乳牛的日粮必须满足营养需要，但不应超过下列范围：

（1）总干物质喂给量一般限于体重的1.25%～1.5%。

（2）能量给予量限于每100千克体重6.7兆～7.5兆焦耳。

（3）粗纤维水平，以干物质计应在25%～35%。

（4）蛋白质水平，以干物质计限于8%～12%。

临产前2周，因为即将开始突然泌乳，为使奶牛的瘤胃开始适应逐渐增加精饲料的给量，使瘤胃微生物区系得以适应，又要开始逐渐增加精饲料的给量，按母牛体重和预计产奶量提供，至临产前约喂精料4～6千克，以不长膘为度，以免影响产犊。

## 第三节　奶牛的挤奶技术

### 一、挤奶前的准备

（1）挤奶前要给泌乳母牛安排安静的环境，避免周围环境强烈的噪音或鸡、狗的叫声干扰。

（2）准备好洗乳房用的温水，清除牛床后1/3处的垫草、粪便。备齐挤奶用的桶、盛奶罐、过滤纱布、洗乳房的水桶、毛巾、小凳、秤、记录本等，挤奶前要剪短指甲，洗净双手。挤奶用具使用前后必须彻底清洗、消毒。先用冷水冲洗后，再用0.5%的温碱水（约45℃）刷洗1遍，最后再用清水冲洗2遍。

（3）洗擦乳房。挤奶前要刷拭好牛体，特别是后躯、腹部和牛尾巴要刷拭干净。然后用45℃的温水，依序擦洗乳房、乳头、乳房底部中沟、左右乳区和乳镜等部位。先用较湿的毛巾擦洗，之后再将涮洗干净的毛巾拧干，自上而下擦干乳房。经过擦拭，如乳房显著膨胀，乳静脉变得粗大而明显，乳头括约肌渐渐松弛有排乳象征时即可挤奶，这个过程大约45秒至1分钟。清洗乳房不仅是为了清洁，而且也是一种刺激和按摩，促使乳房神经兴奋，加速乳房的血液循环，以利奶的分泌和排出。

（4）检查各乳区最初挤出的奶是否正常，这是乳房准备最重要的部分。如果发现奶汁中有絮状物、凝块或是血液，肯定已染上乳房炎，这种奶切不可与正常奶混合。同时还须检查乳房有无肿胀、受伤等，并注意不可污染其他牛及奶。最初挤出的两把奶应装入杯内，切忌洒在地面上以及洒在手上又去接触其他奶头。

## 二、挤奶方式

科学、合理地挤奶，对奶牛健康以及提高产奶量十分重要。挤奶必须定时，且有固定的操作顺序，使奶牛形成习惯。据试验，有严格的挤奶制度，可提高3% ~4% 的泌乳量。

**1. 手工挤奶**

一般用拳握式压挤法，即以大拇指和食指压挤乳头，然后按中指、无名指、小指顺序压挤，手指动作要有节奏，用力均匀，每分钟压挤约 80 ~ 100 次。奶流量因各母牛乳房括约肌松紧不同以及产奶量的多少而异，一般每分钟排奶量都在 1 千克以上。挤奶可先挤两个前乳区或两个后乳区，也可对角乳区交叉进行，这由挤奶员的习惯而定。但按一般规律，后乳区的产奶量较高，可以挤后乳区。每个乳区的奶都不是一气挤完的，要挤到一定程度后，就开始挤另两个乳区，所以也可以在操作过程中延长后乳区的挤奶时间，使 4 个乳区几乎同时挤完，最后挤净余奶。

挤奶时间可安排在早上 7 时、下午 2 时和晚上 9 时，每天挤 3 次奶。日产量超过 30 千克的牛可适当增加一次挤奶，对于产奶量较低的牛，也不应该减少挤奶次数。因为挤奶本身及挤奶前、挤奶期间的按摩，对乳房都会产生催乳的刺激，加速血液循环及乳的形成，所以它是促使高效生产的一个更为直接的措施。

2. 机器挤奶

奶牛通常清洗乳房后大约1分钟开始放乳，并持续2～4分钟。套挤奶机的适当时机是在清洗后的45秒至1分钟。

挤奶机的小单元奶杯，在变动压力情况下工作，开始其压力比乳房略高，随后在乳头上出现真空或低压，使牛奶冲破乳头括约肌的封闭力，流入挤奶机内的低压区。挤奶节拍有低压、挤奶和间歇3个阶段，三者相互交替形成脉动。脉动使空气进到乳头杯外壳和软杯之间，使软杯瘪塌产生按摩作用，促进奶头的血液循环。大多数母牛在3～6分钟可以挤完。当乳房里的奶出尽了，即可轻轻地移去乳头杯，不要使空气通过。乳头杯一定要及时移去，避免挤过了头。通常有1个或2个乳区先出尽奶，所以每个乳头杯要各自分别取下，要逐个地移开乳头杯，脱杯时可用一手指恰好压在乳头杯上缘的乳头上，这样乳头上的真空软管就会出现弯曲或脱出。动作一定要干脆利落，漫不经心地拽脱软杯会使大量空气进入挤奶杯小室内，造成真空波动很大。挤奶杯取下后，应先在冷水中清洗，每挤奶5～7头后应消毒1次。卸下的乳头杯不要放在地上，以免沾染污物和细菌。

挤奶完毕或除去乳杯后，为保证乳房健康，在除去奶头末端奶汁后，通常要用已被批准的消毒液浸泡一下奶头，例如使用有机碘或其他消毒液。待全部奶牛挤完奶以后，所有用具及挤奶设备均应彻底清洁。

挤奶前要安排好挤奶牛的先后顺序，理想的挤奶牛排列顺序：先挤第一胎无乳房疾病的青年母牛；其次挤无乳房炎病的老年母牛；然后是曾患过乳房炎但现无症状的母牛；最后挤各个乳区不正常奶的母牛。

# 第十章　水牛品种和类群

## 第一节　水牛类型分类

现在世界上水牛的分类，一般都是按麦格雷戈的分类法，把亚洲家养水牛分为2种类型，即沼泽型水牛和河流型水牛。

### 一、沼泽型水牛

这类水牛有泡水和滚泥的自然习性，故称沼泽型水牛，其细胞染色体核型 $2n=48$。沼泽型水牛的体型较小，生产性能偏低，但耐粗饲，耐湿热，适应性强，其用途以役用为主。中国的水牛基本属于沼泽型水牛。

### 二、河流型水牛

这类水牛原产于江河流域地带，习性喜水，故称河流型水牛，其细胞染色体核型 $2n=50$。河流型水牛体形大，乳用性能好，其用途以乳用为主，也可兼作其他用途。印度的摩拉水牛、巴基斯坦的尼里—拉菲水牛和意大利的意大利水牛都属河流型水牛。这些水牛是世界上著名的乳用水牛品种，曾被许多国家引种饲养或作为当地水牛的改良种。我国于2008年也有了自己的河流型水牛，即槟榔江水牛。

## 三、杂交型水牛

这类水牛按不同杂交方法可分为以下几种：

（1）河流型水牛与河流型水牛之间杂交的后代，如摩拉水牛与尼里—拉菲水牛杂交的后代，其细胞染色体核型 $2n=50$。

（2）另一种是河流型水牛与沼泽型水牛杂交的后代，如印度的摩拉水牛与我国的德宏水牛杂交的后代，其染色体核型呈多态性，可能出现 $2n=50$、$2n=48$、$2n=49$ 等 3 种类型。

# 第二节　沼泽型水牛品种和类群

沼泽型水牛主要分布于中国、泰国、越南、缅甸、老挝、柬埔寨、马来西亚、菲律宾、尼泊尔、斯里兰卡等。这里介绍的沼泽型水牛，主要是中国饲养的本地水牛品种和类群。

## 一、德宏水牛（Dehong）

### （一）品种产地

德宏水牛主要分布于云南省德宏州的潞西、梁河、陇川、瑞丽、盈江及畹町，临沧地区的耿马、镇康、永德、沧源、双江、凤庆、临沧、云县等，保山地区的腾冲、龙陵、保山、昌宁、施甸等。其中，潞西、陇川、盈江、耿马、镇康为其重点产区。据 1980 年统计，主产区有德宏水牛 39 万头。该产区生态环境优越，属亚热带湿润气候类型，年均气温为 19.6℃，年均降雨量为 1450 毫米，雨季集中在 5～10 月，霜期为 50～115 天，有些地方终年无霜。地理上属横断山脉的南延，平均海拔高度为 893～1200 米。水资源丰富。产区植被属热带雨林、季雨林及南亚热带常绿阔叶林类群，以禾本科为主的牧草作为水牛的饲料。

德宏水牛产区地处云南西南边疆，为傣、景颇、佤、阿昌等多民族集聚地区，当地人民多从事农业生产，粮食作物以水稻为主，其次是玉米、小麦、豌豆等，经济作物有甘蔗、茶叶、紫胶、烟叶、花生、水果等。水牛是农业生产中的重要畜力，在各族人民生活中占有相当重要的地位，德宏水牛是经过长期人为选择培育而成的。

## （二）体形外貌

德宏水牛毛色多为黑色、瓦灰色（灰褐色、褐灰色），占92%～95%，而白色占5%～8%，黑色和瓦灰色水牛的四肢下部为白色或淡黄色。黑色水牛的皮肤黑而发亮，瓦灰色水牛的皮肤多为浅灰色，白色水牛的皮肤为粉红色，但有数量不等、大小形状不同的黑斑。头大小适中，额宽。公牛头较粗重，母牛头略狭长。角向两侧向后向内弯曲成半弧形，角基方菱形，角尖逐渐成圆形，角长短、大小不一；母牛颈角较细，角色多为深灰色。公牛颈粗短，母牛颈较细长，在颈胸部有“V”形灰白纹。颈肩、肩背结合良好，胸宽且深，鬐甲高于荐高，背腰平直，肋骨拱圆，腹大而圆。尻长中等，斜尻（少数平尻）。尾根粗大，尾长。四肢端正，粗壮稍短，筋腱明显。前肢开阔起立，后肢稍弯曲，系短有力。蹄质坚实，蹄大而圆，多为黑色。

## （三）性　能

### 1. 繁殖性能

公牛一般在1.5岁性成熟，5～8岁配种能力最强；母牛在2～2.5岁性成熟。母牛产犊多为3年2胎，终生产犊8头左右，最多12头以上，一般15岁停止产犊，个别可达20岁。母牛发情多集中在6月至翌年3月，平均发情周期为22天（20～35天），发情持续期为3天（2～6天），平均妊娠期为316天（290～325天）。据耿马农场经产母牛102头统计，产犊率为80%～

92.8%，而农村的为50%~65%。

2. **肉用性能**

据德宏阉水牛2头测定：屠宰率为48.1%±2.0%，净肉率为39.1%~1.4%，产肉能力较好，而且结缔组织和脂肪较少。

3. **役用性能**

公（阉）牛7~10岁役力最强，11岁后逐渐减弱，役用年限为18岁，20岁被淘汰。由于牛多，劳役轻，每天耕作4~6小时，农忙时达8小时。德宏水牛最大挽力240~400千克，正常挽力140~187千克。每秒行速0.31~0.95米。

4. **生长发育**

（1）体重：初生重公牛（6头）30.5千克±2.4千克，母牛（4头）39.6千克±1.9千克；12月龄公牛（11头）266.1千克±59.6千克，母牛（9头）219.3千克±37.1千克；24月龄公牛（30头）278.5千克±45.5千克，母牛（18头）299.3千克±48.8千克；成年公牛（115头）571.3千克±88.0千克，母牛（252头）500.3千克±65.7千克，阉牛（90头）627.0千克±87.6千克。

（2）体尺：体高公牛（115头）131.1厘米±5.0厘米，母牛（252头）126.5厘米±5.9厘米，阉牛（90头）135.2厘米±6.9厘米；体斜长公牛139.6厘米±9.7厘米，母牛132.6厘米±8.0，阉牛146.5厘米±10.2厘米；胸围公牛199.1厘米±6.7厘米，母牛193.5厘米±7.3厘米，阉牛208.4厘米±14.8厘米；管围公牛24.4厘米±2.5厘米，母牛22.7厘米±1.4厘米，阉牛24.9厘米±1.5厘米。

## （四）适应特性

由于产区地形地貌复杂，山峦连绵，河流纵横，而且有较大面积的林地和林间草场，气候较热、雨量充足，土壤肥沃、野草繁茂等条件，因此，德宏水牛具有体格高大、骨骼粗壮结实、性情温驯等特点，繁殖力较强，耐粗放饲养，抗病力、役用能力均较强，肉用性能良好，具有地方品种的特征。

## 二、滇东南水牛（Diandongnan）

### （一）品种产地

滇东南水牛主产于云南省红河州的红河、绿春、元阳、金平、屏边、河口，文山州的马关、麻栗坡、西畴、富宁等县，以及玉溪、曲靖部分县均有分布。据1980年统计，主产区约有滇东南水牛22.3万头。该产区一般海拔1000~1500米，最低的河口县海拔76.4米。绝大多数县处于北回归线以南，气候炎热，属北热带及南亚热带气候，年均气温15.8~22.6℃，霜期甚短或全年无霜，潮湿多雨，年均降雨量996.2~1668毫米，雨量多集中于6~9月。植被属亚热带雨林、季雨林及南亚热带湿生性常绿混交林类型。草山分布广，面积大，牧草再生力强，青草期长，放牧条件十分优越。该产区红河、文山是云南省哈尼、壮、彝、苗等多民族的聚居地。当地人民主要经营农业，农作物以水稻、旱稻、玉米、小麦为主，农业上因河谷梯田、梯地多，土质黏重，需要体力强大的水牛才能满足耕作的需要，而水牛作为役用也有1000多年的历史，因此，水牛在当地人民的生产和生活中占有重要的地位。

### （二）体形外貌

滇东南水牛由于各产区生态环境差异，大致可人为大、小两个类型。大型水牛平均体高120.5~127.4厘米，头长而窄，颜面平直，躯体和四肢较长；小型水牛平均体高115.0~118.3厘米，头短而宽，四肢较短，躯体深厚而短，臀宽。大型水牛头数少，主要分布于元江水系的河谷及坝区；小型水牛头数多，分布于熔岩山原的山区和半山区。两类型水牛共同的特点如下所述。

1. 被　毛

较稀疏，毛色为瓦灰色和白色两种，据红河州和文山州调查，瓦灰色分别占 82.2% 和 95.5%，白色分别占 17.8% 和 5.0%。瓦灰色水牛口轮、耳壳内壁、腹底部、四肢内侧和膝关节下部的毛色较淡，多呈灰白色；喉下胸前有“V”形白带。瓦灰色水牛的皮肤灰黑色，白毛水牛的皮肤粉红色。

2. 头　颈

头大小适中，公牛粗重，母牛清秀。角向两侧向后再向内弯曲成弧形，公牛角粗，母牛角较细。角色为灰黑色，但白毛水牛的角为蜡黄色。

3. 躯　干

颈肩结合良好，胸宽、深，肋骨拱圆，一般鬐甲高于荐高。背腰平直，腹大而圆，尻长度中等，分为斜尻和平尻。公牛睾丸中等，母牛乳房较大，乳头较粗。尾根粗，尾较短。

4. 四　肢

肢势端正，粗壮结实，筋腱明显，前肢开阔直立，后肢稍弯曲，系短有力。蹄质坚实，蹄大而圆多为黑色。但少数水牛存在前肢“内向”、“卧系”的缺陷。

## （三）生产性能

1. 繁殖性能

公牛一般在 2 ~ 2.5 岁性成熟，3 ~ 4 岁开始配种，8 ~ 10 岁后逐步淘汰。母牛初次发情为 1.5 ~ 2.5 岁，3 ~ 4 岁开始配种。母牛发情季节多集中在 7 ~ 11 月，发情征状明显，发情周期为 18 ~ 36 天，发情持续期为 1 ~ 3 天。母牛在较好的饲养条件下 1 年产犊 1 胎，一般为 3 年产 2 胎，终生产犊 7 ~ 8 头，个别 10 头以上。据调查，牧场（全年放牧不使役）的母牛繁殖率为 90% ~ 95%，犊牛成活率为 90%；农村水牛的繁殖率为 40% ~ 76%，成活率为 60% ~ 80%。

**2. 肉用性能**

当地食用的水牛肉多为淘汰的老残水牛，一般屠宰率低，仅30%～35%。若稍加肥育后有较好的产肉能力，如红河州屠宰率为48.9%，净肉率为42.0%，眼肌面积为60.9平方厘米，胴体骨肉比为1∶6.34；而屠宰阉牛2头，分别为43.6%、35.9%、52.51平方厘米和1∶3.83。

**3. 役用性能**

滇东南水牛性情温驯，易于调教，役用性能较好。一般3～4岁调教，6～10岁役力最强，17～18岁以后淘汰。当地习惯于一牛一犁，多耕水田。据文山州用阉牛3头、母牛1头，每天耕作6小时，犁旱地结果：阉牛耕地0.1～0.2公顷/小时，平均0.017～0.033公顷/小时；母牛耕地0.11公顷/小时，平均0.019公顷/小时。又据红河州用阉牛5头、母牛1头犁水田结果：阉牛平均犁田0.018～0.041公顷/小时，母牛犁田0.022公顷/小时。两州试验结束后，30分钟内水牛的体温、脉搏、呼吸3项生理指标恢复正常。

**4. 生长发育**

（1）体重：初生重公牛（18头）24.2千克±4.9千克，母牛（41头）26.3千克±4.3千克；12月龄公牛（99头）140.4千克±36.1千克，母牛（293头）147.5千克±29.2千克；24月龄公牛（83头）200.2千克±45.8千克，母牛（272头）215.3千克±34.千克；成年公牛（82头）358.4千克±54.9千克，母牛（534头）339.3千克±47.0千克，阉牛（226头）410.1千克±47.2千克。

（2）体尺：体高公牛（82头）117.2厘米±3.4厘米，母牛（534头）115.7厘米±2.6厘米，阉牛（226头）121.1厘米±3.3厘米；体斜长公牛124.8厘米±7.3厘米，母牛121.9厘米±7.3厘米，阉牛130.5厘米±6.0厘米；胸围公牛182.6厘米±8.3 厘米，母牛 179.3 厘米±7.9 厘米，阉牛 182.1±11.3 厘米；管围公牛 21.6±1.3 厘米，母牛 20.5±0.9 厘米，阉牛 22.2 厘米±0.9 厘米。

### （四）适应特性

滇东南水牛体形较小，体态发育匀称，肌肉结实有力，性情温驯，耐粗放饲养，役用能力较好，繁殖力、抗病力和适应性均较强，是一种优良的山地小型役用地方水牛品种。

## 第三节　河流型水牛品种

## 一、摩拉水牛（Murrah）

### （一）品种产地

摩拉水牛原产于印度西北部的哈里亚纳邦、旁遮普邦和德里直辖区，该国饲养摩拉水牛 3000 万头，占水牛总数的 46.5%。摩拉水牛是印度产乳量高的乳用品种。印度水牛乳业发展快，增长迅猛，提高了全民乳食占有量，2007 年，水牛奶产量约 5500 万吨。

中国于 1957 年从印度引进摩拉水牛 55 头以后，摩拉水牛数量逐年上升，据 1982 年统计，全国有摩拉水牛 2300 头。随着农村体制的改革和市场需求的变化，摩拉水牛头数有所下降，据 1988 年不完全统计，摩拉水牛仅有 958 头，通过 20 年不断努力，目前存栏 300～400 头。

### （二）体形外貌

摩拉水牛毛色通常为黑色，尾帚为白色。体质坚实，躯体深厚，体高而长。公牛头粗重，母牛头较小、清秀。角短而向后向上内弯曲呈螺旋形。公牛颈厚，母牛颈长薄，无垂皮。公牛躯体前重后轻；母牛前躯轻狭，后躯厚重。背腰平直，肋骨张开，斜尻，尾细长而柔软。四肢强健，肢势良好，蹄质坚硬。乳房发达，乳头大小适中，距离宽，乳静脉弯曲明显。

## （三）生产性能

### 1. 繁殖性能

在良好的饲养管理条件下，摩拉公水牛 24 ~ 36 月龄开始采精配种。母牛初情期为663. 0 天 ±228. 4 天，初配期为1071. 4 天 ±368. 9 天，头胎产犊年龄较晚，为 1435. 1 天 ±307. 9 天。发情周期为 22. 9 天 ±3. 1 天，发情持续期为 2 ~3 天。摩拉母牛配妊时间也较长，为 115. 6 天 ±107. 2 天。产后发情期为 66. 9 天 ±40. 6 天，产犊间隔 471 天 ±168. 9 天，一般母牛 1 ~ 1. 5 年可产犊 1 胎。

### 2. 乳用性能

据印度 Same 等人（1972）报道，摩拉水牛一生总泌乳量以 10 个泌乳期的泌乳量计算为 17254. 8 千克。据广西水牛研究所对摩拉水牛泌乳母牛 237 头次资料统计，平均泌乳期为 324. 7 天 ±73. 6 天，泌乳量为2132. 9 千克 ±578. 3 千克，平均日产乳 6. 6 千克，最高日产量达 17. 4 千克。该所的部分摩拉水牛已达到或超过印度摩拉水牛一生的泌乳水平。摩拉水牛在一个泌乳期内，各泌乳月的泌乳曲线是一条较平稳的偏抛物线，以第二个月的泌乳量最高（287. 1 千克），第一个月的泌乳量为最高月产量的 91%，第十个月仅为 52%，第三个月至第九个月的产量逐月递减 6% ~7%。

摩拉水牛乳常量营养成分：固体物率为 16. 7% ±0. 6%，蛋白率为4. 1% ±0. 1%，乳脂率为6. 7% ±0. 5%，乳糖率为5. 0% ±0. 1%，粗灰分率为0. 8%，非脂固体率为 10. 0% ±0. 2%，这些指标稍低于本地水牛乳和杂种水牛乳；而固体物量为 356. 8 千克，蛋白量为86.4千克，乳脂量为143.5千克，这些指标均介于本地水牛乳和杂种水牛乳之间。摩拉水牛乳含18种氨基酸，总量为3767毫克/100毫升，其中亮氨酸、赖氨酸等9种必需氨基酸的含量为1768毫克/100毫升，占总量的46.9%。微量元素以钠、钾、钙含量高，维生素以维生素C和维生素E含量高。

**3. 肉用性能**

摩拉公牛在19~24月龄育肥65天，日增重为0.41千克±0.20千克；屠宰率、净肉率和骨肉比分别为53.7%±3.6%、41.9%±3.1%和1∶3.8±0.1。

**4. 生长发育**

（1）体重：初生重公牛（105头）38.4千克±5.0千克，母牛（141头）36.0千克±5.6千克；12月龄公牛（63头）277.0千克±70.6千克，母牛（114头）237.0千克±57.0千克；24月龄公牛（19头）353.7千克±51.3千克，母牛（72头）377.5千克±76.8千克；成年公牛（6头）888.0千克±117.8千克，母牛（51头）622.4千克±72.1千克。

（2）体尺：体高公牛（4头）147.5厘米±4.4厘米，母牛（54头）139.1厘米±4.7厘米；体斜长公牛166.6厘米±9.4厘米，母牛159.5厘米±6.6厘米；胸围公牛239.5厘米±27.2厘米，母牛212.7厘米±7.9厘米；管围公牛26.9厘米±1.6厘米，母牛23.0厘米±1.0厘米；腹围公牛261.8厘米±24.0厘米，母牛250.5厘米±12.7厘米。

### （四）适应特性

摩拉水牛经过40年的繁育，已繁殖了新的后代，该品种在繁殖性能、生长发育、产乳性能和产肉性能方面均与原产地相当。在中国南方亚热带气候环境下，具有耐热、耐粗饲、抗病力强、生长正常、适应性强等特点。但是摩拉水牛性情偏于神经质，对外界刺激反应敏感，应加强调教和培育。

## 二、尼里—拉菲水牛（Nili—Raivi）

### （一）品种产地

尼里—拉菲水牛原产于巴基斯坦旁遮普邦萨特里基（Sutlej）河流域和拉菲（Raivi）河沿岸一带。该品种原为尼里水牛和拉菲水牛两个品种，各自来源于不同地区，由于交通改善，水牛经常交流，导致两个水牛品种间杂交，现今将两个品种当作尼里—拉菲水牛一个品种看待。巴基斯坦各邦均饲养尼里—拉菲水牛，约占全国水牛总数的70%。尼里—拉菲水牛是世界著名的乳用水牛。该国人民非常重视水牛的发展，人民爱水牛如命，美称其为“黑色金子”。

1974年，巴基斯坦政府赠送给中国政府50头尼里—拉菲水牛，分配给广西、湖北各25头。据1988年不完全统计，尼里—拉菲水牛发展到209头，目前有200多头。

### （二）体形外貌

尼里—拉菲水牛毛色为黑色，前额、颜面部、鼻镜、腿部和尾帚均为白色，眼球有玉石眼或部分玉石眼。角短，角基广，向下后方卷曲。躯体深厚，躯架低而宽。公牛头颈粗壮；母牛头清秀，颈长而薄。胸深，发育良好，胸部广阔适度，无胸垂，脐褶小。躯干长而深，背腰广平。公牛前躯重，后躯轻，肌肉丰满；母牛前躯较窄，后躯宽广，呈楔形。四肢坚实，公牛蹄质坚实而直立，而母牛略斜。尾附着良好，尾帚长过飞节，有1簇白色毛拖地。乳房发达，向前向后伸展；乳头长而匀称；乳静脉显露，长而曲折向前延伸。

### （三）生产性能

#### 1. 繁殖性能

在良好饲养管理条件下，尼里—拉菲公水牛在24～36月龄开始采精配种。母牛初情期较长，为 773.0 天 ±145.7 天，初配期为 1079.0 天 ±249.0 天，头胎产犊年龄与摩拉水牛相似，也比较晚，为 1439.9 天 ±246.7 天。发情周期为 22.0 天 ±3.3 天，发情持续期为 2 天左右。妊娠期为 305.2 天 ±9.0 天，产后发情期为 67.7 天 ±54.9 天，产犊间隔为 531.9 天 ±281.3 天，一般母牛 1.5 年可产犊 1 胎。

2. **乳用性能**

据广西水牛研究所对尼里—拉菲水牛泌乳 164 头次资料统计，平均泌乳期为 316.8 天 ±83.6 天，泌乳量为 2262.1 千克 ±663.0 千克，平均日产乳 7.1 千克，最高日产量达 18.4 千克。尼里—拉菲水牛在一个泌乳期内，各泌乳月的泌乳曲线是一条较平稳的偏抛物线，以第二个月泌乳量最高，为 324.0 千克，第一个月泌乳量为最高月产量的 87%，第十个月仅为 50%，第三个月至第九个月产量逐月递减 6% ~8%。

尼里—拉菲水牛乳常量营养成分：固体物率为 16.4% ±0.6%，蛋白率为 4.1% ±0.3%，乳脂率为 6.4% ±0.3%，乳糖率为 4.7% ±0.1%，粗灰分率为 0.8%，非脂固体率为 10.1% ±0.4%；而固体物量为 371.9 千克，蛋白量为 93.0 千克，乳脂量为 143.6 千克，与摩拉水牛乳相近。尼里—拉菲水牛含 18 种氨基酸，总量为 2677 毫克/100 毫升，其中亮氨酸、赖氨酸等 9 种必需氨基酸为 1216 毫克/100 毫升，占总量的 45.4%。微量元素以钠、钙、钾含量高，维生素以维生素 C 和维生素 E 含量高。

3. **肉用性能**

尼里—拉菲公牛在 19 ~24 月龄育肥 68 天，日增重 0.43 千克 ±0.16 千克。屠宰率、净肉率和骨肉比分别为 50.1% ±2.3%、39.3% ±2.8 ± 和 1∶3.6 ±0.5。

4. **生长发育**

（1）体重：初生重公牛（90 头）40.0 千克 ±4.8 千克，母牛（103头）37.0千克±4.6千克；12月龄公牛（59头）271.1千克±60.4千克，母牛（68头）256.4千克±69.2千克；24月龄公牛（14头）347.1千克±69.1千克，母牛（55头）391.2千克±92.7千克；成年公牛（8头）821.1千克±98.1千克，母牛（53头）659.8千克±96.1千克。

（2）体尺：体高公牛（5头）143.0厘米±4.0厘米，母牛（53头）135.8厘米±6.8厘米；体斜长公牛154.2厘米±1.7厘米，母牛159.6厘米±6.5厘米；胸围公牛230.1厘米±7.2厘米，母牛217.1厘米±13.0厘米；管围公牛25.7厘米±0.8厘米，母牛23.0厘米±1.0厘米；腹围公牛253.7厘米±13.3厘米，母牛256.0厘米±18.1厘米。

### （四）适应特性

尼里—拉菲水牛在中国饲养20多年，也繁殖了新的后代，在繁殖性能、生长发育、产乳性能和产肉性能等方面均与原产地相当。在中国自然环境条件下，该品种表现出耐粗饲、群性好、耐热力和抗病力强、适应性强的特点，其体态比原产地水牛更加丰满。该牛性情温驯，可作为乳用或肉用家畜。

## 三、槟榔江水牛（Binglangjiang）

过去认为，我国的水牛都是沼泽型水牛而没有河流型水牛，但是2003年，在云南省保山市腾冲县发现了具有产奶量高，而又不同于摩拉水牛和尼里—拉菲水牛的河流型水牛群体。据云南农业大学动物遗传研究所和云南巴富乐水牛技术研究所对其采用外周血淋巴细胞培养技术及常规法进行染色体制片的核型分析，结果显示槟榔江水牛染色体核型为 $2n=50$。随后又采用随机扩增多态性DNA标记技术，对槟榔江水牛20头个体进行遗传变异分析，得知槟榔江水牛群体遗传变异和遗传分化程度不算高，揭示该群体虽然具有较丰富的遗传变异，但也具有一定的遗传性。

随后又对槟榔江水牛 29 头和德宏水牛 8 头血样采用呈严格母系遗传、适宜做近缘物种或种下水平遗传分化和亲缘关系分析的线粒体基因组 DNA（mt DNA）序列检测，并结合世界著名水牛的 DNA 序列数据进行群体遗传学分析，其结果证明：槟榔江水牛与世界著名的 Murrah 、Jafarabadi 和 Mediterranean 等河流型水牛聚集在一起，表现出遗传关系较近，呈现与河流型水牛一致的 mt DNA 控制区突变模式；槟榔江水牛的母系血统来源为河流型水牛，未混入沼泽型水牛母系血液。国家遗传资源委员会于 2008 年 8 月通过对槟榔江水牛遗传资源地位的审定。因此可以说：槟榔江水牛是迄今为止在我国发现的唯一的河流型水牛，具有重要的研究和开发价值，对发展云南省及我国奶水牛业意义重大。据腾冲县畜牧部门 2008 年调查，其存栏 2053 头。经对 101 头产奶牛 105 胎的测定，一个泌乳期平均产奶量达 2452.2 千克 ±553.82 千克，其中 3000 千克以上的 16 头，占 18.1%，最高的 3615 千克。这对目前我国无法从国外引进新的奶水牛遗传资源的背景下，选育、提高其生产性能，作为我国奶水牛开发的种质资源，将发挥不可估量的作用。

### （一）产　地

槟榔江水牛主产于云南省腾冲县槟榔江上游，主要分布于猴桥、中和、荷花、明光、滇滩等乡镇，全县各乡（镇）有零星分布。

### （二）体形外貌

槟榔江水牛体型中等，结构紧凑，体质坚实。被毛稀短，皮薄黝黑。毛色以黑色为主，大腿内侧、股下毛色变淡。少数牛只有白额和白尾帚，但在颈胸部无“V”形灰白纹。头长窄，公牛较重，母牛清秀。角基扁，角黑色，以螺旋形居多，其次为小圆形、大圆形和前弯角等。耳壳薄而平伸。鼻平直，鼻镜、眼睑黑色。无肩峰、颈垂和脐垂。颈细、长短适中，头颈、颈肩背、背腰等部位结合良好。胸宽适中，背腰平直，腹圆大，斜尻。母牛后躯发达呈楔形，乳房呈盆状，发育良好，乳静脉明显。尾较长，有的水牛过飞节，尾帚毛密中等。四肢发育正常，肢势良好。蹄质坚实，蹄大而圆，黑色。

## （三）生产性能

### 1. 繁殖性能

槟榔江水牛母牛30月龄初情，发情周期平均21天，发情持续期2~4天，妊娠期平均310天，生命周期20年，一般利用年限15年。公牛24月龄有爬跨反射，30月龄性成熟，适配年龄42月龄。公母自然配种比例1:30。种公牛一般利用年限10年，生命周期约20年。

### 2. 泌乳性能

（1）乳房指数：据槟榔江母水牛乳房指标测定50头资料，乳房周围60.26厘米±5.16厘米，乳房高度9.81厘米±1.12厘米，乳房深度8.99厘米±1.16厘米，前乳头长7.06厘米±1.79厘米，后乳头长8.25厘米±2.98厘米。

（2）泌乳量：据槟榔江水牛101头105个泌乳量测定结果，泌乳天数269.5天±23.0天，均比其他河流型水牛和沼泽型水牛短。而泌乳量2452.2千克±553.8千克，则比河流型水牛高8.4%~15.0%，比沼泽型乳用水牛高124.4%~140.3%。

（3）营养成分：对槟榔江水牛31头测定结果，乳蛋白率5.26%、乳脂率6.73%、乳糖率4.88%。槟榔江水牛乳的常量营养成分相对值介于沼泽型水牛和河流型水牛之间（低于沼泽型水牛而高于河流型水牛），而营养成分的绝对值则以槟榔江水牛最高，其次是河流型水牛，沼泽型水牛最低。

### 3. 肉用性能

（1）产肉性能：对未经育肥的槟榔江成年公水牛2头测定结

果，其屠宰率和净肉率分别为44.4% ±0.7%和33.4%，比其他河流型水牛和当地沼泽型水牛低。

(2) 鲜肉品质：以背长肌样品比较，槟榔江成年公水牛的固体物和粗蛋白比其他水牛稍低，粗脂肪略高，而粗灰分几乎一致。

4. **生长发育**

(1) 体重：初生重公牛（67头）34.6千克±3.6千克，母牛（106头）33.5千克±4.9千克；12月龄公牛（54头）180.1千克±12.7千克，母牛（52头）186.8千克±14.0千克；24月龄公牛（54头）243.0千克±10.4千克，母牛（62头）264.8千克±28.4千克；成年公牛（50头）509.3千克±103.5千克，母牛（251头）441.2千克±56.0千克。

(2) 体尺：体高公牛（50头）137.5厘米±2.9厘米，母牛（251头）130.8厘米±5.1厘米；体斜长公牛147.8厘米±9.8厘米，母牛141.2厘米±6.0厘米；胸围公牛193.0厘米±13.2厘米，母牛190.1厘米±8.8厘米；管围公牛21.6±1.8厘米，母牛20.0厘米±1.0厘米；腹围公牛208.9厘米±13.7厘米，母牛205.5厘米±10.8厘米。

## (四) 适应特性

槟榔江水牛初生体重比河流型水牛略小，而比沼泽型水牛稍大。但在12月龄、24月龄甚至成年体重，公、母牛均比河流型水牛和沼泽型水牛小，体态发育匀称，有喜水习性，群体常在河流中活动，不习惯于泥潭打滚。约有20%的牛性情刚烈，见陌生人时，有神经质表现。耐粗放饲养，耐热力、繁殖力、抗病力和适应性均较强，是一种较为理想的小体型乳用水牛遗传资源。

# 第四节　杂交型水牛类群

## 一、摩杂一代、二代水牛

### （一）品种产地

中国从印度引进摩拉水牛后，在20世纪50年代后期至60年代初期，广西和广东开始采用摩拉水牛与本地水牛进行杂交，繁殖的后代［M×L→F1（ML）］即为摩杂一代水牛（血液含量是摩拉水牛和本地水牛各占50%）。其后在广西一些地区再用摩拉公牛与摩杂一代母牛级进杂交，繁殖的后代［M ×ML→F2（M. ML）］即为摩杂二代水牛（血液含量是摩拉水牛占75%，本地水牛占25%）。随着全国各地大力采用摩拉水牛杂交改良工作的开展，摩杂水牛在中国南方分布广泛，先后在广西、广东、四川、云南、贵州、湖南、湖北、安徽、江西、浙江、江苏、福建、海南、河南、陕西、山东等16个省（自治区）饲养。特别是从1997年在云南、广东、广西开展了“中国—欧盟水牛开发项目”之后，云南、广西的杂交水牛数量呈迅速上升的趋势。据云南省统计，2001年，杂交一代、二代水牛的存栏量已达1万头。

### （二）体形外貌

摩杂一代、二代水牛毛色通常为黑色或灰黑色，颈下至胸部无白环，尾帚常有白色。角基部比本地水牛宽而厚，角呈半卷曲状。体形较本地水牛高大，躯部深而厚。公牛头较粗重，母牛头颈清秀稍长。背腰平直，后躯丰满，四肢健壮，肢态良好；乳房发育较好。

## （三）生产性能

### 1. 繁殖性能

一般摩杂一代、二代公牛由于不留作种用而无繁殖记录。在良好饲养管理条件下，摩杂一代、二代母牛初情期分别为667天和489天，初配期分别为979.3天±138.9天和1036天±391.3天，发情周期分别为21.6天±2.8天和27天，发情持续期为2.5天，妊娠期分别为310.4天±13.7天和309.9天±16.2天，产后发情期分别为167.6天±139.3天和157.6天±128.8天，产犊间隔分别为535.6天±184.8天和473.9天±141.8天，一般母牛1.5年可产犊牛1胎。

### 2. 乳用性能

据广西柳州种畜场资料统计，摩杂一代水牛平均泌乳期为280.1天±76.1天，泌乳量为1233.3千克±529.7千克，优秀个体最高乳量为2952.0千克，平均日产乳4.40千克，最高日产量达16.50千克。又如摩杂二代水牛（54头次）平均泌乳期为303.2天±83.1天，泌乳量为1585.5千克±620.6千克，优秀个体最高乳量达到3132.3千克，平均日产乳5.22千克，最高日产量达13.0千克。说明通过杂交改良结果，摩杂一代、二代水牛泌乳量均比本地水牛有所提高，分别提高12.9%和45.1%。

据四川农业大学对摩杂一代水牛乳常量营养成分分析：固体物率为20.11%±1.71%，蛋白率为5.18%±0.94%，乳脂率为8.50%±0.68%，乳糖率为5.5%±1.31%，粗灰分率为0.77%±0.07%，非脂固体率为11.61%；而固体物量为248.0千克，蛋白量为63.9千克，乳脂量为104.8千克，说明摩杂一代水牛乳中的相对值比本地水牛稍低，而绝对量较相近。

### 3. 肉用性能

据湖北省畜牧特产研究所对摩杂一代公牛在24月龄育肥100天的试验结果，日增重0.74千克±0.08千克，屠宰率、净肉率和骨肉比分别为56.2%、42.6%和1∶4.8。

4. **役用性能**

在年龄、体况比较一致，试验条件相同的情况下，表明摩杂水牛在挽力、最大挽力、耕作面积、耕速和持久力等役用性能方面都胜过本地水牛。

5. **生长发育**

（1）体重见表10-1。

**表10-1　摩杂一代、二代水牛体重统计表**　单位：千克

| 牛种 | 性别 | 初生 | | 12月龄 | | 成年 | |
|---|---|---|---|---|---|---|---|
| | | 头数 | 体重 | 头数 | 体重 | 头数 | 体重 |
| 摩杂一代 | 公牛 | 33 | 31.7 | 8 | 261.0 | 9 | 473.2 |
| | 母牛 | 26 | 32 | 4 | 219.0 | 100 | 504.0 |
| 摩杂二代 | 公牛 | 15 | 31.7 | | | 5 | 486.7 |
| | 母牛 | 18 | 29.8 | 1 | 225.0 | 9 | 582.7 |

（2）体尺：见表10-2。

**表10-2　成年摩杂一代、二代水牛体尺统计表**　单位：厘米

| 牛种 | 性别 | 头数 | 体高 | 体斜长 | 胸围 | 管围 | 腹围 |
|---|---|---|---|---|---|---|---|
| 摩杂一代 | 母牛 | 64 | 134.0±6.7 | 139.7±8.5 | 203.3±7.6 | 22.2±0.9 | 211.4±10.1 |
| 摩杂二代 | 母牛 | 9 | 133.2±4.0 | 135.0±8.4 | 204.0±8.4 | 22.3±1.3 | 214.2±7.8 |

## （四）适应特性

摩杂一代、二代水牛耐粗饲，耐热力和抗病力强，适应性能好，具有较好的产乳、产肉性能，但产乳量与尼杂水牛相比还不

甚理想。其不足之处主要是受摩拉水牛遗传基因的影响，对外界反应敏感，还具有一定的神经质类型，性情不如本地水牛温驯，应加以调教和培育。

## 二、尼杂一代、二代水牛

### （一）品种产地

中国从巴基斯坦引进尼里—拉菲水牛后，在20世纪70年代中后期，广西首先采用尼里—拉菲水牛与本地水牛进行杂交，繁殖的后代［$N\times L\rightarrow F_1$（NL）］即为尼杂一代水牛（血液含量是尼里-拉菲水牛和本地水牛各占50%）。若再用尼里-拉菲公牛与尼杂一代母牛进行级进杂交，繁殖的后代［$N\times NL\rightarrow F_2$（N. NL）］即为尼杂二代水牛（血液含量是尼里-拉菲水牛占75%，本地水牛占25%）。尼杂一代、二代水牛主要在广西繁育饲养，然后推广到广东、四川、云南、贵州、湖南、湖北、浙江、福建、上海等，特别是在发展水牛乳业的地区深受欢迎。

### （二）体形外貌

尼杂一代、二代水牛全身灰黑色，尾帚较长，常有少量白毛。该牛结构匀称，体形中等。头较轻，脸秀长，口鼻方。角根粗，角由两侧向上向内弯曲而弯度较大。颈适中，胸宽深，腹围大，肋骨开张良好。背腰宽平，后躯宽广而尻倾斜。四肢强健，蹄质坚实呈黑色。乳房大小中等，乳头匀称、较短、较细，乳静脉明显。

### （三）生产性能

#### 1. 繁殖性能

一般尼杂一代、二代公牛未留作种用，无繁殖记录。在农村饲养条件下，据广西合浦县畜牧站记录资料，尼杂一代母牛初情期为604.5天±161.3天，初配期为921.8天±68天，发情周期为 23.7 天 ±11.2 天，发情持续期为 51.9 小时 ±28.1 小时，妊娠期为 309.9 天 ±8.2 天，产后发情期为 98.7 天 ±58.2 天，产犊间隔为 419.7 天 ±93.8 天。

在良好饲养条件下，据广西水牛研究所记录资料，尼杂一代母牛初情期为 659.0 天 ±56.6 天，尼杂一代、二代母牛初配期分别为 1079.6 天 ±460.3 天和 916.7 天 ±201.9 天；头胎产犊年龄分别为 1314.0 天 ±329.0 天和 1367.9 天 ±287.8 天；发情周期分别为 23.7 天 ±3.1 天和 22 天。尼杂一代、二代母牛妊娠期分别为 306.6 天 ±13.7 天和 306.7 天 ±3.8 天；产后发情期分别为 62.8 天 ±46.0 天（12 头）和 37 天；产犊间隔分别为 481.2 天 ±160.8 天（30 头）和 736.2 天 ±377.5 天。一般尼杂一代水牛 1 年可产犊牛 1 胎，尼杂二代水牛则 2 年左右产犊牛 1 胎，主要原因是配种不受胎而延长产犊间隔。总的来说，尼杂水牛繁殖性能是正常良好的。

**2. 乳用性能**

据广西水牛研究所资料，尼杂一代、二代平均泌乳期分别为 326.7 天 ±96.4 天和 325.8 天 ±93.2 天，泌乳量分别为 2 041.2 千克 ±540.9 千克和 2267.6 千克 ±774.8 千克，平均日产乳分别为 6.25 千克和 6.96 千克，最高日产量分别为 16.65 千克和 18.37 千克。说明尼杂二代水牛泌乳量达到尼里—拉菲水牛、稍超过摩拉水牛而高于本地水牛 1 倍多的泌乳水平。尼杂二代水牛泌乳高产纪录中有 3 头、4 个泌乳期的泌乳量超过 3000 千克，也有 2 头水牛在 9 ~ 12 个泌乳期一生总泌乳量达 17958.6 ~ 26683.1 千克，超过摩拉水牛终生的泌乳水平。尼杂一代、二代水牛在一个泌乳期内，各泌乳月的泌乳曲线是一条波动较大的偏抛物线，以第二个月泌乳量最高，分别为 269.4 千克和 337.9 千克，第一个月泌乳量为最高月产量的 95% 和 86%，第十个月均为 46%，第三个月至第九个月的产量逐月递减，分别为 2% ~

8%和5% ~11%。

尼杂一代水牛乳常量营养成分：固体物率为18.44% ±1.37%。蛋白率为4.61% ±0.40%，乳脂率为8.17% ±1.15%，乳糖率为4.84% ±0.25%，粗灰分率为0.87% ±008%，非脂固体率为10.30% ±0.39%；而固体物量为376.4千克，蛋白量为94.1千克，乳脂量为166.8千克。说明尼杂一代水牛乳相对值介于双亲本之间，而绝对量则高于或稍高于双亲本。微量元素以钠、钾、钙含量高。

3. **肉用性能**

尼杂一代、二代公牛在18 ~26月龄分别育肥264.5天 ±2.1天和188天，日增重分别为0.72千克 ±0.15千克和0.55千克，屠宰率分别为51.9% ±5.4%和57.1%，净肉率分别为41.3% ±4.4%和48.1%，骨肉比分别为1:4.1 ±0.1和1:4.9。牛肉常量营养成分：尼杂水牛肉以背长肌蛋白质含量高，而肋骨肉的固体物和脂肪含量高，与其他水牛品种相近。尼杂二代水牛肉含18种氨基酸，总量为16.080克/100克，其中赖氨酸、亮氨酸和精氨酸等9种必需氨基酸占总量的48.7%。微量元素以钾、磷、镁含量高。

4. **生长发育**

（1）体重见表10 -3。

**表10 -3　尼杂一代、二代水牛体重表**　单位：千克

| 牛种 | 性别 | 初生 | | 12月龄 | | 24月龄 | | 成年 | |
|---|---|---|---|---|---|---|---|---|---|
| | | 头数 | 体重 | 头数 | 体重 | 头数 | 体重 | 头数 | 体重 |
| 尼杂一代 | 公牛 | 3 | 44.0 ±1.1 | 3 | 211.3 ±44.5 | 1 | 371.0 | | |
| | 母牛 | 7 | 36.6 ±3.4 | 6 | 259.2 ±29.6 | 6 | 457.3 ±63.2 | 5 | 642.6 ±33.7 |
| 尼杂二代 | 母牛 | 18 | 44.2 ±7.9 | 10 | 271.2 ±53.9 | 7 | 368.9 ±47.0 | 3 | 591.0 ±46.6 |

（2）体尺见表 10－4。

表 10－4　　尼杂一代、二代体尺统计表　　单位：厘米

| 牛种 | 性别 | 头数 | 体高 | 体斜长 | 胸围 | 管围 | 腹围 |
|---|---|---|---|---|---|---|---|
| 尼杂一代 | 母牛 | 5 | 137.6±3.2 | 157.6±7.7 | 220.4±4.7 | 22.6±0.8 | 251.0±10.1 |
| 尼杂二代 | 母牛 | 3 | 134.7±5.4 | 155.3±8.3 | 211.7±4.5 | 23.5±0.4 | 243.0±16.3 |

### （四）适应特性

尼杂一代、二代水牛性温驯，群性强，耐粗饲，牧性好，保膘性能好，耐热力和抗病力等适应性能强。这种水牛继承了尼里—拉菲水牛躯体宽广、性情温驯等优良遗传性状，令人满意。

## 三、三品杂水牛和三品杂互交子一代水牛

### （一）品种产地

中国从巴基斯坦引进尼里—拉菲水牛后，在 20 世纪 70 年代中后期，一方面在广西采用尼里－拉菲水牛与本地水牛进行级进杂交繁殖尼杂一代、二代水牛；另一方面在某些地区已拥有一定数量摩杂一代水牛群的基础上，采用尼里－拉菲公牛与摩杂一代母牛进行 3 个品种的育成杂交繁殖的后代［N × ML → F2（N. ML）］即为三品杂水牛（血液含量是尼里－拉菲水牛占 50%，摩拉水牛和本地水牛各占 25%）。20 世纪 80 年代初期，广西又采用三品杂公、母牛进行互交试验，繁殖的后代［（N. ML × N. ML→G1（N. ML）］即为三品杂互交子一代水牛（血液含量与三品杂水牛相同）。

## （二）体形外貌

### 1. 三品杂水牛

毛色为灰黑色，尾帚有较长的白毛，少量牛只在额部有白斑或玉石眼（具有尼里—拉菲水牛的遗传基因）。躯体深厚，体宽背平，腹围圆大，后躯发达，肌肉丰富。头部中等，角呈半卷曲形，头颈结合良好。四肢健壮，蹄质坚实。乳房发育良好，乳头大小适中，乳静脉显露。

### 2. 三品杂互交子一代水牛

水牛在杂交阶段所繁殖的后代，其体形结构和特征基本上比较相似。但杂种互交的子代，其外貌特征的质量性状表现多样性。

（1）体形：大型占20%，中型占40%，小型占40%。

（2）角形：类似三品杂水牛角型的占43.3%，类似尼里—拉菲水牛的占26.7%，类似本地水牛的占3.3%，中间类型的占26.7%。

（3）垂肉：无垂肉（外种水牛特征）的占60%，有垂肉（本种水牛特征）的占40%。

（4）毛色：全黑色的占66.7%，毛黑、头额白斑或四肢灰白的占23.3%，毛浅灰色的占10%（其中颈部具有本种水牛白环特征的占3.3%）。

（5）眼球：全黑色的占86.7%，玉石眼（含部分玉石眼）的占13.3%。

（6）乳房：黑色的占90%，浅灰色的占6.7%，粉红色的占3.3%。

（7）尾帚：长帚的占53.3%（其中白毛56.3%，黑毛43.7%），短帚的占23.4%（其中白毛42.7%，黑毛57.3%），尾帚适中的占23.3%（全白毛）。

（8）蹄部：均为黑色。

据三品杂互交子代水牛外貌特征的质量性状分析，这些质量性状主要侧重于三品杂水牛新类型，父本特征有较大比例，而母本特征的比例有偏小的趋向。

## （三）生产性能

### 1. 繁殖性能

三品杂公牛及其三品杂互交子一代公牛 24～36 月龄开始采精配种。各项精液品质与摩拉水牛、尼里－拉菲水牛基本相似。

在良好饲养条件下，三品杂母牛初情期为 605.3 天 ±167.6 天，初配期为 896.5 天 ±171.9 天，头胎产犊年龄为 1260.4 天 ±292.7 天；发情周期为 23.9 天 ±5.8 天，发情持续期为 56.2 天 ±14.8 天；妊娠期为 309.7 天 ±7.5 天，产后发情期 59.8 天 ±40.6 天，产犊间隔为 506.2 天 ±267.5 天；三品杂母牛 1 年多可产犊牛 1 胎。三品杂互交子一代母牛初配期为 991.6 天 ±197.2 天；头胎产犊年龄较晚，为 1419.5 天 ±284.1 天；发情周期较短，为 20.7 天 ±4.0 天；妊娠期为 301.9 天 ±12.6 天，产后发情期为 63.8 天 ±45.6 天，产犊间隔为 465.5 天 ±139.4 天；三品杂互交子一代母牛 1 年多可产犊牛 1 胎。

### 2. 乳用性能

据广西水牛研究所资料，三品杂水牛平均泌乳期 317.6 天 ±78 天的泌乳量为 2294.6 千克 ±772.1 千克，平均日产乳 7.22 千克，最高日产量达 18.8 千克，三品杂水牛泌乳高产纪录中有 12 头、31 个泌乳期的泌乳量超过 3000 千克，并有 6 头在 6～9 个泌乳期一生总泌乳量达 17353.4～27614.1 千克，超过摩拉水牛终生的泌乳水平。三品杂水牛在一个泌乳期内，各泌乳月的泌乳曲线是一条平稳的偏抛物线，以第二个月泌乳量最高，为 308.0 千克，第一个月泌乳量为最高月产量的 92%，第十个月的仅为 50%，第三个月至第九个月的泌乳量逐月递减 2%～6%。

三品杂互交子一代水牛平均泌乳期 329.1 天 ±89.8 天的泌

乳量为1994.9千克±635.0千克，平均日产乳6.06千克，最高日产量达18.5千克。三品杂互交子一代水牛泌乳期一生总泌乳量达27854.4千克，超过摩拉水牛终生的泌乳水平。三品杂互交子一代水牛在一个泌乳期内，各泌乳月的泌乳曲线也是一条平稳的偏抛物线，以第二个月泌乳量最高，为271.4千克，第一个月泌乳量为最高月产量的89%，第十个月的仅为47%，第三个月至第九个月的泌乳量逐月递减5%～8%。

三品杂水牛群体的泌乳量达到尼里—拉菲水牛的泌乳水平，稍超过摩拉水牛而高于本地水牛1倍多的泌乳水平；而三品杂互交子一代水牛群体的泌乳量还不及纯种水牛。但是有一定数量的三品杂及其互交子一代水牛创造了个体泌乳的高产纪录，甚至高于当地饲养的河流型水牛的泌乳水平。

三品杂水牛和三品杂互交子一代水牛的乳常量营养成分：固体物率分别为17.45%±0.72%和17.31%±0.86%，蛋白率分别为4.47%±0.08%和4.37%±0.30%，乳脂率分别为7.43%±0.58%和7.28%±0.62%，乳糖率分别为5.00%±0.30%和4.91%±0.25%，粗灰分率分别为0.48%±0.02%和0.82%±0.25%，非脂固体率分别为10.01%±0.58%和10.02%±0.25%；而固体物量分别为400.4千克和345.3千克，蛋白量分别为102.6千克和87.2千克，乳脂量分别为170.5千克和145.2千克。说明三品杂水牛乳和三品杂互交子一代水牛乳营养成分的相对值介于双亲本之间，而绝对量高于双亲本。三品杂水牛乳和三品杂互交子一代水牛乳含18种氨基酸总量分别为4160毫克/100毫升和3883毫克/100毫升，其中含亮氨酸、赖氨酸和缬氨酸等9种必需氨基酸分别为1958毫克/100毫升和1802毫克/100毫升，占总量的47.0%和46.7%。可见杂交水牛乳氨基酸总量稍高于河流型水牛而低于沼泽型水牛，而三品杂水牛乳必需氨基酸占总量的百分率高于双亲本。微量元素以钠、钾、钙含量高，维生素以维生素 C 和维生素 E 含量高。

**3. 肉用性能**

三品杂公牛和三品杂互交子一代公牛在 18～27 月龄分别育肥 275.2 天 ±61.9 天和 159.0 天 ±50.2 天，日增重分别为 0.62 千克 ±0.08 千克和 0.39 千克 ±0.13 千克，屠宰率分别为 52.4% ±1.8% 和 54.4% ±2.6%，净肉率分别为 42.4% ±1.5% 和 42.3% ±3.9%，骨肉比分别为 1∶4.5 ±0.5 和 1∶3.5 ±0.6。

**4. 生长发育**

（1）体重见表 10－5。

**表 10－5　　三品杂水牛体重统计表**　　单位：千克

| 牛种 | 性别 | 初生 | | 12 月龄 | | 24 月龄 | | 成年 | |
|---|---|---|---|---|---|---|---|---|---|
| | | 头数 | 体重 | 头数 | 体重 | 头数 | 体重 | 头数 | 体重 |
| 三品杂水牛 | 公牛 | 13 | 39.3 ±5.3 | 6 | 324.7 ±56.4 | 3 | 477.0 ±76.5 | 2 | 922.5 ±17.5 |
| | 母牛 | 32 | 36.8 ±4.5 | 27 | 299.8 ±67.8 | 18 | 455.7 ±52.2 | 5 | 662.6 ±48.0 |
| 三品杂互交子一代水牛 | 公牛 | 38 | 37.9 ±5.1 | 14 | 233.1 ±54.3 | 7 | 413.7 ±89.9 | 3 | 802.0 |
| | 母牛 | 47 | 37.9 ±5.3 | 42 | 225.8 ±52.1 | 32 | 376.2 ±82.2 | | 606.4 ±62.4 |

（2）体尺见表 10－6。

**表 10－6　　三品杂水牛和三品杂互交子一代水牛体尺统计表**

单位：厘米

| 牛种 | 性别 | 头数 | 体高 | 体斜长 | 胸围 | 管围 | 腹围 |
|---|---|---|---|---|---|---|---|
| 三品杂水牛 | 公牛 | 1 | 153.0 | 155.0 | 242.0 | 27.0 | 264.0 |
| | 母牛 | 18 | 137.9 ±4.7 | 159.9 ±4.7 | 216.9 ±6.6 | 22.8 ±0.7 | 256.4 ±11.3 |
| 三品杂互交子一代水牛 | 母牛 | 17 | 134.8 ±4.2 | 158.1 ±7.2 | 210.8 ±9.2 | 22.9 ±1.0 | 247.1 ±12.6 |

## （四）适应特性

三品杂水牛和三品杂互交子一代水牛一般性情温驯，合群性强。耐粗饲，牧性好，对青饲料、粗饲料利用能力强。保膘性能好，一年四季保持良好的营养体态，耐热力和抗病力等适应性能也较强。由于利用尼里—拉菲水牛的优良遗传基因，使其杂交后代具有适应环境和性情温驯的特点，这对于作为乳用、肉用或役用水牛都是非常重要的。

# 第十一章　水牛乳用性能

## 第一节　水牛的乳用性能及其影响因素

泌乳是一系列复杂生理活动过程的结果，这些过程涉及许多遗传基因，各基因的效应大小及其频率确定了个体的乳用性能。育种工作者就是采用增加有利基因的表达来改进遗传。乳用性能属多基因性状，基因的表达主要受环境因素的影响，因此环境效应约占产乳性状总变异的75%。

### 一、不同品种水牛的乳用性能差异

中国一些地方水牛品种的泌乳期、平均日产乳量、一个泌乳期的产乳量和含脂率，都有较大差异。泌乳期大都不足300天，平均日泌乳量为2～4千克，泌乳期产乳量为400～1000千克，含脂率为9%左右。极少数优秀母水牛，最高日产乳量可达9千克，一个泌乳期的乳产量超过15千克，接近河流型乳用水牛的产乳量。

中国水牛经与引进的优秀河流型乳用水牛杂交改良，各杂交后代一个泌乳期的泌乳量可达1200～2000千克，平均产乳量达1775.1千克。据广西水牛研究所研究，不管是哪个品代杂交水牛，还是纯种摩拉水牛和尼里—拉菲水牛、意大利水牛、埃及水牛和保加利亚水牛，共同的特点是一个泌乳期的产乳量变化幅度很大，一个泌乳期产乳低的不足1000千克，高的达2000～3000

千克，个别优秀水牛甚至超过4000千克。这充分说明，水牛的泌乳性能尚有很大的潜力，有待进一步开发。

水牛的产乳性能受遗传、生理和环境三方面的影响。水牛产乳量的遗传力其范围为0.04~0.53。遗传力不但品种间有差异，同一品种不同品系或不同牛群也不相同。水牛产乳量的遗传力还受胎次的影响，随着胎次的增加而增大。

## 二、影响乳用性能的生理因素

影响水牛乳用性能的生理因素包括初次产犊年龄、胎次、泌乳期和泌乳曲线、干乳期长短、产犊季节间隔、体形大小等。

**1. 初次产犊年龄**

水牛的初次产犊年龄多在40月龄前后。初产年龄和初次发情年龄的遗传力相同（0.35），相关系数也高，表明它们受同一组基因的影响。良好的饲养管理是缩短水牛性成熟年龄的条件，因此在6月龄和1岁时的体重与初情期和初产年龄密切相关。初次产犊年龄越早，对提高产乳量（尤其终身产乳量）和最大育种效率越有利，同时可以减少投资，降低成本，取得较大的经济效益。提早青年母水牛初次的产犊年龄，只要加强饲养管理，不需担忧会影响乳腺和身体发育。

**2. 胎　次**

胎次顺序和总数均显著影响产乳量。水牛泌乳高峰期随着乳腺发育和功能完善，以及全身各系统组织和功能成熟，多在第二个至第六个泌乳期之间出现。一般以第四胎产乳量最高，若以第四胎产乳量为100%，则第一胎为76.6%，第二胎为84.2%，第三胎为94.6%，第五胎为98%，第六胎、第七胎尽管年龄已达12.5 ~15岁，产乳量仍然与第五胎等同，不见衰退。乳脂率高低，在胎次之间尚看不出有规律性的变化。

### 3. 泌乳期

据河流型乳用水牛的资料报道，泌乳期多在239～340天。对一个牛群内泌乳期的分布频率研究表明，泌乳期261～280天的占比例最大，为12.64%，其次在281～320天的为11.67%，约46.49%的水牛泌乳期在241～320天，63.5%的水牛泌乳期短于300天，其中6.9%的水牛不足100天，仅36%的水牛超过300天。据广西水牛研究所、柳州种畜场和马潭种畜场对各杂交品代及纯种摩拉水牛和尼里—拉菲水牛统计，泌乳期范围较宽（117～779天），平均泌乳期多数集中在300天左右，各品代之间无显著差异。

总之，泌乳期长短与产乳量、配种期和产犊间隔有显著的表型相关，分别为$r=0.68$、$r=0.59$、$r=0.61$，与干乳期为负相关（$r=-0.18$）。泌乳期的遗传力低（约0.05），重复力不高（0.22～0.32），表明环境对泌乳期影响较大。

整个泌乳期内随着泌乳产量的变化，乳成分也相应地有规律变化。广西水牛研究所以第一个月至第三个月为初期，第四个月至第六个月为中期，第七个月至第十个月为末期，分3个泌乳阶段，对5个品代水牛各泌乳期的初、中、末3个泌乳阶段取乳样分析结果表明：乳中干物质、乳蛋白和乳脂的含量初期较低，中期、末期逐步升高；而乳糖初期高于中期、末期；粗灰分和非脂固体则初期、末期高于中期。

### 4. 干乳期

泌乳水牛配种怀孕期的最后几个月，胎儿发育生长迅速，乳腺分泌结构功能逐渐衰退，产乳量低下，急需停乳休息，使母牛体内储蓄必要的营养物质，使胎儿充分生长，提高产后泌乳量。产前必须干乳2个月以上，并加强饲养管理。干乳期明显受季节、泌乳期长短、胎次和配种期的影响。国外报道水牛的干乳期在106.4～183.4天之间，意大利水牛平均干乳期为231天，埃及水牛为 296 天。水牛在夏季产犊的干乳期比其他季节短。干乳期随胎次增加而增长，配种期对干乳期的影响是十分显著的，产犊间隔与干乳期呈强正相关（$r$ =0.6483），泌乳期长度与干乳期之间呈小而显著的负相关（$r$ = −0.1819）。有人建议高产水牛的理想干乳期应该是 4 个月。

**5. 产犊季节和产犊间隔**

水牛全年均可发情配种和产犊繁殖，只不过有旺季、淡季之分。不同地区由于气候条件不同稍有差异，印度水牛的产犊旺季在 9～12 月，巴基斯坦尼里—拉菲水牛在 7 月产犊最多，意大利水牛产犊多在 6～10 月。中国德宏水牛秋季产犊最多。水牛的繁殖也可人为控制，创造适宜的温度、湿度和饲养管理条件可促进自然发情配种。产后第一次发情配种间隔受子宫复位时间的影响，短则 20 多天，长则 3 个多月，也与产犊季节有关。

水牛产犊间隔主要由配种期决定，这两个性状的表型相关系数 $r$ = 0.98。水牛配种期较长，是由于受安静发情、不排卵发情、卵巢静止、胚胎死亡、不育配种等多种因素影响。水牛由于怀孕期比乳牛长，其产犊间隔往往超过 400 天。中国母水牛多数 3 年产 2 犊。产犊间隔与泌乳期长度呈显著正相关（$r$ = 0.6052），可见产犊间隔影响繁殖率、世代交替个体的终身产乳性能和经济效益。

**6. 体形大小**

水牛和乳牛一样，一般体形较大，消化系统容积大，采食量也大，消化代谢功能亦较强，因此产乳多（$r$ = 0.7）。同一品种中，也以体形较大的个体产乳量较高。但这是相对的，有限度的。国内外资料表明，大型乳牛品种，母牛体重在 600～700 千克者，产乳量最高，超过此体重产乳量反而低，水牛也不例外。另从单位体重的产乳效率来看恰好相反，微型哺乳动物高于大型哺乳动物。所以对体形大小也必须辩证地具体分析。

## 三、饲料、饲养管理和环境条件对乳用性能的影响

### 1. 饲 料

饲料对确保泌乳水牛的健康、提高产乳量和乳中成分起着决定性的作用，显得特别重要。应该依据泌乳水牛的体重、体况、产乳量和乳中成分等，提供营养全面的饲料日粮，同时注意日粮中精饲料和粗饲料的合理搭配，正确加工。因为高精低粗日粮或粗饲料加工过细，均可改变瘤胃发酵过程，降低乙酸的比例，增加丙酸的比例，导致乳脂的降低，严重的还会引起酸中毒和前胃疾病。饲料中有各种异味，或被杀虫剂、除草剂、抗生素、黄曲霉素和化学品污染，或者有寄生虫卵和传染病原等，轻者被吸收后残留在乳汁中，影响乳的质量和卫生标准，危及人的健康，重者引发泌乳水牛患病，影响牛群健康和产乳量，以致造成不可弥补的损失。

### 2. 饲养管理

正确的饲养管理条件是泌乳水牛高产、稳产的重要保证。必须坚持根据产乳量定料、定时依序饲喂，避免低产水牛抢吃（或错喂）高产水牛的精饲料，长得过肥不发情，同时影响高产水牛产乳潜力不能发挥。一般喂料先粗后精，挤乳前饲喂，形成习惯，可以促进排乳，取得较高产乳量。充分供应清洁饮水，暑天防阳光直射，注意淋浴降温避暑，冬天防寒。放牧和运动定时适当，防止斗架和长途跋涉。泌乳水牛每天多为 2 次定时挤乳，一般在上午 7：00 和下午 4：00 各挤 1 次。挤乳人员要相对固定，也不要频繁更换挤乳地点，挤乳全过程保持环境安静。牛舍（包括挤乳间）要定时消毒。定期进行结核病和布氏病检疫，保持牛群健康。

3. **环境条件**

外界的温度、湿度等气象因素的变化对水牛泌乳性能的影响较明显。尽管水牛生长在热带和亚热带气候条件下，然而其习性喜水和喜阴，大多生活在江、河、湖旁和沼泽地带。水牛对夏季的高温、日光曝晒的耐受性不如黄牛。早期的环境生理学观察也清楚地证明，水牛对高温，特别是太阳的辐射十分敏感。泌乳水牛的产乳量在夏季随温度升高而明显下降。

水牛抗热应激能力差，与其皮肤厚、被毛稀少有关。炎热影响产乳量下降的主要生理因素是由于炎热作用于下丘脑采食中枢，引起消化道运动减弱，食糜移动速率降低，以致充满消化道，增加饮水量，呼吸频率增加，喘息使反刍时间缩短，采食量减少，饲料消耗降低，产乳量大减。动物长期受环境因素作用，也会通过改变内分泌、基础代谢、水盐代谢、酸碱平衡和瘤胃发酵过程来适应缓和。长期炎热，机体内甲状腺素、生长素和糖皮质激素在血液循环中的浓度下降，这与代谢水平降降低相关。炎热明显影响水盐代谢，刺激催产素增加，并引起钾或钠排出增加。出汗蒸发和喘息也会引发水盐代谢和酸碱平衡改变，所以在防暑措施上采取适量补充钾离子和钠离子，对维持产乳量也极为重要。

## 第二节　水牛挤乳

### 一、水牛的乳头和乳房

中国水牛的乳房与国外河流型水牛的乳房相比，发育较差，乳头短小（乳头长度不到 4 厘米），有呈枣子状，有如鼓棒头状。4 个乳头分布比较集中，前后、左右间距较短。手工挤乳较难，只能用指捏法和捋挤法，难以适应拳握法和机器挤乳。中国水牛经与乳用水牛杂交改良和选育，乳头和乳房的发育接近乳用水牛。如三品杂水牛的乳头多呈柱形，乳房呈盘状，乳头长为6.23 厘米 ±1.43 厘米，与摩拉水牛的6.31 厘米 ±2.01 厘米和尼里—拉菲水牛的7.67 厘米 ±2.75 厘米相近。前后乳头相比，摩拉水牛和尼里—拉菲水牛的前乳头都明显比后乳头短，这与乳牛情况恰好相反，然而三品杂水牛的前后乳头差异不显著。尼里—拉菲水牛随年龄和胎次的增加，乳头存在变长和变形的缺点。三种水牛的乳头分布相似，前间距均大于后间距，左右侧间距也相近。乳房的深度、纵长和周长都以尼里—拉菲水牛较大，其次是摩拉水牛和三品杂水牛，它们都能适应拳握法手工挤乳和机器挤乳。

## 二、手工挤乳

中国母水牛产犊后多为犊牛自然哺乳，无人工挤乳习惯。初次训练手工挤乳时，多数母水牛会出现排乳抑制。因此，往往先利用犊牛撞击乳房、吮吸乳头等引起排乳反射后拉开犊牛，然后对母牛进行手工挤乳。以后渐渐以犊牛刺激母水牛放乳，最终以清洗按摩乳房，手捏乳头引起排乳反射来达到人工挤乳训练的要求。挤乳前一定要洗刷牛身，冲洗乳房，充分按摩，先挤后乳头，后挤前乳头，动作要轻快熟练。应当注意，要发挥母水牛产乳潜力，耐心和熟练的手工挤乳技术是重要环节。

手工挤乳的方法有拳握法和指捏法。指捏法主要用于乳头短小的水牛，用食指和拇指挤压乳头基部将乳挤出。拳握法是一种不易损伤乳头、较合理的挤乳法，用食指和拇指紧握乳头上端，防止乳回流，然后用中指、无名指和小手指依次迅速将乳头腔内的乳挤出。

## 三、机器挤乳

机器挤乳是利用犊牛吮吸乳头哺乳的原理，由挤乳前清洗按摩乳房等一系列刺激引起排乳反射，造成乳头腔内压力升高，乳汁通过乳头孔向外在低压以至真空的乳头外（口腔或挤乳杯）喷射。机器挤乳在4个乳区同时进行，较手工挤乳快，容易与母水牛的排乳反射持续时间相协调，可克服手工挤乳劳动强度大的缺点，提高劳动生产率和乳产品质量，有利于水牛乳用生产的开发。

中国水牛中的多数地方品种由于产乳性能低，乳房发育差，乳头短小，不适宜机器挤乳。但中国水牛与乳用水牛杂交的后代与乳用水牛一样，能适应机器挤乳。

水牛机器挤乳与乳牛机器挤乳不同之处在于：水牛乳池的乳量少，必须在出现排乳反射后套乳头杯开始挤乳；水牛的乳头孔径小，乳头括约肌紧张度高，挤乳机的真空度、乳杯组的重量和节拍比都要适当增加。由于水牛乳房和乳头的解剖结构与乳牛有别，尤其乳头细小、乳头括约肌紧张度高，以及排乳习性特殊等生理解剖因素，对挤乳机的性能要求比乳牛更高。虽然国外河流型乳用水牛的机器挤乳在规模化养殖场较多采用，然而中国水牛向乳用方向杂交改良起步不久，应有较宽的适应范围，尚须进一步深入研究。

## 四、影响挤乳的因素

### 1. 泌乳母水牛的生理状况

生理状况主要指神经类型、泌乳生理特性和健康状况等。神经类型就是对外周环境的适应能力，对任何刺激反应的兴奋和抑制过程平衡调节的灵活性。适应能力强、灵活性高的水牛排乳反射稳定，容易挤乳。反之，当外界条件出现变化，排乳反射会受到不同程度的抑制，轻则延长挤乳时间，减少挤乳量；重则完全抑制，挤不到乳，导致乳腺萎缩退化。泌乳水牛个体之间的泌乳生理特性也有差异，如潜伏期长短、乳头括约肌紧张度高低、乳头孔径大小等，都会对挤乳效率生产影响。泌乳水牛的健康是维持正常挤乳的前提，若患有全身性疾病或乳房局部疾病，如乳腺炎、乳头损伤、畸形等，均会影响挤乳。

2. **人为因素**

对乳用泌乳水牛来说，熟练的挤乳操作技术和精细的饲养管理十分关键。为了提高泌乳量，使挤乳时排乳充分，应保持饲养和挤乳场地的安静卫生，消除生人干扰，禁止挤乳员打骂泌乳水牛，注意个人卫生，加强饲养管理，遵守挤乳操作规程，尤其在挤乳开始前对挤乳牛的洗刷、乳房按摩，添喂少量精饲料或多汁饲料，可以使排乳反射伴随出现，加速挤乳过程，减少残留乳比例。

3. **环境因素**

水牛挤乳必须有一个较稳定的环境条件，因为环境条件的改变，水牛比乳牛更容易发生排乳反射抑制，使挤乳出现不同程度的困难。所以，要求固定饲养管理人员和挤乳人员、床位、冲洗、刷刨、喂料、按摩等，顺序也不能任意颠倒；气温、水温、饲料种类不应有急剧变化。不适环境因素不但影响排乳，造成挤乳困难，而且会对消化代谢和乳汁的合成分泌过程产生更深的影响。

# 第十二章 水牛繁育

在人类驯养的家畜中，水牛的繁殖是很少受到人们关注的，尤其是沼泽型水牛，基本上仍是以自然交配来繁殖后代，只有少数母水牛采用人工授精的方法配种。其自然繁殖率较低，一般仅有30% ~45%，人工授精在农村其繁殖率一般达50%左右。

## 第一节 水牛的自然交配和妊娠

水牛的自然交配是在公、母混群饲养或野外放牧中的一种原始的自由交配。其缺点主要是容易造成近亲交配，优、劣难控，易于传播生殖道疾病等。优点是省事。采用自然交配应注意选择优秀种公牛，一般公、母按1:30 ~50，对其余公牛坚决去势。

### 一、配种年龄

(1) 公水牛10 ~12月龄开始有性欲表现，喜接近发情母牛，嗅闻发情母牛的外阴部，到2.5 ~3岁开始配种。配种的利用年限与饲养管理有直接关系，饲养管理条件好的可延长其使用年限。

(2) 母牛12 ~18月龄有情欲表现，鸣叫、举动不安，食欲减退或不食，喜欢接近公牛，并接受公牛爬跨，2.5 ~3岁开始配种，3.5 ~4岁开始产犊。

## 二、母水牛的发情季节

沼泽型水牛属于全年繁殖的动物，由于受各种因素影响，形成了明显的配种季节。通常把母水牛发情较集中的季节称为发情旺季，此时母水牛发情周期较正常，交配后受胎率高。江汉水牛发情旺季为7～9月，滨湖水牛发情旺季为8～12月，鄱阳湖滨水牛为8～11月，云南省的德宏水牛发情旺季为9月至次年2月。这可能与各地的气候、使役、牧草、饲养管理等有关。

## 三、母水牛的妊娠

成熟的卵子与成熟的精子在输卵管相遇结合成合子，这就是受精，又叫妊娠。自受精开始，经过发育，直到成熟，胎儿产出为止，这段时间叫妊娠期。水牛妊娠期平均为315天左右。妊娠期的长短，因品种、个体、年龄、膘情和饲养管理条件的不同而不同，饲养管理条件好的比饲养管理条件差的短。

母牛妊娠后，为做好分娩前的准备工作，应推算母牛的产犊期。现介绍公式推算法：

按妊娠期313～315天计算，将配种月份减2，日期加9。如：李然家的母水牛于2001年9月6日配种，后不见该牛返情，其预产期为：

$$9-2=7\text{（日）}\cdots\cdots\text{预产月份}$$

$$6+9=15\text{（日）}\cdots\cdots\text{预产日期}$$

即李然家的母水牛预产期为2002年7月15日。

## 四、母水牛的分娩与接产

### （一）分娩

分娩是指母牛产出发育成熟的胎儿、胎膜及胎水的生理过程。

1. **分娩预兆**

随着胎儿逐渐发育成熟和产期的临近，母牛出现一些分娩预兆。根据这些预兆，可以估计分娩时间，以便做好接产准备。

（1）乳房膨大。产前约半个月乳房开始膨大，至分娩前1~2天变为极度膨胀，个别牛在临产前数小时至1天左右滴出乳汁。

（2）外阴部肿胀。约分娩前1周，阴唇逐渐柔软、肿大，其皮肤皱褶展平，表面平滑。阴门变松而长。封闭子宫颈口的黏液塞溶化，在分娩前1~2天呈透明的索状物从阴户流出，垂于阴门外。有时母牛在妊娠后半期，尤其是最后一个月，由于阴道分泌的黏液由浓稠逐渐变为稀薄润滑，也发现有透明黏液自阴门流出的现象。

（3）骨盆韧带松弛。临近分娩时，骨盆韧带开始松软，产前12~36小时更加松软，尾根两侧肌肉明显塌陷。这一变化，经产牛比初产牛更明显。

（4）精神不安，时起时卧，频频排尿，头向腹部回顾，表明即将分娩。

2. **分娩的动力**

母牛分娩时，将胎儿从子宫内排出的动力是由阵缩和努责共同构成。阵缩是分娩时子宫肌的收缩，从子宫角尖端向子宫颈方向有规则地缩动，具有间歇性。努责是腹壁肌肉及膈肌收缩产生腹部压力，它是一种随意的收缩，而且伴随阵缩进行。

3. **分娩过程**

母牛的分娩过程分为开口期、产出期和胎衣排出期，前两期没有明显界限。开口期指从阵缩开始至子宫颈充分开大为止。开口期持续的时间，平均为6小时，范围为1~12小时。

## （二）接　产

母牛在临产前1周应转入产房。产房要清洁、保暖、无贼风，地面铺以清洁、干燥的垫草，保持安静的环境。

母牛出现分娩预兆后，应准备好接产用具和消毒药品，如碘酊、酒精棉花、高锰酸钾、消毒剪刀、消毒绳、干毛巾、肥皂等。助产人员应将指甲剪短磨光，手要洗净消毒。临产前用0.1%高锰酸钾溶液洗净，消毒母牛的外阴、尾根及后躯。母牛卧下分娩时，要让其左侧卧，以免胎儿受瘤胃压迫难以产出。当见到胎儿两前脚夹着头部出来，蹄底向下，这是母牛的正常分娩。一般不用助产就可顺利生下小牛，若母牛阵缩、努责微弱，应进行助产。用消毒绳缚住胎儿两前肢系部，交助手拉住，助产者双手伸入产道，大拇指插入胎儿口角，然后捏住下颌，乘母牛努责时一起用力拉，用力方向稍向母牛臀部后下方。当头通过阴门时，一人用手捂住阴唇及会阴部，避免撑破。头拉出后，再拉的动作要缓慢，以免发生子宫内翻或脱出。当胎儿腹部通过阴门时，用手捂住胎儿脐孔部，防止脐带断在脐孔内，延长断脐时间，使胎儿获得更多的血液。

犊牛产出后，应彻底清除口鼻腔中的黏液，以利呼吸。如果发现犊牛窒息，应立即将犊牛后躯抬高，清除其咽喉部的黏液。犊牛脐带自己断裂，在断端用5%的碘酊充分消毒，一般不需结扎。如果人工断脐带，应在脐动脉停止跳动后进行，以防失血。断脐带的部位在离腹壁3～5厘米处。断脐带前要涂以碘酊消毒，断脐带后其断端还应用碘酊充分消毒。如果断端流血不止或脐孔过大时，可以进行结扎或烧烙。冬天应先用清洁的草把或干燥布片擦干犊牛身上的黏液再处理脐带。天气温暖时，可在断脐带后让母牛舐干犊牛身上的黏液。处理好脐带后，用剪刀剥去软蹄，以利犊牛站立行走。

# 第二节　水牛的人工授精技术

家畜人工授精是现代畜牧业的重要技术之一，对水牛改良、新品种的培育和提高繁殖率作出了重大贡献。通过人工授精，可以扩大种公牛的配种效果，提高母牛的受胎率，预防传染性疾病的传播，克服因公、母牛个体差异大等困难。我国目前良种公水牛数量少，不能满足生产需要，只能扩大人工授精配种头数，才能较好地发挥良种公牛的作用。一般 1 头公牛每年采精 100 次，制成 0.25 毫升的细管冻精，1 年可配 5000 头左右的母水牛，是自然交配的近 100 倍，在农村受胎率比自然交配的提高 15%以上。

## 一、人工授精操作规程概要

授精的注意事项：首先要求输精员在输精前剪短和磨光指甲，戴上胶质手套，若无手套，用 2% 的来苏儿和 1% 新洁尔灭消毒手臂，然后用清水冲洗。在连续给几头母牛输精时需每头 1 支输精枪或重新消毒，当外阴很脏时，先用清水洗去污物。

## 二、人工授精

### （一）液　氮

液氮是无色、无味、无毒、无化合力的液态物质。冻精贮存于 -196℃超低温的液氮中，因此，非常容易引起冻伤，在操作中必须特别注意。

（1）避免皮肤与液氮接触。

（2）保持双手干燥。

（3）不要触摸液氮中的金属，否则皮肤会粘在金属上。

（4）避免使液氮溅入眼内，应在操作中戴眼镜加以保护。

（5）避免把热物体（室温）放入液氮中，因为液氮与热物体接触后沸腾非常强烈。

（6）倒液氮时动作要慢，尽可能保持自己离开液氮贮存物越远远好。谨防把液氮倒入你的鞋中，除专用容器外，决不能把液氮倒入别的地方。

（7）用后应及时盖上盖子。

（8）液氮罐口上不能安放任何东西，以免造成罐内压力增加。

（9）液氮罐应贮存于通风良好的地方。

## （二）液氮冻伤急救

（1）用冷水冲洗受伤的皮肤。

（2）冷敷（用棉布或类似物吸干净冷水）。

（3）如果皮肤已经起泡或眼睛受伤，立刻去看医生。

## （三）液氮罐及其使用

由于液氮是超低温物质，因此它只能贮存在经过特殊设计的真空罐中，这种真空罐通常用不锈钢材料制成，罐口的塞子是由绝缘材料制成，成圆柱形。因此，它只能上下垂直移动，否则会造成塞子的断裂。

现在液氮罐质量已不断提高，一般每年只需加5~6次液氮。液氮罐应尽量少开，因易于蒸发散失。因此，只有在需要的情况下才能开罐，平时应保持良好的封闭状态。

罐中液氮的多少，可就地取材用竹子或木材制作成有刻度的细棒，方法是将这种有刻度的细棒深入罐底，并停留几秒钟，然后取出，可以看到在液氮中的细棒形成的结霜点。如果罐中的液氮只剩总量的1/4~1/3，应及时补充液氮，否则冻精就会报废。

检测液氮罐中液氮的多少，还可以判断液氮罐的质量是否合格，在同等保管条件下开罐次数相同时，如果某个罐中的液氮损失率高于正常标准，说明该罐质量有问题，应及时查找原因，并把罐中的冻精迅速转移到其他罐。

## （四）精液的处理

### 1. 冻精的包装

精液包装于塑料细管中，细管长度为133毫米，直径有两种规格，一种是大细管容积为0.5毫升，另一种容积为0.25毫升，较为常用，因为精液在小细管中冷冻更好，封口也更好，并且更经济。

同时细管还分为多种颜色，它们被打上有关公牛的名字、品种和注册号、冻精制作日期及制作冻精的站（所）。

细管被贮存在一种叫做高杯的塑料或金属容器中，这些高杯形态、大小、颜色各异，其目的是容易辨别不同种牛的冻精。

### 2. 冻精的转移

冻精从一个容器移到另一个容器是一项细致的工作，如果你不想使它受到损害，就必须按规程操作。

## （五）输精准备

（1）确定所需要的细管冻精所处位置。

（2）解冻：把温水倒入解冻杯（通常使用一个小的真空杯），用温度计根据冷热把水温调到35℃，把需要的冻精从罐内提到罐颈，迅速用镊子把细管冻精放到解冻杯中，再快速把装细管的提子放回液氮罐塞上塞子，以减少液氮的挥发。0.25毫升装的细管解冻时间为7秒钟。在解冻过程中，要保持用镊子夹住细管，细管从解冻杯移出后，用吸水性好的纸巾擦干细管。

（3）输精枪的装配：充分地拉出输精枪的内管，尽可能地把细管装入输精枪，在细管的适合位置把它呈直角剪下，其位置为皱缩或塞子后通过气泡处，剪切部不呈平面，细管就不能被很好地装入护套，在输精时，精液就可能从细管和护套之间流失而造成浪费。

## （六）输精技术

在输精期，要把进入直肠的手臂戴上手套，手伸入直肠前，用肥皂或兽用助产润滑剂润滑手套，手呈楔形状进入直肠。如果直肠中充斥牛粪，把手呈杯状然后用力向后把它括出，注意不要把手全部拿出直肠外，以免空气冲入直肠。如果发生空气进入的情况，应轻轻挤捏直肠，促使其收缩，排出空气，直肠收缩时，手必须呈楔形状，以使收缩波顺利形成通过。当手感觉到位于直肠下可移动的圆柱形硬组织——子宫颈，要轻轻地握住它，然后，用纸巾把阴门擦干净，呈45°角向上插入输精枪，在输精枪沿阴道背壁向前推进的过程中，逐渐旋转输精枪，使其呈水平位置，继续向前，直到枪尖到达子宫颈末端，可用食指轻轻检验，一旦检验完毕，把手指移开，轻轻地把活塞完全推入枪套，在输精时保持把握住子宫颈的手非常重要。

## （七）母牛发情鉴定

要做好这一工作，首先畜主、放牛员、输精员要紧密配合，深入观察，及时发现母牛发情，以防漏配。发情鉴定可根据母牛发情表现、公牛试情、阴户、阴道、子宫颈和黏液、卵巢变化来判断。

### 1. 外部观察

（1）发情初期：母牛发情时，先有小公牛跟，随后才有大公牛追逐。母牛食欲减退，爱鸣叫，精神表现不安，外阴户浸润，性兴奋，爬跨。持续时间为12～24小时。

（2）旺盛期：采食不安，外阴户肿胀明显，时举头张望，拱背举尾，频频排尿，互爬，公牛追逐，接受公牛爬跨。站立不动，任由公牛爬跨交配，时排黏液，性欲达到高潮。持续时间是

10～12 小时。

（3）发情后期：公牛爬跨，母牛拒绝或半拒绝，外阴户肿胀消退，浓稠黏液在外阴户周围，持续时间是 8～12 小时。

（4）排卵期；性欲完全消失，公牛不跟随，表现不安，采食正常。排卵一般在发情结束以后，多在夜间。

**2. 阴道检查**

（1）休情期；阴道紧闭，色泽苍白，无黏液，没有公牛追逐。

（2）发情初期：阴道黏膜微充血，显淡红色，子宫颈轻度充血微肿，黏液量少，稀薄透明。

（3）旺盛期：阴道黏膜潮红有光泽，宫颈充血发亮，肿胀而开，顺着扩张筒口流出大量黏液，透明、牵缕性强，液质透明，无黏性。

（4）发情后期：阴道黏膜充血度消退，宫颈肿胀及颈口开张已收缩，呈暗红色，黏液由多而少，稀变稠，呈半透明或乳白色，牵缕性不强，有黏性。

（5）排卵期：阴道黏膜淡红，宫颈口关闭，淡红色黏液少，浓稠呈乳皮状。

**3. 直肠检查**

（1）休情期：左右侧卵巢大小不一，常呈扁圆形或多角形，表面粗糙、坚实，一端常有大小不一的黄体，似面团状突出于卵巢表面，指触之感觉明显。

（2）发情初期：一侧卵巢稍大，滤泡开始发育，为 0.6～0.7 厘米。波动不明显，指压之似觉有空实之感。

（3）滤泡发育期；滤泡发育呈半圆球，突出于卵巢表面，直径为 0.6～0.7 厘米。泡皮较厚，波动明显。

（4）滤泡成熟期：滤泡发育增大停止，泡皮紧而薄，有一触即破之感，似成熟的葡萄果，波动明显。

（5）排卵期：滤泡破裂，泡液流失，卵子随液流出，泡皮变成凹形，质地松软，轻压之似觉成熟破烂的葡萄一样，呈扁形或多角形，不久黄体便在此发育长大。

## （八）人员、设备、设施

### 1. 人员、仪器及药物设备

（1）冻配站（点）至少要配备1~2名热爱家畜品种改良事业的输精员，使之熟练掌握冻精解冻、母牛发情鉴定、输精、怀孕检查和疾病治疗等技术。

（2）冻配站（点）必须有操作室、配种保定架。注意搞好清洁卫生，保持干燥，空气流通。

（3）冻配点应配备显微镜、保温箱、干燥消毒箱、冰箱、蒸馏器、紫外灯、酒精灯、广口保温瓶、药棉、纱布、载玻片、盖玻片、液氮罐、酒精温度计、各种大小玻璃烧瓶、量杯、量筒、天平称、石蜡、肥皂、锑桶、二水柠檬酸钠、葡萄糖、高锰酸钾，以及常用的畜牧兽医药械及必要的交通用具。

### 2. 仪器的洗涤及消毒保存

使用的器械不清洁，很容易使细菌侵染而伤害精子，或将疾病传染给母畜。因此，凡在操作中所用过的用具，尤其是新购入的器械，必须严格做好清洁消毒工作。

（1）玻璃器具洗涤消毒法：新购回来的玻璃用具及用后的仪器，都要及时冲洗，冲洗时，应用热水加入适量洗衣粉，使之溶解后，将用具浸泡在溶液中2~3分钟，然后用清洁水冲洗5~6次，晾干，置于干燥箱消毒（升温120℃），冷却待用。用时先用解冻液或0.85%生理食盐水冲洗1~2次，方可使用。

（2）输精管及试管、滴管洗涤消毒：这些用具多是玻璃制品，由于管口细小，洗涤较困难。因此，要细心做好清洁消毒工作，可先用肥皂或洗衣粉冲洗，去掉污物，然后浸泡入10%苏打水1~2小时取出，再用清洁水（过滤水）冲洗4~5次，晾干，置于干燥箱消毒（升温 120℃），冷却待用。用时，先吸取解冻液或生理盐水冲洗 1 ~2 次，方可应用。

**3. 用具保存**

（1）操作室内应保持清洁卫生、无霉气。

（2）所使用的器械，如未用时应用纱布（消毒）包扎好，置于无尘埃的地方，最好放入药柜保存备用。

（3）液氮罐应保存在凉爽、通风且干燥的操作室内，避免阳光直射。

## 三、受胎、繁殖计算

为了总结经验，及时检查冷冻精液质量和配种效果，冻改站（点）要准备一些必要的表格。记录表格，要力求简单易行，登记时要认真填写，定期上报。

（1）平均情期受胎率：表示妊娠母牛总头数占配种情期总数的百分比。

$$情期受胎率=\frac{妊娠母牛总头数}{配种情期总数}\times 100\%$$

（2）第一情期受胎率：即配种第一个情期后，妊娠母牛占配种母牛的百分比。就是说，只计算初配后妊娠母牛和所占比例。第一情期受胎率和情期受胎率通常是相近的。

$$第一情期受胎率=\frac{第一情期妊娠母牛数}{配种第一情期数}\times 100\%$$

（3）总情期受胎率：即在年终，妊娠母牛数占总配种情期数（包括两次复配情期数）的百分比，其主要反映的是年群的复配情况。

$$总情期受胎率=\frac{妊娠母牛头数}{总配种情期数}\times 100\%$$

（4）总受胎率：即最终妊娠母牛数占配种母牛数的百分比，

在计算时应将严重的生殖疾病、中途失配的个体排除。

$$总受胎率=\frac{妊娠母牛总数}{配种母牛总数}\times 100\%$$

（5）不返情率：指配种后一定时间内，不再表现发情的母牛占配种母牛的百分比。根据配种后的不同时间阶段，通常又可分为30～60天，60～90天和90～120天不再发情率。

$$不返情率=\frac{无发情表现母牛数}{配种母牛数}\times 100\%$$

（6）成活率：一般指断奶成活率，即断奶时成活犊牛数占出生时活犊总数的百分比。

$$成活率=\frac{本年度终成活犊牛数}{去年年度内出生犊牛数}\times 100\%$$

（7）繁殖成活率：指本年度内成活犊牛数占上年度终能繁母牛数的百分比。

$$繁殖成活率=\frac{本年度内成活犊牛数}{上年度终能繁殖母牛数}\times 100\%=繁殖率\times 成活率$$

## 第三节　水牛繁育方法

水牛繁育方法是畜牧科学和实践的重要问题，也是家畜繁育学的中心内容之一，它和培育、选种选配密切联系，构成繁育工作的核心。水牛育种工作应该是有计划、有目的地改变原有水牛群体的遗传结构，以便更好地满足生产发展的需要。广西水牛研究所通过长期的研究实践，已经创造出许多改变群体遗传结构，并能达到预期目标的育种方法，即纯种繁育方法和杂交繁育方法两大类。

纯种繁育是改进和提高现有水牛品种的一种繁育方法，是在品种内个体间进行交配。杂交繁育是用不同水牛品种或不同物种间的家畜进行交配，以便获得与原来本品种不同的高质量后代，从而达到彻底改良或创造新品种的目的。水牛繁育方法的分类如图 12－1。

- 纯种繁育
  - 地方良种选育
  - 引进品种选育
  - 品系繁育
- 杂交繁育
  - 生产性杂交
    - 经济杂交
    - 轮回杂交
    - 终端公牛杂交
  - 改良性杂交（引入杂交或导入杂交）
  - 育种性杂交
    - 级进杂交（或改造杂交）
    - 育成杂交
    - 远缘杂交

图 12－1　**水牛繁育方法分类**

## 一、纯种繁育

### （一）纯种繁育原则和效果

水牛纯种繁育是在同一品种内用具有相同遗传基础的公、母水牛进行繁育，并采用品质选配或亲缘选配方法，以达到改变群体现有遗传结构，使其成为新的符合生产需要的群体。在纯种繁育情况下，水牛品种来源、体质类型和生产力类型比较一致，遗传性状相对稳定，具有保持品种的复杂结构和高度的育种价值，巩固和发展品种的优良特性和品质。因此，纯种繁育不是保守的繁育方法。为了使纯种繁育的品种向人们所选定的方向迅速改进和提高而获得最大的效果，应采取以下几项措施：

（1）扩大品种的数量和分布地区，建立良种基地，避免过度亲缘交配，保证品种具有广泛的适应能力。

（2）保持和发展品种的复杂结构，促进牛群分化而形成地方类型和生产类型，建立具有一定生产特性的品系和品族，增加品种可塑性和变异范围，以提高其质量。

（3）加强选种和选配工作，是迅速提高品种质量和生活力的主要保证。

（4）创造良好和合理的饲养条件，促进种畜具备健康、结实的体格和高度的生产力。

## （二）纯种繁育方法

### 1. 地方良种选育

据全国水牛调查表明有 10 多种地方良种水牛，这些良种水牛一般遗传性比较稳定，适应当地条件，品种特性好，选种经验比较成熟，同时群众又有一套饲养管理方法。必须有计划、有目的地进行纯种繁育工作，加速地方良种的发展和改进；建立品系、品族，加速品种类型分化；建立地方良种水牛繁育基地，提高地方良种水牛的品质和扩大良种群体。

### 2. 引进品种选育

一般外来品种应该理解为其他地区引入本地区的品种。引进外来品种的目的，有的是为了改良当地生产性能低的品种，有的是作为育成新品种的原始材料。这里所指的引进水牛品种，主要是印度的摩拉水牛和巴基斯坦的尼里—拉菲水牛，这两种水牛是世界上著名的乳用水牛品种。中国引进这些水牛品种已有数 10 年之久，在中国的自然环境和饲养管理条件下，具有遗传稳定、生产性能高、适应性强等优点，对中国水牛杂交改良的效果显著。但是，由于这两种水牛引进时间长、群体小、血统少，长期处于小群体的闭锁繁育条件下，就不可避免地发生近亲繁殖，导致牛群质量退化、生产性能下降等问题。因此，为了使中国水牛杂交改良工作迅速而顺利地发展，一方面要提高摩拉水牛和尼里-拉菲水牛的种质，急需采取再度引进、血液更新和提纯复壮等育种措施；另一方面要提高引进品种的生产性能，加强选育工作，以确保中国水牛乳业生产和杂交改良工作的开展。

**3. 品系繁育**

品系是在一个培育品种内具有一定数量的群体，具有共同祖先，在体质类型和生产性能上比较相似。通常一个培育品种应由几个品系组成，而每个品系在品质上各自具有其特殊性，一般选择最优秀的种公牛为建立品系的创造者，在水牛群体中尽力发挥有价值的特性，并在一定配种、饲养方法制度下培育。

品系繁育是繁育方法的最高形式，是纯种繁育发展的较高阶段和有效措施。主要归纳为如下几项做法：

（1）培育或选出优秀种公牛作系祖。

（2）充分利用这头优秀种公牛，并通过同质选配或亲缘交配，培养出大量具有和系祖类似特性的后代。

（3）在后代中选出最优秀又最近似系祖的个体作为继承者，同时淘汰不符合品系特点的个体，并建立品系。

（4）进行不同品系的结合，以获得更优秀的水牛，并在高产后裔中又选育出新的系祖，建立新的品系（综合品系）。以后又让各品系重新结合，再得到更加优秀的种牛。如此螺旋式的反复上升，使品种不断得到提高和发展。

## 二、杂交繁育

### （一）杂交繁育的目的和效果

利用杂交繁育方法可以较快地改进水牛生产的繁殖性能，其目的是为了迅速地提高后代品质或是为了创造新品种。利用两个或多个品种或不同种的公、母水牛相互交配的方法，称为杂交繁育。

为了获得良好的杂交效果，应注意以下几个问题：

（1）杂交品种的选择。在选择杂交品种时首先应考虑杂交的目的、杂种的生活条件、品种间的亲和力和品种遗传力的对比等情况。

（2）加强杂种的饲养管理，做好“良种良法”不能片面强调杂交作用而忽视饲养管理方法。

（3）加强计划性。应该做好杂交品种的区域规划，有计划地进行杂交，掌握杂交双方的特性，了解杂交目的和方法，特别在育成品种或过渡品种中进行杂交更应谨慎。

水牛品种杂交繁育能获得良好的效果。根据现代生物学观点，杂交的主要生物学作用有以下 4 个方面：

（1）丰富和扩大杂种有机体的遗传基础，尤其是多个品种杂交。

（2）动摇动物有机体的遗传保守性，可获得易改变的、可塑性大的后代。

（3）提高后代有机体的生活力，显示出杂种优势。

（4）在性细胞相互同化和形成新的矛盾统一体的基础上，进一步发展原有亲本的遗传性和形成后代新的遗传性。

### （二）杂交繁育方法

杂交是迅速改变家畜遗传性状的一种最根本的方法，因此在生产实践中越来越被重视。在生产中由于目的不同，杂交繁育可分为生产性杂交、改良性杂交和育种性杂交。

#### 1. 生产性杂交

生产性杂交的主要目的是为了获得具有高度生产力的水牛，一般不继续进行繁殖，不作种用，在生产上能获得最大的经济效益。生产性杂交可分为经济杂交、轮回杂交和终端公牛杂交等。

（1）经济杂交：这是生产性杂交最简单和最广泛应用的一种杂交方法，是两个品种的杂交所繁殖的杂种，无论公、母牛都仅供利用，但不作为种牛。经济杂交完全是为了经济目的，利用一代杂种的杂种优势，获得一些生产性能高、生产力强的杂种后代。

（2）轮回杂交：这种方法是在经济杂交基础上进一步发展的生产性杂交，是利用2个品种或3个品种轮回杂交，使杂种优势可以逐步保持。在生产实践中仅选留一部分优良的杂种母牛继续杂交繁殖，其余杂种母牛和全部杂种公牛都供作商品用牛。

（3）终端公牛杂交：利用两个品种（A×B）进行经济杂交所繁殖的杂种一代，然后用第三个品种（C）与之交配所繁殖的杂种二代，最终确定一种遗传性能好的C品种公牛进行杂交，称为终端公牛杂交。

2. **改良性杂交**（引入杂交或导入杂交）

通过杂交达到提高某一品种或畜群质量的一种繁育方法，称为改良性杂交。一般应用于某一品种或品种群已大体上满足国民经济的要求，但尚存在个别的显著缺点，或主要经济性状需要在短期内提高，则选用另一品种中具有特殊性状的公牛作为改良者，这种杂交方法称为改良性杂交（引入杂交或导入杂交）。

3. **育种性杂交**

育种性杂交是通过两个或多个品种的杂交创造一个完全新品种的杂交育种方法。育种性杂交有级进杂交、育成杂交和远缘杂交等方法。

（1）级进杂交（改造杂交）：当某一地方品种或畜群的生产性能不能满足人们的要求，尤其是生产力需要彻底改变，如役用水牛改变成乳用水牛等，需要引入另一优良品种与地方品种进行杂交，以期被改良品种获得根本的改造，称为级进杂交或改造杂交。这种杂交方法是彻底改造生产性能低、体格小、成熟晚的地方品种的最迅速的方法。许多国家在水牛杂交繁育中，级进杂交方法已获成功。如广西水牛研究所采用巴基斯坦尼里—拉菲公水牛与中国本地母水牛进行杂交，N×L→$F_1$（NL），N×NL→$F_2$（N，N），$F_1$ 的平均产乳量为2041.2千克，接近尼里—拉菲水牛（2262.1 千克）；$F_2$ 平均产乳量为 2267.6 千克，具有与尼里－拉菲水牛相当的产乳水平。

（2）育成杂交：由两个或两个以上品种水牛的杂交培育新品种，使它结合原来品种的优良品质，并获得新的遗传品质，称为育成杂交。

（3）远缘杂交：远缘杂交是指属于生物学上不同种、不同属或不同科动物之间的一种繁育方式。由于种间差别比品种间大，因此种间杂交所得后代具有特强的生活力。若种间杂种后代能够“自群繁育”，则可以创造新品种或新种，以达到育种的目的。

一般杂交繁育的分类方法是根据生产中的要求和不同目的，具有一定的条件，不能机械地理解这种分类方法。在生产实践中，这 3 种杂交方法是相对的，可以相互转化的，如生产性杂交过程中可以转变为育种性杂交，在育种性杂交过程中有很多杂种后代被淘汰而作为商品水牛等。

## 第四节　提高母牛繁殖性能的技术措施

提高母牛的繁殖性能是发展养牛业的重要环节。繁殖性能影响牛群的产量、后备牛数量及牛群中母牛寿命。据估计，因繁殖效率低造成的经济损失，比主要传染病造成的损失还要大。影响母牛繁殖性能的因素很多，如遗传、环境、饲养管理、配种技术、疾病等，这些因素也直接或间接地影响公牛的精液品质、受精能力、母牛正常的发情周期、排卵和胚胎发育等。现就提高母水牛繁殖性能的一些技术措施简述如下。

## 一、合理的饲养管理

牛的不孕在很大程度上与营养有关。因此，在饲养上必须满足牛的营养需要，特别是蛋白质、维生素、矿物质的需要。牛营养不足，显著的表现是瘦弱，也表现在性成熟阻滞、性周期障碍或不正规、性机能减弱、胚胎发展受阻甚至流产。营养过度会引起肥胖，过肥现象主要与运动不足有关。如果造成母牛过肥，有碍卵泡的发育，并阻碍胚胎进入子宫，影响妊娠子宫的扩张机能，引起难产和产后酮病的发生。因此，在母牛的饲养上，保持其中上等体况，是维持其良好繁殖性能的重要措施。

在养牛生产中，许多农村由于饲养管理粗放，营养不良，冬春季节牛大多不发情，而导致繁殖力低下。在母牛产后恶露没有排净之前，不能过多饲喂精料，特别应调整日粮中的蛋白质水平，以免影响生殖器官复原和产后发情。对高产奶水牛由于片面追求产乳量而单纯增加精料时，也容易引起饲料中的能量、蛋白质比例失常和钙、磷比例失调，导致某些代谢疾病的发生而引起不孕。在舍饲情况下，也有因为青粗饲料数量不足或质量较差，导致日粮中维生素和纤维素缺乏，特别是维生素 A 和维生素 E 缺乏，而引起母牛不发情、胚胎早期死亡、流产、胎衣不下等。有些牛场为了防止母牛骨质疏松和产后瘫痪，在日粮中过分提高钙的水平，导致钙、磷比例失调，影响钙、磷吸收，引起代谢疾病，引起子宫内膜炎、难产和胎衣不下等，受胎率下降。某些地区微量元素缺乏，特别是缺碘和缺硒地区，导致繁殖障碍。总之，不同地区，应根据各自的特点配制日粮，满足营养需要，提高母水牛的繁殖性能。

对于成年母牛因饲养不当而造成不孕时，在恢复正常营养状态后，大多能够自愈。但在犊牛和育成牛时期，由于营养不良或严重疾病导致生长发育受阻，影响生殖器官正常发育，则很难在后期得到补救。因此，对犊牛和育成牛的培育应给予充分的重视。

在管理上要保证得到充足的运动和光照，并给予合理的日程安排。加强妊娠母牛的管理，防止流产。不能饲喂霉烂变质的饲料和劣质饲料。舍内要保持清洁、干燥、通风良好。

对妊娠母牛的正确使用，也是保证母牛正常繁殖的重要措施之一。如对乳用母水牛片面追求本胎次产乳量，不能做到适时干乳，甚至取消干乳期，这样伴随长期挤乳，结果造成母牛体质下降，并且使其生殖机能出现紊乱或受到抑制。因此，正确安排生产，对保证母牛正常繁殖也同样应予重视。

## 二、培育健康牛群

母牛因子宫或卵巢疾病造成不孕，在生产中也是母牛不孕的重要原因之一。同时，某些特定的传染病对母牛繁殖力的损害也是严重的。如牛病毒性腹泻、布氏杆菌病等，引起不育、不孕、胚胎早期死亡、胎儿干尸化、流产、死胎、出生前后死亡等。有些传染病导致整群的、持续性的繁殖障碍，在一定条件下造成传播、流行。因此，在生产中必须抓紧治疗牛群中患生殖器官疾病的个体。同时，严密控制传染病的发生和蔓延，使牛群在健康的条件下正常进行繁殖，这对提高母水牛的繁殖性能十分重要。

## 三、掌握母牛发情、排卵，适时配种

做好发情鉴定，掌握母牛的发情、排卵特点，做到适时配种，是提高母牛受配率和受胎率（受胎母牛占受配母牛头数的百分比）的重要措施。据调查，由于不适时配种造成的不孕，比由于繁殖疾病引起的不孕多。要加强母牛的发情观察，掌握母牛的发情鉴定技术。

对发情异常或不发情的个体要找出原因所在，及时采取措施，还可采用药物等方法进行催情，提高母牛的受配率。注意观察母牛产后发情，一般母牛产后1～3个情期，发情排卵规律比较正常，容易受胎。如果产后3个情期内还配不上种或失配，则情期受胎率将越来越低，这时应进行直肠检查，掌握发情后排卵的具体时间，适时输精。必要时可使用性激素进行调整。母牛配种后，作好早期妊娠检查，狠抓未孕母牛的复配也是提高受胎率的一项有效措施。

## 四、提高精子的活力

优质精液对于母牛的正常繁殖起着保证作用。要提高精液品质，首先应搞好公牛的饲养管理工作和进行合理的使用，保证种公牛有良好的体况和充沛的精力。其次，随着冷冻精液的普及和推广，要严格遵守冻精制作程序及人工授精操作规程，其中的任何环节都会影响精子的活力。第三，应推广使用细管冷冻精液。因细管冻精液减少了制作过程中的污染机会，并增强了精液的耐冻性，所以解冻后精子活力比颗粒冻精高。

## 五、掌握输精技术，做到准确输精

输精方法有直肠把握子宫颈输精法和开膣器输精法两种。采用直肠把握子宫输精法比开膣器输精法提高受胎率10%以上，但操作技术的好坏对受胎率影响很大。一定要做到“适深、慢插、轻注、缓出、防止精液逆流”。输精员要细心、认真，严防损伤母牛生殖道，输入的精液必须准确到达所要求的部位，防止精液外流，如发现外流必须重新输精。输精人员动作要柔和，严防粗暴，这样有利于母牛分泌促性腺素，增强子宫活动，便于输精，有利于母牛受胎。

## 六、防治分娩后生殖系统疾病

对于产后母牛应加强护理和饲养工作，促进其体质和生殖器官尽快恢复到原来状态，并防止疾病发生。对刚产后母牛的外阴部及其周围要用温热肥皂水或1% ~2%来苏儿溶液、0.1%高锰酸钾溶液冲洗干净并擦干。圈舍或围栏内被污染的垫草应及时更换，保持圈舍的清洁、干燥、温暖，防止贼风。要注意观察分娩后母牛的胎衣和恶露排出情况。如果母牛分娩后24小时（夏季12小时）以上没有排出胎衣，应作为胎衣滞留处理。如果母牛分娩后15天仍有恶露排入，应查找原因及时处理。

产后母牛身体虚弱，消化机能差，产道尚未复原，乳房水肿也未消退。因此，一般在产后15天内，应喂适口性好、易消化吸收、有软便作用的饲料，不要饲喂过多浓厚的精料，以利于体质的恢复。产后3天内的母牛，一般只喂优质干草和少量以麦麸为主的混合精料。每天喂1次温热的益母膏麦麸汤（适量的益母草，水12千克，加麦麸2 ~3千克、食盐60 ~80克、红糖250克），可促进子宫恶露排出，也可以补充因产犊引起的水分损失。在产后1周内，每天应饮温水。

加强分娩后母牛繁殖机能的检查，对防治繁殖疾病具有十分重要的作用。要求对分娩10天以上的母牛，或不足10天，但分娩时发生难产、产乳热、胎衣不下或有异常分泌物的母牛进行繁殖机能检查。产后检查十分必要，可检查出许多繁殖疾病或异常情况，以便准确迅速地诊断、治疗，减少损失

## 七、控制产犊期

控制母牛的产犊期，有计划地安排配种、产犊，使牛群按人们的需要有计划地发展，做到生产与产品的销售相协调，牛舍和设备等得到充分合理的使用，避免员工全年劳逸不均，饲料生

产、供应与牛群的需要相协调，从而提高母牛繁殖效率。

对乳用水牛，因主要提供鲜奶和乳品加工厂的原料，因此应做到较均衡地供应，母牛也应全年均衡分娩。如果只满足鲜奶供应，常常夏季鲜奶销量相对低一些，可将夏季分娩的密度调整小一些，秋末冬初产犊分布密度大一些。这样可相对减少泌乳盛期的母牛在夏季所占的比例，有利于提高产奶量；犊牛断奶后，可以利用丰富的牧草，有利于生长发育。

在有条件的地区和养牛场，可采用生殖激素制剂合理安排牛群的繁殖计划。如利用法国生产的黄体酮阴道散发仪（PRID），将其放置在母牛的阴道穹隆处，12 天后取出，几乎所有的母牛都可以诱发发情，定时输精后，一次受胎率可达 60%。也可使用前列腺素和促性腺素释放激素制剂，对产后 50～60 天不发情的母牛进行直肠检查，发现卵巢有黄体时，向子宫内投入前列腺素和抗生素，母牛发情旺期肌注促性腺素释放激素，8 小时后进行第一性输精。采取这些措施能有效地缩短母牛的产犊间隔，提高繁殖率，并减小漏情失配的可能性，可使母牛在最佳季节分娩，还便于管理，有效地制订生产计划。

现代化畜牧业的发展，要求提高家畜的繁殖效率。因此，繁殖理论和繁殖技术已有了较大的进展，如对母畜的配种控制（人工授精）、发情控制（同期发情）、妊娠控制（胚胎移植）、分娩控制（诱发分娩）、胚胎分割，免疫学在繁殖中的应用，以及计算机在繁殖管理中的应用等。随着这些理论和技术的进一步研究和推广，对于提高母牛的繁殖效率具有很大的潜力。

# 第十三章　水牛的饲养管理技术

## 第一节　犊牛的饲养管理

犊牛一般是指从出生至断奶阶段的小牛。这个阶段的生长发育，是整个生命过程中最为迅速的关键时期。因此，加强对犊牛的科学饲养管理，是增加牛只数量，提高牛群质量的重要环节，也是发展水牛业，不断提高牛群生产水平和扩大再生产的基础。

### 一、犊牛的特点

（1）初生犊牛的组织器官尚未充分发育，对外界不良环境适应性差，抵抗力低，皮肤的调节保护机能较差，神经系统反应性尚未健全。初生犊牛较易受各种不良因素干扰影响而发生疾病。

（2）消化器官发育不健全，前三胃容积较小。无咀嚼，无反刍，无唾液分泌，无瘤胃、网胃微生物发酵。据观察，犊牛出生后1~2周，几乎不能进行反刍，一般第三周才出现反刍。所以，初生犊牛整个胃的功能与单胃动物的胃基本一样，只有真胃起消化作用。因此，喂犊牛的食物，应富含营养且容易被消化吸收。随着犊牛年龄的增大和采食植物性饲料，胃的发育便逐渐趋于健全，消化能力也随之提高。

（3）新陈代谢旺盛，生长迅速。犊牛初期新陈代谢旺盛，同化力强，生长发育速度快。但随着年龄的增长，生长速度逐渐变慢，尤其是到了性成熟期，生长的速度较慢。所以，不论哪种用途的牛，在生长上均有一个共同的规律——年龄越小，生长越快，饲料报酬越高。

## 二、犊牛的饲养

### (一) 初生犊牛的饲养

#### 1. 初乳的营养特点及其作用

初生犊牛的饲养，最关键的一项是及时喂初乳。初乳是新生犊牛唯一的营养来源。因此，了解初乳的理化特性和作用是十分必要的。

(1) 初乳及其营养成分：初乳是母牛产犊后 7 天内分泌的乳汁。初乳色泽深带黏稠，总干物质比常乳的多，其中尤以蛋白质、灰分和维生素 A 的含量高。而以第一胎的初乳有效营养成分含量最高，其干物质是常乳的 2 倍，维生素 A 是常乳的 8 倍，蛋白质是常乳的 3 倍（见表 13－1）。

**表 13－1　　水牛初乳与常乳化学成分比较**

| 项目 / 乳名 | 干物质 (%) | 脂肪 (%) | 蛋白质 (%) | 乳糖 (%) | $V_A$ *IV/g | $V_E$ *IV/g |
|---|---|---|---|---|---|---|
| 初乳 | 26.6 | 9.55 | 9.59 | 7.54 | 203 | 66 |
| 常乳 | 18.9 | 7.61 | 5.55 | 4.41 | 26 | 25 |

* 每克乳脂肪中的含量。

(2) 初乳的功能：初乳中的营养物质都是新生犊牛正常生长发育必不可少的，更重要的是初乳具有其他物质不可替代的作用。

①初乳含有大量的免疫球蛋白，具有抑制和杀灭各种病原微生物的功能，可使犊牛获得免疫，而初生犊牛肠黏膜能直接吸收

这些免疫球蛋白，但这种特性随着时间的推移而迅速减弱，大约在犊牛出生后36小时消失。所以，及早让初生犊牛吃上初乳是非常必要的。

②初乳中含有极其丰富的各种盐类，其中镁盐就比常乳多1倍，使初乳具有轻泻性，犊牛吃进充足的初乳，有利于排出胎粪。

③初乳具有较大的黏性，对胃肠道有良好的保护作用。

④初乳的酸度高，这种酸度可以刺激胃黏膜产生胃酸和各种消化液，同时还可抑制进入犊牛胃肠道的有害微生物的活动。

2. **初生犊牛的培育**

犊牛出生后脱离了母体，而进入与母体内截然不同的环境中并独立寻找母乳开始生活。由于生活条件的突然改变、气温的差异和体温的调节自理等，要求初生犊牛尽快具有直接同化各种复杂条件的能力，以能够正常的生存并生长发育。因此，对初生犊牛的饲养必须引起高度重视。

不管是自然哺乳或是人工哺乳，主要的是设法让犊牛及时吃到初乳。同时，由于犊牛自身对免疫球蛋白的吸收率会迅速下降，初生为50%，20小时后为12%，36小时后只能吸收微量或不吸收。因此，应尽量使初生犊牛在生后1小时内吃到初乳，最迟不得超过2小时。自然哺乳的犊牛，在出生后能站立时就要让犊牛哺乳。如犊牛站立不稳，行动不便，畜主最好扶助犊牛吮乳。遇有初产母水牛不愿给犊牛哺乳，还要设法控制母水牛，强行让犊哺乳，直到习惯为止。对于实行人工哺乳的犊牛，当犊牛出生后，给母水牛喂饮温麦麸盐水后，饲养人员应立即挤下初乳喂给犊牛。初乳的喂量可根据犊牛体重的大小和健康状况而定，一般第一次喂量应尽让其吃饱吃足，约1.5~2千克。日喂量可高于常乳，可为犊牛体重的1/6~1/8，分2~3次喂，对体弱的犊牛要求日喂3次。

喂初乳的温度要严格掌握，与母水牛体温一致，为39℃。我国南方炎热季节，挤下的初乳基本能达到要求，不需任何处理即可喂牛。但在冬春季节气温低或由于挤奶原因，初乳的温度低于35℃时，应用水浴锅加温至39℃，切忌加温过高。由于初乳的胶质太浓，高于70℃初乳就会凝固而无法喂牛，造成浪费。温度过低的初乳喂犊牛，会导致犊牛消化不良或下痢。

3. **人工哺乳**

在母牛拒绝哺乳，犊牛体弱不能自己吮乳，母牛死亡或母牛以产商品乳为主时需采用人工哺喂初乳的方法。一般采取带橡胶乳头的乳壶喂或用水桶喂两种。第一次喂时宜慢，不宜急。将乳涂于牛口边和饲养人员手上，让犊牛舔食和吮吸手指，慢慢引向乳桶，重复几次后犊牛就能自然饮乳。

## （二）常乳期犊牛的饲养

常乳期是指产后7天至断奶这个时段的犊牛。初乳营养变化较快。实践证明，7天后的乳汁，其各种成分就会降至平常较稳定的水平。所以犊牛经过7天的初乳喂养后，即可转入常乳期饲养。

据印度、巴基斯坦报道：喂量1月龄以内，为犊牛体重的1/10；1～2月龄，为体重的1/15；2～3月龄，为体重的1/25，称不均衡给奶。3个月后断奶，用精粗饲料代替。

广西水牛研究所于1985年后确定日喂奶量3.5千克，全期不变，整个哺乳期为3～4个月，称均衡给奶。整个哺乳期耗奶300千克。分上午、下午2次喂给，实践验证是可行的。

云南省盈江县槽河畜牧场采取犊牛出生1个月内每天喂水牛奶3千克，1个月后每天喂4千克奶，但水牛奶和荷斯坦牛奶各50%。3月龄断奶。

## （三）犊牛早期补饲

随着犊牛出生后日龄的增长，体重不断增加，按日喂奶量的营养已不能满足生长的需要，如果通过增加喂奶量来补充显然不经济。因此，采取早期补料，既可满足犊牛生长的需要，又能促进胃的发育，完善瘤胃的机能，达到犊牛健康快长的目的。

首先要单独饲喂，避免母牛吃犊牛料，造成浪费。

**1. 干　草**

从出生 1 个月后开始，在犊牛栏的草架内添加优质青干草或稻草，任其自由采食咀嚼，促进消化液的分泌和瘤胃早期发育。

**2. 精　料**

生后 15 天开始训练犊牛吃精料，可用玉米、大米、豆饼等精料磨成粉，并加少量优质鱼粉、骨粉和食盐混合，用开水冲对成糊状，掺入牛奶中喂。1 月龄后犊牛每天可采食精料 250 ~ 300 克，2 月龄每天喂 0.5 千克以上，3 月龄每天采食 1 千克以上，当日采食量达到 1.5 千克时即可断奶。

**3. 青草或多汁饲料**

通常在犊牛出生后 20 天就要补给优质的细嫩青草或多汁饲料，让其自由采食，但需少给，以免影响精料的采食量。

### （四）饲喂要点

为了减少犊牛哺乳期的患病和死亡，保证犊牛的正常消化机能和健康成长，应掌握如下饲喂技术。

**1. 定　时**

每天喂奶时间要固定，使犊牛的消化器官形成一定规律的活动，产生良好的条件反射，对于保持犊牛正常消化机能很有好处。

**2. 定　量**

按犊牛正常发育的需要固定奶量，突然增加奶量容易造成消化不良，导致消化系统疾病的发生，而突然减少奶量又会使犊牛产生饥饿不安，影响犊牛的正常发育。

**3. 定　温**

每次喂奶时要保持 37 ~ 39℃ 的奶温，如奶温过低，在胃内不能充分凝固，易引起消化机能紊乱，发生下痢。当然奶温过高，易损伤犊牛口腔及胃黏膜，发生犊牛拒绝哺乳的现象或消化障碍。牛奶加温可用水浴法，也可用开水对入牛奶中一起喂给。后期奶温可逐渐降低，但不能低于 30℃。

**4. 控制犊牛饮奶速度**

不要使其饮奶过急，否则会使部分奶充入瘤胃和网胃，从而引起犊牛消化不良，瘤胃胀气。

**5. 保证供给充足的饮水**

20 日龄时应在犊牛栏内用铁桶或水槽装清洁的水，以便犊牛能随时饮用，尤其在炎热的天气更为重要。

**6. 防止犊牛缺铁**

由于牛奶中铁的含量较低，随着犊牛日龄的增长及生长发育，乳中的铁远不能满足机体的需要，如果不及时补充，就会造成犊牛贫血，抵抗力下降，发生下痢。因此，犊牛生后 15 日内补充二价铁，即配成 0.5% 硫酸亚铁溶液，每次对入牛奶中 5 ~ 10 毫升喂给；有的用牲血素，生后 3 ~ 5 天内，于颈部肌肉一次性注射 10 毫升，可获得良好的效果。

## （五）犊牛的早期补料

随着犊牛出生后日龄的增长，体重不断增加，按日喂奶量的营养已不能满足生长的需要，如果用增加喂奶量来达到，是不经济的。因此，补充营养的办法就是给犊牛早期补料，可促进胃肠的发育，完善瘤胃的机能，达到犊牛健康快长的目的。

**1. 干　草**

从出生后 1 个月开始，在犊牛栏的草架内添加青干草或稻草，任其自由采食咀嚼，对于促进消化液的分泌和瘤胃早期发育是非常有益的。

2. 精　料

生后15天开始训练犊牛吃精料，有的用玉米、小麦、豆饼等精料磨成粉，并加少量鱼粉、骨粉和食盐混合，开水冲对成糊状，混入牛奶中喂给。但大多数水牛场是从15天开始将混合精料放在食槽内，让其自由舔食。到1月龄后犊牛每头可采食精料250～300克，2月龄时每天可吃0.5千克，3月龄时可采食1千克以上的混合精料。当日采食量达1.5千克时即断奶，说明犊牛完全可以不依赖牛奶，而靠采食精料获得足够的营养。

3. 青草或多汁饲料

一般在犊牛出生后20天就要补给细嫩青草或多汁饲料，并将它们放于另一食糟，让其自由采食。但每次给量不要太多，以少量为宜，这样才不会影响精料的采食量。

## 三、犊牛的管理

### （一）初生犊牛的护理要点

1. 清除黏液

犊牛出生后，首先是清除口及和鼻孔上的黏液，以免阻碍呼吸。

2. 剪脐带

在距犊牛脐部留12厘米左右长，用消过毒的剪刀剪断，然后用碘酒消毒，再用缝线结扎，涂以碘甘油即可。

3. 打耳号

为了对牛的终身进行监测，犊牛出生后即用耳号钳打下耳标，打前先用碘酒消毒。

4. 称重、去软蹄

犊牛出生后蹄下均长有很厚的软蹄，为了使犊牛能站立行走，应及时剥去软蹄，随即称重记录。

## （二）犊牛的管理

### 1. 清洁卫生

保持牛舍和牛体的清洁卫生、喂奶卫生、哺乳用具卫生尤为重要。对于牛舍要勤打扫，定期消毒；对犊牛喂奶后，要用干净的毛巾把犊牛嘴边的残留奶擦干。

### 2. 适当运动

运动能增强体质，有利于健康。一般出生后 7 天，若遇天气晴朗，每天应让犊牛到运动场上自由运动半小时，1 个月后运动 1 小时，随着年龄的增大，逐渐延长运动时间。运动时要避免太阳直接曝晒，以免中暑。

### 3. 清洁饮水

犊牛因为哺乳，人们往往忽视供水问题，单靠母乳的水分是不够的，应增加供水设施，使其自然饮清洁水。

## （三）犊牛早期断奶

早期断奶不但不会影响犊牛生长发育，而且还能节约大量全乳，从而降低犊牛培育费用，最主要还在于瘤胃得到充分发育，能充分利用大量的精饲料和粗饲料。这样培育出来的犊牛健壮，适应性强，易于饲养管理。

### 1. 早期断奶包括两方面的含意

一是断奶时间比常规的早；二是喂奶总量比常规的少。据国外报道，有采取犊牛 2 周龄断奶的，喂奶总量不超过 70 千克。在美国，一般犊牛 6 ~ 12 周龄断奶。我国有 2 月断奶的，喂奶总量在 300 千克以内，也视为早期断奶。

### 2. 早期断奶的方法

犊牛出生喂完初乳后于第七天开始喂全乳或代乳料，喂至 4 ~5 周龄或 12 周龄时断乳。断乳后连续用营养全面的精饲料和粗饲料饲养，直至 6 月龄转群到育成牛舍。

### 3. 早期断奶的饲养技术

犊牛出生7天后，按饲养方案，根据犊牛的健康状况和体格大小，适当调整全乳或代乳料的用量。使用代乳料需按说明书使用，一般饲喂前每1千克代乳料用7千克，60℃的温水充分搅拌成乳状，最初可与全乳混合使用几天，然后单独使用。全乳或代乳料饲喂时温度应保持38~39℃，2周后可逐渐降低，但不低于35℃。

犊牛到15日龄时，要让其从草架上自由采食优质干草，这不仅提供经济的营养来源，有助于保持犊牛的增重速度，还可加速或促进犊牛瘤胃发育。此时还应提供清洁饮水，在1月龄内干草喂量要严格控制，促其尽量采食犊牛料，要求每天能恒定采食犊牛料0.5千克。2~3月龄的犊牛让其自由采食优质青干草和精饲料，同时应增加犊牛的采食量，当犊牛能吃完1.5千克犊牛精料时即可断乳。

3月龄断乳的犊牛有一段适应过程，因此日粮中精饲料应保持较高的营养成分，粗蛋白质应在14%，TDN为75%，每天应给予1.5~2千克的混合精饲料，养至6月龄转群，这样才能达到满意的效果。

## 第二节　育成水牛的饲养管理

育成水牛也称青年水牛或后备水牛，一般是指断奶后到产犊前的母牛或开始配种前的公牛。育成水牛正处于快速生长发育阶段，一般到24月龄时，其体重可达成年水牛的70%以上。饲养的好坏直接关系到日后的生产性能。但这个阶段的水牛，尤其是母水牛，既不产奶，初期又未怀孕，往往容易被忽视，特别是农户，在饲养管理上非常粗放，以至达不到培育的预期要求。因此，必须引起足够的重视。

## 一、育成水牛的饲养

育成牛阶段，主要是体重增长快，骨骼发育快。体重的增加主要是体脂的增加，骨骼发育主要需要的成分是钙、磷。因此，在这个阶段的营养需要主要是能量和矿物质，而蛋白质应保持相对稳定。

根据育成水牛消化系统的功能特点，能较多利用粗饲料，所以应让其多利用一些青饲料和粗饲料，同时应给予混合精饲料。一般情况下精饲料的用量为 2 千克，干草为 2 千克，青贮料为 8 千克左右，喂骨粉和微量元素或给予饲料添加剂舔砖。

在南方特别是亚热带地区，要充分利用充足的光、热、水、气和宽阔的自然草山草坡。在青草茂盛的夏、秋、冬初季节放牧，一般水牛都能吃饱，生长较快，膘情好。

## 二、育成水牛的放牧饲养

放牧饲养不仅可以少喂精料，节约成本，更重要的是可以锻炼水牛肢蹄，促进消化，从而培育出适应性强的成年水牛。

育成水牛放牧一般以 8 头左右 1 群为好，因为连片的大型草场现已多被开垦，草场较为分散，如果头数多群体大放牧，势必造成牛吃不饱的情况。

半岁至 1 岁的育成水牛，除放牧采食外，每头还需补 1 ~ 1.5 千克的混合精饲料，夜间喂一些青草或干草。1 岁以上的育成水牛，瘤骨发育完善，能大量采食青、粗饲料，约占体重的 10%，如果青草质量好，可不补喂精饲料，但仍需补充食盐、骨粉，或矿物质舔砖，任其自由舔食。

放牧时间，一般分早、晚放牧，中午赶回牛舍。

## 三、育成水牛的管理

### 1. 公母水牛分群

由于公母水牛生长发育的差异和性格不同，公水牛活泼，不安静，好斗，常离群跟踪发情母水牛，不易管理。因此，应在适当的时候将公母水牛分群进行饲养管理。实践经验表明，育成水牛不宜分群过早，一般认为18月龄以后分群为宜。此前公母合群饲养管理，有利于刺激性器官的发育，对于克服水牛性迟熟是有益的。当公牛达到18月龄后，部分公水牛可以爬跨发情母水牛，阴茎可以勃起，如不分群管理，会发生早配现象。

### 2. 穿　鼻

公水牛12月龄，最迟不超过18月龄就应当穿鼻，并带上鼻环，鼻环应以不易生锈且坚固耐用的金属制成。第一次所带鼻环较小，待成年后再换成大的鼻环。带好鼻环的公水牛于1个月左右可慢慢作牵溜运动，使其习惯用鼻环控制的生活。经一段时间，能自如地按饲养人员指令行动，否则仅穿鼻带环仍达不到控制的目的。

### 3. 定位调教

对于水牛场采用半放牧半舍饲的育成水牛，在3～4月龄断奶后，要补饲精料，又必须按年龄定量，因此必须到固定的育成水牛补饲栏内找到自己的床位，进入颈夹，这就是定位调教。这对于年纪小的犊牛是一件不易的事。定位调教开始，将牛按出生年月、牛号从大到小依次排列，将牛赶进技术人员事先编定的床位内，夹好颈夹，食槽内可预先放些草料，这样牛才愿意进入颈夹。在1周内全天关在栏内，固定饲养管理，使其适应颈夹的生活方式。1周后放出运动场或出牧，回牧后让水牛回栏，对号入床，此时约有1/3的牛可以找到自己的床位，其他牛还要人为帮助，每天如此进行调教，约1个月后育成牛便能找到自己的床位，自动进入颈夹采食。

4. **畜体刷拭**

刷拭的目的是保持牛体每天的清洁卫生和外围血液循环，有利于健康，而且对公水牛的性情培养大有好处。在育成水牛定位调教完成后，给牛体每天定期刷拭和淋水，刷拭顺序为先头后颈，再到躯干，先上后下。一般是按毛的走向进行，背部应顺背线进行，胸部顺肋骨弓从上向下进行，后躯顺十字部向耻骨刷拭，四肢从上到下刷拭，尾巴从尾根向尾尖进行。在炎热的天气，可边刷拭边淋水淋浴。

5. **育成母水牛的初次配种**

育成母水牛何时配种，应根据水牛的年龄和发育情况而定。实践证明，怀孕并不影响母水牛的生长速度，相反由于怀孕后性情安静，采食量增加，有助于母水牛的生长，群众称之为“顺胎长”。从广西水牛研究所几十年的生产资料来看，初产年龄为950～1000天，即初次配种为850～890天最为理想。这样的母水牛终生产奶量最好，经济效益最高。而晚期配的母水牛（4～5岁），虽然体格较大，但乳腺发育迟缓，奶量不高。对于水牛，由于有性晚熟的生物学特性，应提倡早配种，只要母水牛发情，一般就应配种。特别是在春季，如果不配，即开始出现休情，要经过3～4个月的休情期重新发情配种，增大了初配年龄。早熟应作为水牛的一项重要指标来选择。至于初配的体重，达到成年母水牛体重的60%～65%即可配种。

6. **乳房按摩**

育成母水牛配种进入怀孕中后期，乳腺组织处于高度发育阶段，此时每天应按摩乳房或用温水清洗乳房，可促进乳腺发育，对提高产奶量是有利的，并为产后易于挤奶打下良好的基础。乳房按摩，一般从妊娠后5～6个月开始，每天1～2次，每次5～10分钟，到产前半个月停止。

# 第三节　成年母水牛的饲养管理

## 一、妊娠母水牛的饲养管理

妊娠母水牛饲养管理的好坏，直接关系到犊牛的质量，更重要的是影响到母水牛产奶量。所以加强妊娠母水牛的饲养管理是十分重要的一环。

### （一）妊娠母水牛的饲养

#### 1. 妊娠前期的饲养

前期是指从妊娠开始到妊娠 3 个月这个阶段。这时的胚胎很小，处于高度分化阶段，是胚胎发育的关键时期，要求的营养物质主要是高质量而不是数量。

如果这个阶段的饲料营养不全，质量不高，往往引起胚胎死亡或先天性畸形，所以这时喂饲料一是质量好，二是营养成分全面。

#### 2. 妊娠中期的饲养

中期是指怀孕 4 ~ 7 个月的时段。此时胎儿明显增大，其重量约占犊牛出生时的 25% 左右。母水牛新陈代谢旺盛，物质代谢和能量代谢增强，对饲料的利用率提高，蛋白质的合成能力强。可将精料用量减少，但各种营养物质要求平衡、全价，特别要注意补充钙、磷和微量元素。

#### 3. 妊娠后期的饲养

后期是指怀孕 8 个月至出生（10 ~ 11 月）。此期占整个妊娠期的约 1/4 多，犊牛增重的 70%、母水牛增重的 20% 几乎都在这段时间内完成，是获得体大健壮初生犊牛和良好泌乳机能的重要时期。这段时间必须保证其各方面增重的营养需要，俗称

"攻胎"就是这个意思。根据母水牛总体重的增加，胎儿产热较多，能量代谢一般提高 30% ~50%，所以后期的维持饲养要比空怀母水牛提高 50%，日粮蛋白质水平 11% ~12%，产奶净能 50 兆~50 兆焦，钙、磷比中期增加，分别为 60 克和 36 克。如在枯草季节，还应增加维生素 A4000IU，日采食干物质要求达到：育成母水牛体重的 2.5%，成年母水牛的 2.0%。

这时营养不全或缺乏，会导致胎儿生长缓慢，活力不足，同时也影响母水牛的健康和生长。如果是乳用水牛，不可能获得较高的泌乳水平，故此期的母水牛饲养是否恰当，对生产有着重要的意义。

## （二）干乳期的意义和干乳方法

### 1. 干乳期的意义

泌乳水牛在下一次产犊前有一段停止泌乳的时间，称为干乳期，一般为 60 天。为了乳腺组织的再生，体内能量、蛋白质、矿物质的维持和蓄积，至少要保证 6 周的干乳期。干乳期是胎儿迅速生长发育需要较多营养的阶段，也是进一步改善母水牛营养状况，为下一个泌乳期能更好、更持久地生产准备必要的条件。同时，在干乳期间乳腺分泌活动停止，分泌上皮细胞得以更新，是下一个泌乳期能正常分泌的必要准备阶段。广西水牛研究所的实践证明，干乳期过长或过短会影响下一个泌乳期高峰产奶量和泌乳期产奶量，如果由于种种原因不进行干乳，下一个泌乳期产奶量比上一个泌乳期产奶量下降 20% ~30%，犊牛初生重也下降，这充分证明了适当的干乳期在提高生产上的重要意义。

### 2. 干乳方法

有逐渐停奶法和快速停奶法两种。由于水牛的泌乳生理特点和妊娠期内分泌的作用，除了少数高产水牛外，一般泌乳至 7 个月以后，下午挤奶时母水牛往往出现排乳抑制的现象，不让挤奶员挤奶，左右摆动或蹴蹄，此时被迫停止，每日只挤 1 次。加上水牛产后配种超过 120 天，泌乳期延长，到时日产奶量只有 3 千克以下。因此，水牛很少采用快速停奶，而自然地采用了逐渐停奶。这时从 1 次挤奶改为隔日 1 次挤奶或 2 日 1 次挤奶，同时减少饮水和多汁料约 10 天，泌乳自然停止。

快速停奶对于水牛应用不多，只是用于高产奶水牛，即在确定停奶日，认真按摩乳房，将奶挤净，将乳房乳头抹干净，用盛 5% 碘酒的杯子浸一浸乳头，用金霉素眼膏将每个乳头注入 1 支，然后用火棉胶封闭乳头孔，以后不再动乳房，但要注意乳房的变化。乳房最初可能继续充张，只要它不出现红肿、疼痛、发热等不良现象，就不必管它。经 3 ~ 5 天后，乳房内积奶逐渐被吸收，约 10 天左右乳房收缩松软，处于休止状态，停奶工作即安全结束。但对于有乳房炎病史或正患乳房炎的母水牛不宜用此法。

**3. 干奶期的饲养技术**

干奶水牛的营养需要远远低于泌乳水牛，干奶期营养过剩和失衡比营养不足的后果更为严重。干奶水牛的营养需要，在体重相同的情况下，与日产奶 7.5 千克的泌乳牛相比，粗蛋白相当于 50%，能量、钙、磷相当于 50% ~60%。

干奶前要限制精料喂量而降低能量水平，在泌乳期结束即将干奶时，通过检查体重和体质状况，鉴定其体重维持和营养蓄积情况。从饲料转化效率上看，泌乳末期转化率高于干乳期，这就是说应该在泌乳末期就将体重、体质调整到分娩前的要求。靠干奶期增加体重的方法，不但不经济，还会给下一个泌乳期带来许多麻烦，这一点很重要但又被忽视。

大量的实践表明，往往在分娩结束时膘满肉肥的水牛，产前、产后阴道松弛，产后子宫脱出或胎衣不下，造成难以挽回的损失。有人建议在胎衣停滞较多的水牛群里，在产前 20 天大量注射硒—维生素 E，效果很好，预防率可达 90%。

### (三) 妊娠期的管理

(1) 注意放牧安全，特别是在后期，防止跳过沟渠，出牧、收牧严禁用力驱赶和打冷鞭。

(2) 出入牛舍动作要慢，防止滑倒和转急弯。在运动场的妊娠母水牛防止打头，特别是新转群的育成妊娠母水牛，由于水牛的群居等级行为关系和欺生性，头1～2天有被其他水牛追踪抵撞的危险，这时应特别注意，避免造成流产。

(3) 加强畜体卫生。母水牛在妊娠期中，皮肤代谢旺盛，易生皮垢。因此，每天应该加强刷拭、沐浴或泡水，以促进血液循环和使水牛更加驯服易管。同时，注意乳房卫生，保持清洁干净，防止撞伤乳房或乳头。

(4) 注意饲养卫生，不喂脏水，不喂腐败、发霉的饲料，以免发生胃肠疾病和引起流产。

(5) 加强初产母水牛的乳房按摩，初产母水牛在妊娠后期，饲养员应更多地接触乳房和乳头，以便产后易挤奶操作。

(6) 进入干奶期后，水牛由于营养需要的显著差异，应该与泌乳水牛分开，单独建群饲养，让其自由活动，并喂给它们专门配制的日粮。

## 二、围产期的饲养管理

围产期的饲养技术是改革开放以来，我国畜牧工作借鉴国外的奶牛饲养技术而推行的奶牛综合配套新技术。围产期的划分，有的学者认为，从产乳后期开始，经干乳分娩到产后泌乳的前15天。但生产实际多划分为临产前15天到产后15天的1个月的时间，包括临产、分娩、产奶的围产前期、中期和后期。此时期由于分娩前后机体内分泌的变动，处于应激状态，直接影响母水牛消化机能、泌乳性能和健康状况。大多数水牛饲养技术人员，至今仍忽视围产期的饲养技术，一味强调干奶期“攻胎”，造成围产期的错误饲养，营养水平偏高，产前母水牛过肥，产后疾病明显上升。因此，围产期饲养技术是一项增产牛奶的关键性技术，对发挥母水牛的泌乳潜力，提高奶产量起着十分显著的作用。

此技术的核心是分娩前低饲养水平，分娩后较高饲养技术，其好处是产后发病率明显降低，母水牛体质恢复快。

## （一）围产前期饲养技术

### 1. 围产前期（干奶后期）的营养需要

干乳期的营养需要量比泌乳牛低得多，与产奶末期的牛相比粗蛋白只需 60% ~65%，奶牛能量单位只需 65% ~70%。而围产前期的营养需要量居于两者之间。这是因为胎儿发育的速度加快，母水牛本身在为下一个胎次的分娩、泌乳作生理上的准备，需要更多的营养。饲料的摄取量大致是：DM（干物质）为母水牛体重的 2.0%，奶牛单位（千克 DM）为 2 ~2.3，蛋白质为 11%，钙为 40 ~50 克，磷为 30 ~40 克。

### 2. 围产前期的日粮配合

（1）分娩前期的母水牛既要保持较好的膘情，又要避免过肥，所以要适当比干乳期前一阶段多喂些精料，并且控制在相对较低的水平。日粮精粗比由干乳前期的 25∶75 提高到 30∶70，一般精料喂给量控制在体重的 0.5% ~1%，大约为泌乳盛期给量的 1/3 左右。围产期适当增加精料，可以为瘤胃微生物适应产后采食大量精料打下基础，但喂精料过多又将导致产后食欲减弱，因此必须掌握比干乳前期稍高的相对低水平。

（2）粗饲料以优质青草为主，每头日喂象草或王草、玉米苗 10 千克。另外，青贮饲料要控制在 10 千克以内，过多饲喂青贮料也会导致奶牛过肥，这点需要注意。在此期间还可喂少量啤酒糟和块根类饲料，但每头原则上不应超过 5 千克。

（3）矿物质、维生素类饲料，除按量给予骨粉、贝壳粉以补充钙、磷需要外，还可添加适量的维生素 A、D、E。对于冬季饲喂青贮料多的牛群，补充维生素 A 是十分必要的，因为青贮饲料中缺乏维生素 A。为了降低母水牛产后胎衣滞留病的发生率，在围产期注射硒和维生素 E 可获取满意的效果。

## （二）分娩期饲养技术

分娩期一般指母水牛分娩到产后 4 天，也属于围产后期的一部分。因为这段时间奶水牛经历妊娠至产犊到泌乳的生理变化过程，在饲养管理上有特殊性，所以单独论述。

### 1. 临产前的观察和护理

随着胎儿的逐步发育成熟和产前的临近，母水牛在临产前发生一系列变化。为保证安全接产，必须安排有经验的饲养人员昼夜值班，注意观察母水牛的临床症状。

（1）观察乳房变化：产前约半个月乳房开始膨大，一般在产前几天可以从乳头挤出黏稠、浅黄色液体。当能挤出乳黄色初乳时，分娩可在 1～2 天内发生。

（2）观察阴门分泌物：妊娠后期阴唇肿胀，封闭子宫颈的黏液栓塞溶化，如发现透明索状物从阴门流出，则 1～2 天内将分娩。

（3）观察尾根是否塌陷：妊娠末期骨盆部韧带软化，臀部有塌陷现象。在分娩前一两天，骨盆韧带充分软化，尾部两侧肌肉明显塌陷，俗称“塌沿”，这是临产前的主要症状。

（4）观察宫缩：临产前子宫肌肉开始扩张，继而出现宫缩，母水牛起卧不安，频频排出粪尿，不时回头，说明产期将至。

观察上述情况后停止放牧，夜晚不放出运动场，拴于栏舍内，有条件的应立即将母水牛拴入产房，并铺垫清洁、干燥、柔软的褥草，做好接产准备。

### 2. 分娩后的护理与饲养

（1）分娩后的护理

①喂给母水牛温热、足量的麸皮盐水（麸皮 1～2 千克、盐

100～150 克），可起到暖腹、充饥、增加腹压的作用。同时喂给母水牛优质、柔软的干草 1～2 千克。

②产犊的最初几天，母水牛乳房内血液循环及乳腺细胞活动的控制和调节均未正常，故此时绝对不能将乳汁全部挤净，否则会使乳房内压显著降低，微血管渗出现象加剧，诱发高产奶牛产后瘫痪。一般产后第一天每次只挤奶 1.5 千克左右，够犊牛哺乳量即可，第二天每次挤泌乳量的 1/3，第三天挤一半，第四天后可以全部挤净。

③分娩后乳房水胀严重，要加强乳房的热敷和按摩，每次挤奶热敷按摩 5～10 分钟，以促进乳房消肿。

（2）分娩期的饲养：分娩初期，为减少母水牛乳腺机能的活动，照顾产后消化机能较弱的特点，1～3 天内应喂给优质干草为主，辅给麸皮粥、玉米粉 1～1.5 千克，4～5 天后逐步增加精料、多汁饲料、青草及青贮料，每天增加 0.5 千克左右的精料，至产后第七天日粮可达到泌乳水牛应该给予的饲料水平，产后 1～5 天应该饮温水，水温 30～35℃，以后逐渐降至常温。

## （三）围产后期的饲养技术

奶水牛由分娩到产后 15 天，经过产犊，气血亏损，机体抵抗力减弱，消化机能及生殖器官均未复原，而乳腺机能却逐步发育，泌乳量逐日上升，体质恢复与产奶之间的矛盾较为突出。此时应通过调整饲养方案，使奶水牛体质尽快恢复，以充分发挥其泌乳能力。

### 1. 围产后期营养需要

围产后期，特别是产后 8～15 天，母水牛的营养需要高于围产前期，且随着泌乳量上升，需要量日趋增加。

围产后期的营养总量低于围产前期，是因为产后 5～6 天内只给予保护性饲喂的缘故。产后 7～15 天，各种物质营养需要量明显增加，蛋白质比围产前期提高 20%，NND 提高 27%，饲料摄取量大致为：干物质采食量占母水牛体重的2.5% ~3%左右，蛋白质11% ~12%，钙130 ~150克，磷80 ~100克。

2. **围产后期的日粮配合**

系指产后7 ~15天的日粮配合，其原则：

（1）精饲料逐日增加，在7 ~10天时达到标准量，日采食干物质量中精料比例达45% ~50%，精料中饼类饲料应占到20% ~25%。增喂精饲料是为了满足产后日益增多的泌乳需要，同时尽早给妊娠、分娩期间出现的负平衡以补偿。日粮能量不足会导致能量收支的极不平衡，过度动用体脂势必影响牛的健康，影响泌乳性能的发挥。所以要在产后尽早喂给含能量高的精饲料。日粮中蛋白质水平也不能太低，否则会影响体脂肪转化成牛奶的效率，故应保持较高水平，一般谷物与饼类配合比例为70% ~80%:30% ~20%。

（2）围产后期精饲料饲喂量由开始的优质干草为主，逐步增喂玉米、青贮料、象草或王草、包白菜、啤酒渣。

（3）产后15天内，营养处于负平衡状态，体内的钙、磷也处于负平衡状态，如日粮中缺少钙、磷，可能患软骨症、肢蹄症等，使产奶量降低。为保证牛的健康和产奶，母水牛产后需喂给充足的钙、磷和维生素D，如矿物质添加剂之类。分娩10天后，每头每天钙、磷喂量分别不低于150克和100克。

## 三、泌乳水牛的饲养管理

水牛产奶的高低，首先取决于品种的优劣，但如果有了良种而无良法，即不注重饲养管理，很难获得高产奶量及好的经济效益。提高乳水牛的产奶量，以合理的先进饲养技术为基础，从妊娠干奶及围产期开始。从围产后期的第十五天以后，水牛即进入正常的泌乳至干奶的整个时期。处于泌乳期的母水牛，饲养管理直接影响本胎次产奶量和发情配种，并对以后胎次产奶量和配种均产生影响。因此，必须高度重视此阶段的饲养管理。根据母水牛泌乳特点，泌乳期可分为泌乳前期和泌乳后期两个阶段，两个阶段各有特点，要求采取相应的饲养措施，即阶段饲养法，才能获得较高的泌乳期产奶量。

## （一）泌乳母水牛的饲养

### 1. 泌乳前期的饲养

泌乳前期是指产后 15 天开始到出现泌乳高峰日或月的这段时间，约在 60～70 天之间。这个时期又称泌乳盛期，是由于泌乳早期甲状腺素、催乳素和生长素分泌量较均衡，泌乳倾向较强，甚至一些原来会影响产奶的外界因素，如饲料不足或挤奶不当等，往往起不到应有的干扰作用，故产奶量不断上升。但随着泌乳期的延长，泌乳倾向会有相应减弱，因此必须加强泌乳前期饲养，发挥泌乳潜力，创造高的泌乳高峰，并将高峰期维持较长的时间，这是夺取整个泌乳期高产量的关键。广西水牛研究所资料表明，前 3 个月泌乳量约占全期泌乳量的 40% 左右，并对 393 个泌乳期进行高峰泌乳日产奶量与 305 天泌乳期产奶量相关性分析，结果表明，相关系数达 0. 798，呈强正相关，说明高峰泌乳日的奶量越多，整个泌乳期产量亦高。可见此阶段饲养的重要性。

（1）泌乳前期的营养要求

产后 2～3 周因子宫内恶露排净，乳房水肿消失，机能恢复，流经乳腺的血液增加，即开始进入泌乳盛期。一般情况下，最高日产常出现在产后的 44. 7 天 ±15 天（广西水牛研究所资料），即第二个泌乳月以内。但消化系统还处在恢复状态，食欲较差，采食量增加缓慢，待到产后 12～14 周干物质采食量才达到最高量。这种遗传泌乳性能和采食量消化生理机能的不协调，使营养食入量和泌乳营养产出量呈负平衡，营养赤字长达 1. 5～2 个月，特别是高产奶水牛，这种负平衡表现得更为突出。该期饲养以提高泌乳水牛采食量为中心，并根据该期生理特点，饲料调制应注意日粮营养浓度和适口性，要求消化总养分达63% ~67%，每千克干物质含能量在2.4NND。为保证母水牛旺盛的食欲，粗饲料占整个饲料的比重不低于60%，粗纤维供应在18% ~24%，太低或太高均对消化不利。为了避免组织损伤，应提高日粮能量和蛋白质水平，要求日粮粗蛋达15%，粗脂肪20%，钙0.6%，磷0.45%，钙、磷比应为1.5 ~2∶1。盐0.5% ~1%。另外，可设矿物质盐舔砖，让其自由舔食，精粗比30 ~40∶70 ~60，干物质采食量应达到体重的3%左右。

（2）饲喂技术

为了尽可能发挥母水牛的泌乳潜力，创造高的泌乳高峰产奶量，在饲喂技术上要抓住泌乳盛期泌乳量不断上升的特点，一般第3 ~5周才达到高峰。因此，在实际工作中，于产后上升阶段，就喂给比产奶需要高出1.5 ~2.5千克 奶的混合精料。这部分多出的饲料称增乳饲料或预付饲料，以补充沁乳营养需要，促使产奶潜力发挥，还可避免体内积贮的消耗。只要母水牛产奶量随饲料的增加而继续上升，就应该继续增加，即使加料至与产奶量基本相适应时，仍可继续增加0.5 ~1千克增乳饲料，并维持一定时间，待产乳盛期过后，才按产奶量来调整精料喂量。但应注意，减料要比加料慢些，切忌一次减料到位。水牛的高峰产量受饲料因素迅速下降后，很难再通过增乳饲料来恢复。

饲喂应采取先粗后精、多种搭配、少喂勤添和区别对待的饲喂方法，此时喂给优质、容易消化的多汁饲料，如南瓜、包菜、红薯、胡萝卜之类，以及富含蛋质和维生素的啤酒糟，这些饲料不但可以获得高的泌乳高峰产奶量，而且可维持相当长的高峰产奶时间。

**2. 泌乳中后期的饲养**

（1）泌乳中后期的营养要求

一般认为从第三个泌乳月到第六个泌乳月是泌乳中期，从第七个泌乳月至干乳前是泌乳后期，但大多数畜牧工作者认为，高峰泌乳期过后至干乳前，统称为泌乳后期，此期特点是泌乳量逐月下降。尽管如此，不能放松饲养，更要注意饲粮配合和适口性，注意青粗饲料质量，保持母水牛食欲旺盛和健康，争取奶量尽可能平稳地下降，这是夺取高产、稳产的重要措施。

（2）饲养技术

这阶段应按母水牛体况和产奶量进行合理的饲养，一般每周或每两周根据母水牛产奶量的变化来调整混合精料的喂量。凡是早期体重消耗过大和瘦弱的，应当多喂一些，要超过维护和产奶量的营养需要，使母水牛体质较快的复原，这样对于母水牛健康、繁殖和维持较高的日产奶量都有好处。不过此期乳量变化很快，技术人员易疏忽而饲养过度，引起过肥，这是因为泌乳母水牛将多余的营养物质转为体重效率很高之故。广西水牛研究所表明，泌乳牛的转换率为74%。而干乳牛的转换率仅为58.7%，所以早期泌乳消耗的能量（或体重）如能在泌乳后期加以补偿很合算，其效率为61.6%；若等到干乳期再给予补偿，其效率会低得多，仅为48.3%。故在饲养中注意产奶后期也是妊娠后期就及时补加营养，是十分合理的。

为了达到最大的食量，饲喂技术可采用非限制饲喂，青粗饲料可放在运动场内，让其自由采食。另外，最好采用分群饲养，将高产水牛和低产水牛、干奶水牛分为2类或3类，分别对待，避免高产奶牛出现营养不足，而低产奶牛则由于营养过剩，沉积脂肪。对干奶牛群则应该多给予低能量日粮。

## （二）泌乳母水牛的管理

我国沿海的福建、广东对泌乳水牛大多采用舍饲为主的管理方式，整个管理工作非常仔细，农民爱水牛如子，由一老人同牛住在舍内，门窗设门帘和窗帘，防蚊蝇叮咬。炎夏蚊蝇多的时候，每日用艾蒿烟熏1次。中午把水牛赶入溪边沐浴2～3小时，在冬季晴天，把水牛拴在稻场上晒太阳及用扫把拭刷体躯。在房内拉的粪尿用粪桶接住，保持舍内清洁、干燥。而水牛场或专业户则有固定的管理操作程序要求。

**1. 初产母水牛的调教**

（1）初产母水牛定位调教：在青年母水牛进入怀孕后就要调到成年母水牛舍，首先要调教它们清楚自己的床位。把新到成年母水牛舍的青年牛，在自己的床位内固定1周，不放牧，也不放出运动场，让其熟悉环境。1周后可放出运动场和牧地，每日随挤奶母水牛出入 牛舍2次，起初还有入错床位的时候，通过饲养员细心驱赶，一般再通过1周的训练，大部分牛会自觉回到自己的床位，即算完成。

（2）初产母水牛的挤奶调教：当初产牛分娩后就要训练调教挤 奶，因为水牛的驯化时间短，不愿接受人工挤 奶。当人去触摸乳房时，就乱蹦乱跳、就踢、不放奶（排奶抑制）。因此，初产水牛挤奶调教是水牛能否挤奶的基础。调教的好坏，不但影响本胎次的产奶量，而且还对以后的泌乳期产奶量产生影响。

**2. 清洁卫生**

清洁卫生对于泌乳母水牛非常重要，从饲料到畜体、乳房，每个环节都影响牛的健康。

（1）饲料：饲养人员每天要检查饲喂的精、粗饲料是否有霉烂、粪便污染，对于工业副产品要注意铁钉、铁丝、铁螺帽和石头之类，及时捡出。如果将这些东西吃入，对牛将是非常危险的。

（2）畜体：保持畜体卫生，要求每天给畜体刷拭，或沐浴或泡水，以清除身上的粪垢、皮屑，增加血液循环，牛感到舒服，同时还可以除去体表的寄生虫。

乳房是产奶的机器，乳房的好坏关系重大，直接影响到水牛的利用价值，故乳房是重点保护对象。每天在清洗畜体时要细心冲洗乳房，挤奶前用温水洗，挤奶后用消毒液浸泡乳房、乳头，防止乳房炎发生。

（3）畜舍卫生：每天在饲喂或挤完奶后应清扫、冲洗牛舍，使地板无粪尿堆集，食槽中残留的饲料残渣应及时清理，防止久积发霉，尤其是温暖潮湿的季节，1～2 天就会发霉、腐败，牛吃下容易发生肠炎等消化系统疾病。每个月应对畜舍的地面、房角、食槽、颈架等进行 1 次消毒，对房顶、窗户进行 1 次大扫除，以除去蜘蛛网和灰尘。运动场的粪便每天必须清除，保持运动场有一个舒适的环境。

**3. 泌乳水牛的放牧**

放牧可加强运动，促进血液循环，增强体质和食欲。大部分水牛场实行半舍饲半放牧的饲养方式，一般上午挤完奶后出牧，放牧 5～6 小时。泌乳母水牛由于乳房大后躯重，因此不要放在灌木丛里及跳越沟坎。严禁用石块打击来躯赶牛只，在高温季节，尤其在 25℃ 以上时晴天，要避免中午烈日曝晒，因为水牛的体温调节能力较差，此时要将牛赶到树阴下，或水塘（水沟）泡水，泡水对水牛最为有利，降温最快，牛也感觉舒服愉快，对提高产奶量有好处。

**4. 泌乳期的配种及重胎牛的管理**

泌乳期母牛要求产后 60 天内配上种，产后有不少母水牛于 30 天内就发情，但由于子宫还未完全恢复，认为对牛健康不利，于第二个发情期配种最为理想。超过 60～90 天还配不上种，其后就更难配上种。为了获得好的繁殖效率，缩短产犊间隔，配种人员要注意避开水牛 3～7 月的休情季节，抓紧配种的其他月份。

到泌乳后期的 8～9 个月时，母水牛也进入了重胎期，此时应注意出入牛舍防止滑倒、急转弯，严禁饲养人员打冷鞭、急促驱赶等。

**5. 环境要求**

泌乳母水牛要求有一个安静环境，特别是在挤奶时间内，严禁高声喧哗或打骂牛只，不许陌生人进入牛舍，舍外也不应有其他嘈杂的声音，否则会造成水牛排乳抑制或减产。各种饲养管理程序要按时进行，尤其是挤奶时间，每日 2 次，包括挤奶时的先后顺序都要保持一定，不要随意改动，使牛养成良好的条件反射。

# 第十四章　水牛乳及乳制品

## 第一节　水牛乳

人体需要的营养，现已知有蛋白质、脂肪、碳水化合物、矿物质、维生素和水等6类。而营养状况是关系人民体质的强弱和民族繁荣昌盛的大事，也是衡量一个国家经济和科学文化发达的标志。乳类食品又是食物中最符合人体需要的营养来源，素有“金水、银水，不如奶水”之说，而水牛奶又是奶中珍品。

水牛乳的化学组成及特性：牛乳、水牛乳和羊乳是人类乳与乳制品的三大来源。水牛乳的化学成分至少有100种之多，主要的化学成分是脂肪、蛋白质、乳糖、矿物质、维生素。三大功能：①供给人体热量和能量；②供给儿童生长发育或成人修补损伤的“材料”；③维护和调节生理功能（见表14－1）。

表14－1　水牛乳、人乳及其他家畜乳的化学成分　单位:%

| 乳别＼成分 | 水分 | 乳固体物 | 脂肪 | 蛋白质 | 乳糖 | 矿物质 |
|---|---|---|---|---|---|---|
| 人乳 | 87.58 | 12.42 | 3.74 | 0.80 | 6.37 | 0.30 |
| 水牛乳 | 81.67 | 18.33 | 9.02 | 3.99 | 3.63 | 0.80 |
| 牛乳 | 87.8 | 11.20 | 3.00 | 3.00 | 4.50 | 0.70 |
| 山羊乳 | 87.11 | 12.89 | 4.45 | 3.67 | 4.09 | 0.72 |
| 绵羊乳 | 83.10 | 17.00 | 5.30 | 6.30 | 4.60 | 0.80 |
| 马乳 | 90.58 | 9.42 | 1.37 | 0.79 | 6.19 | 0.37 |
| 骆驼乳 | 87.60 | 12.40 | 5.38 | 2.98 | 3.26 | 0.70 |

水牛奶是一种白色，微甜、醇香、口感十分独特、营养全面的不透明液体。

## 第二节　水牛乳制品

水牛乳较浓稠，总干物质含量较高，适合加工各种乳制品，而且可以制成优质乳制品。如在20世纪20年代温州百好炼乳厂，就用水牛乳加工制作“白日擒雕”的甜炼乳，现就目前国内外利用水牛乳加工制作的乳制品做简要介绍。

### 一、消毒鲜乳

消毒鲜乳又称杀菌鲜乳，指用健康的水牛所产的新鲜牛乳为原料，经过净乳、杀菌、均质等处理，以液体鲜乳状态，用瓶装或塑料保鲜袋装或其他形式的消毒包装，直接供应消费者饮用的商品乳（见表14－2）。

表14－2　消毒鲜乳的感官指标

| 项目 | 指　　标 |
| --- | --- |
| 色泽 | 均匀一致，呈白色 |
| 滋味和气味 | 具有消毒牛乳固有的乳香味，无其他任何外来滋味和气味 |
| 组织状态 | 呈均匀的流体，无凝块，无沉淀，无机械杂质，无黏性和浓厚现象 |

### 二、酸　乳

酸乳也称发酵乳，但发酵乳是一个综合性名称，含义很广，一般多称“酸乳”。酸乳系指用水牛乳或其他家畜乳为原料，经杀菌后，接种乳酸菌等发酵剂所制成的具有特别风味的产品。水牛酸乳不但能留下原乳的全部营养成分，而且与牛乳相比，酸乳吃起来酸中带甜，清爽适口，含有丰富的活性乳酸菌，易于消化吸收（见表14－3）。

表14－3　　酸乳的感官指标

| 项目 | 指　标 |
| --- | --- |
| 色泽 | 均匀一至，呈白色 |
| 组织状态 | 凝块均匀细腻，无气泡，允许有少量乳清析出 |
| 滋味与气味 | 具有酸牛乳特有滋味和气味，无酒精发酵味，无霉味，无其他不良气味 |

## 三、冰淇淋

冰淇淋是一种冻结的乳制品，是以乳或乳制品及砂糖等为主要原料，加入鸡蛋或蛋制品、稳定剂、乳化剂、香料、色素等，通过混合配制、杀菌、成熟（老化）凝冻、成形、硬化等工序，加工而成的一种营养价值较高的冷冻饮品。因其香甜的口味、细腻的口感、悦目的色泽和清凉爽口的特色，而备受越来越多的人青睐。

## 四、奶　油

奶油也称为黄油，是将水牛乳中分离出来的稀乳油，经过杀菌、冷却、成熟、搅拌、压炼而制成的一种乳制品。奶油在西餐中非常重要，从色拉到汤类，到炒、煎、炸、烩、焖等，奶油都是常用原料。除此之外，奶油是冰淇淋及部分糕点，特别是西式糕点中的重要原料，这就是由其特殊的芳香和功能特性决定的。

## 五、炼　乳

炼乳是一种浓缩乳制品，是将新鲜牛乳经加热杀菌处理后，蒸发除去大部分水分而制成的一种乳制品。由于加工所用的原料和辅料不同，分为全脂加糖炼乳（甜炼乳）、全脂不加糖炼乳（淡炼乳）、脱脂炼乳或未脱脂炼乳。

## 六、乳　粉

用冷冻或加热的方法（中国生产的乳粉，目前全用加热的方法）除去乳中几乎全部的水分，干燥而制成的粉末状乳制品，称为乳粉。

## 七、干　酪

干酪又称奶酪，种类很多，现简单介绍世界著名的意大利奶酪（Mozzarella），此种奶酪风味独特，深受意大利和欧、美市场的青睐，它就是用水牛奶加工而成，在意大利已有100多年的历史。他们从过去的手工作坊生产逐步向现代化、工厂化、专业化、规模化加工生产经营，全国有500多家生产厂。据报道：意大利对水牛奶酪的需求量越来越大，只能供应中上阶层人士的消费和部分出口欧、美。水牛奶酪的价格远远高于荷斯坦奶牛的价格，一般都在3~4倍以上，水牛奶酪在意大利出厂价每千克10美元，在英国的艾丁堡地区每千克市价为17~18美元，在美国为15~16美元。

由于水牛奶酪市场需求大、市价好，从而拉动了意大利水牛业的快速发展。据意大利全国育种协会的统计数据表明，1999年意大利水牛存栏量达17万头，比1950年增长了17倍。2005年又达到23万头。而荷斯坦奶牛在欧盟成员国是限额饲养，只有水牛是鼓励发展，可见水牛奶发展空间之大。

## 八、传统乳制品

水牛乳含有较高的固形物，很适合加工各种乳制品。就拿中国四大菜系的粤菜来说，其中就有用水牛奶配上其他原料，制作风味名菜“炒牛奶”、“脆炸牛奶”等。还有用水牛奶为主料制作的各种风味独特的乳制品，如广州顺德的“金榜乳饼”、“双皮奶”，南海市制作的“姜汁奶”，还有珠江三角洲一带制作的“凤凰奶”、“奶豆腐”等均为上乘食品。

# 参考文献

中国水牛科学 . 2000. 南宁：广西科学技术出版社
养牛全书 . 1997. 成都：四川科学技术出版社
奶类食品的营养 . 1999. 北京：北京师范大学出版社
欧盟—中国水牛发展项目 . 1998. 人工授精培训手册